低渗透油气田典型站场
VOCs 综合治理

常志波　郭亚红　朱国承　张　咪　等编著

西北工业大学出版社
西　安

图书在版编目(CIP)数据

低渗透油气田典型站场 VOCs 综合治理 / 常志波等编著. — 西安：西北工业大学出版社，2023.11
ISBN 978 - 7 - 5612 - 9108 - 5

Ⅰ.①低… Ⅱ.①常… Ⅲ.①低渗透油层-挥发性有机物-污染防治 Ⅳ.①X513.6

中国国家版本馆 CIP 数据核字(2023)第 228499 号

DISHENTOU YOUQITIAN DIANXING ZHANCHANG VOCs ZONGHE ZHILI
低渗透油气田典型站场 VOCs 综合治理
常志波 郭亚红 朱国承 张咪 等编著

责任编辑：朱晓娟	策划编辑：黄 佩
责任校对：万灵芝	装帧设计：董晓伟

出版发行：西北工业大学出版社
通信地址：西安市友谊西路 127 号　　　邮编：710072
电　　话：(029)88491757，88493844
网　　址：www.nwpup.com
印 刷 者：西安五星印刷有限公司
开　　本：710 mm×1 000 mm　　　1/16
印　　张：18.25
字　　数：337 千字
版　　次：2023 年 11 月第 1 版　　2023 年 11 月第 1 次印刷
书　　号：ISBN 978 - 7 - 5612 - 9108 - 5
定　　价：92.00 元

《低渗透油气田典型站场 VOCs 综合治理》 编写组

组长：常志波　郭亚红

成员：（按姓氏拼音排序）

白冰洋　白红升　董艳国　杜　鑫　冯乐乐　郭志强
何　毅　何志英　胡建国　霍富永　贾海海　雷文贤
李欣欣　李永生　刘昕宇　卢宏伟　卢鹏飞　毛振兴
商永滨　王　超　王　迪　王　明　王昌尧　王登海
王荣敏　王文武　王永振　文红星　徐　东　杨　光
杨　涛　杨建东　张　超　张　咪　张沨喜　张箭啸
张玉强　张玉玺　郑晓利　周元甲　朱国承

前　言

2021 年 11 月 2 日,《中共中央　国务院关于深入打好污染防治攻坚战的意见》提出,当前和今后一段时期要深入打好污染防治攻坚战的目标任务,以更高标准打好蓝天、碧水、净土保卫战。中共中央、国务院在"打赢蓝天保卫战"章节中明确要求:要聚焦秋冬季细颗粒物($PM_{2.5}$)污染,加大重点区域、重点行业结构调整和污染治理力度,着力打好重污染天气消除攻坚战;要聚焦夏秋季臭氧污染,大力推进挥发性有机物(Volatile Organic Compounds,VOCs)和氮氧化物协同减排,着力打好臭氧污染防治攻坚战。

近年来,中国石油天然气集团股份有限公司统筹污染防治、生态保护和应对气候变化,全面部署并着力推动污染防治工作,大力推行清洁生产和循环经济,加强生态环境源头防控和过程管控,突出抓好生态环境依法合规,平稳运行污染治理设施,努力实现能源与环境和谐。针对 VOCs 排放治理,中国石油天然气集团股份有限公司先后开展了炼化和油品储运销(储存、运输、销售)环节的治理,取得了显著成果。

《陆上石油天然气开采工业大气污染物排放标准》(GB 39728—2020)明确了陆上油气田油气集输与处理过程的 VOCs 排放标准,治理工作也提上了日程。该标准对原油、稳定轻烃等挥发性有机液体储存和装载、设备与管线组件泄漏、油气田采出水等集输和处理系统、火炬系统规定了措施性控制要求;对油气开采过程中的甲烷排放问题,对天然气(包括油田伴生气)生产、设备与管线组件泄漏、油气田采出水集输和处理系统、火炬系统等,提出了协同控制要求。针对低渗透油气田典型站场生产过程中的 VOCs 排放和治理,中国石油天然气集团股份有限公司长庆油田分公司(简称长庆油田)积极落实国家法律、法规和标准要求,充分结合生产特点,从实际出发,开展了低渗透油气田典型站场 VOCs 综合治理的有益探索和尝试,目前已经取得了阶段性进展。

本书从低渗透油气田的视角出发,结合油气田典型站场非甲烷总烃排放特征,系统梳理、总结了低渗透油气田 VOCs 排放治理的法规和标准体系,排放治理要求,排放源特征,典型治理技术等内容,旨在让读者全面了解油气田 VOCs 的主要组成、排放特征及主体治理技术发展情况,同时为低渗透油气开采企业开展 VOCs 治理工作提供可借鉴的思路。

本书共七章。第一章为概述,主要介绍 VOCs 的概念、危害及排放与治理工作,国家对排放治理的要求,排放治理现状以及相关的法律、法规标准体系;第二章是典型 VOCs 治理技术;第三章主要针对低渗透油气田的特点,详细介绍油气集输及水处理系统的主流工艺和典型站场;第四章介绍低渗透油气田典型站场的 VOCs 排放及检测情况,以及排放量核算和排放源特征分析的相关内容;第五章系统论述低渗透油气田典型站场的 VOCs 综合治理技术;第六章介绍温室气体——甲烷协同减排的相关内容,包括排放情况、减排要求、排放核算和减排做法;第七章介绍石油天然气工业 VOCs 治理的主要技术现状和技术发展展望。

本书由郭亚红、常志波主持撰写,由张咪完成统稿工作,编写分工如下:

第一章由郭亚红、周元甲、冯乐乐撰写,由朱国承、何志英校稿;第二章由张咪、李永生、刘昕宇撰写,由郭亚红、郑晓利校稿;第三章由张超、王昌尧、卢鹏飞、郭亚红撰写,由郭志强、张沨喜、文红星校稿;第四章由张玉强、王永振、毛振兴撰写,由杨光、何毅、商永滨校稿;第五章由杜鑫、王超、白冰洋、李欣欣、张咪撰写,由王荣敏、白红升、徐东校稿;第六章由郭亚红、杨建东、贾海海撰写,由雷文贤、霍富永、王迪校稿;第七章由郭亚红、董艳国、张玉玺撰写,由杨涛、卢宏伟、王明校稿。

常志波、胡建国、王登海、张箭啸、王文武对全书进行了校稿并提出了指导性意见。

在撰写本书的过程中,曾参阅了相关文献,在此谨向其作者表示感谢。

由于水平有限,书中的疏漏和不足之处在所难免,恳请广大读者批评指正,以便本书的进一步完善。

编著者

2023 年 5 月

目 录

第一章 概　　述

第一节　VOCs 的概念、危害及排放与治理工作

一、基本概念

VOCs 是挥发性有机物英文名称 Volatile Organic Compounds 的缩写，有时也称 VOC，表示挥发性有机物的集合概念。

世界相关机构和各国对 VOCs 的定义不尽相同，目前尚无统一的、公认的定义。世界卫生组织（WHO）的定义是，熔点低于室温而沸点为 $50\sim260$ ℃的有机化合物；欧盟的定义是，20 ℃下蒸气压大于 0.1 kPa 的所有有机化合物；美国的定义是，除一氧化碳、二氧化碳、碳酸、金属碳化物、金属碳酸盐和碳酸铵外，任何参与大气光化学反应的碳化合物；德国的定义是，在常压条件下，沸点或初馏点低于或等于 250 ℃的任何有机化合物；澳大利亚的定义是，25 ℃下蒸气压大于 0.27 kPa 的所有有机化合物。

在我国，VOCs 的定义是，能参与大气光化学反应的有机化合物，或者根据有关规定确定的有机化合物。

二、主要组成

VOCs 种类繁多。按性质的不同进行分类，VOCs 通常可分为非甲烷烃类（烷烃、烯烃、炔烃、芳香烃等）、含氧有机物（醛、酮、醇、醚等）、含氯有机物、含氮有机物、含硫有机物等。按照化学结构的不同进行分类，VOCs 一般可分为烷烃类、芳香烃类、烯烃类、卤代烃类、酯类、醛类、酮类和其他化合物。进一步细化分解，又可将其分为苯类、烷烃、烯烃、卤代烃、醇类、醛类、酮类、酚类、醚类、酸类、酯类和胺类等，详见表 1-1。

表 1 - 1　典型 VOCs 所含物质表

类别	所含物质
苯类	苯、甲苯、二甲苯、三甲苯、乙苯、苯乙烯、异丙苯
烷烃	甲烷、丙烷、正丁烷、环己烷、正己烷、环氧乙烷、1,2-环氧丙烷
烯烃	丙烯、氯丁二烯、戊二烯、氯乙烯、1,3-丁二烯
卤代烃	氯甲烷、二氯甲烷、三氯甲烷、四氯化碳、三氯乙烯、氯乙烯、氯仿、二氯乙烷、氯丁二烯、氯苯类、溴甲烷、溴乙烷、环氧氯丙烷
醇类	甲醇、乙醇、丁醇、乙二醇、正丁醇、异丙醇、异丁醇、甲硫醇
醛类	甲醛、乙醛、丙烯醛、丙醛、正丁醛、正戊醛
酮类	丁酮、丙酮、环己酮、甲基乙基酮、甲基异丁基酮、2-丁酮
酚类	苯酚、苯硫酚
醚类	丁醚、乙醚、二甲醚、甲硫醚、四氢呋喃
酸类	丙烯酸、苯乙酸、乙酸
酯类	辛酯、戊酯、乙酸乙酯、乙酸丁酯、乙酸丙酯、丙烯酸乙酯、丙烯酸丁酯、酚醛树脂、环氧树脂
胺类	一甲胺、二甲胺、三甲胺、三乙胺、苯乙胺、N,N-二甲基甲酰胺(DMF)、丙烯酰胺、苯胺类

三、排放源

VOCs 排放源非常复杂,从大类上分,主要包括自然源和人为源。自然源主要为植被排放、森林火灾、野生动物排放和湿地厌氧过程排放等,目前属于不可控范围。人为源包括汽车、轮船、飞机等移动源,可分为工业源和生活源。其中:工业源主要包括石油炼制及石油化工、煤炭加工与转化等含 VOCs 原料的生产行业,油类(燃油、溶剂等)储存、运输和销售过程,涂料、油墨、胶黏剂、农药等以 VOCs 为原料的生产行业,工业涂装、包装印刷、黏合、工业清洗等含 VOCs 产品的使用过程;生活源包括建筑装饰装修、餐饮服务和服装干洗等。

根据我国生态环境部估算,在 VOCs 人为源排放中,包括溶剂使用在内的工业源排放量占整个人为源的比例最高达 55.5%,重点排放行业有石油炼制和储运销、化工、工业涂装、包装印刷等。不同行业的生产工艺不同,生产过程中产生 VOCs 各不相同。国内典型行业主要 VOCs 排放种类见表 1-2。

表 1-2　国内典型行业主要 VOCs 排放种类表

行业名称	主要 VOCs 排放种类
化学品制造	苯类、烷烃、烯烃、卤代烃、醇类、醛类、酮类、酚类、醚类、酸类、酯类、胺类
医药制造	苯类、烷烃、卤代烃、醇类、醛类、酮类、酚类、醚类、酸类、酯类、胺类
汽车制造	苯类、烷烃、卤代烃、醇类、醛类、酮类、酚类、醚类、酯类
食品制造	醇类、醚类、酸类、胺类
包装印刷	苯类、烯烃、醇类、醛类、酮类、酯类
橡胶和塑料制品	苯类、卤代烃、醇类、醛类、酮类
电子制造	苯类、烷烃、醇类、醛类、酮类、酚类、醚类、酸类、酯类
石油加工	苯类、烯烃
电器制造	苯类、烯烃、酮类、酯类
金属制品	苯类、酯类
通用设备制造	苯类
木材加工	苯类、烯烃
烟草制品	苯类、醛类、酚类
专用设备制造	苯类、烯烃、酯类
皮革加工	苯类、酯类
家具制造	苯类

日常生活中的 VOCs 也并不少见：食醋中包含醋酸（乙酸），可挥发并进入空气，属于含氧的 VOCs；酒类饮品都含有酒精（乙醇），属于挥发性较强的醇类，同样也属于 VOCs；香水中含有各种各样的植物提炼或化学合成的芳香性化合物、精油类物质等，多属于 VOCs；一些水果（例如柠檬、橙子等）和日用清洗剂中含有苧烯（柠檬烯），也是具有特殊香味的 VOCs；建筑装饰装修和家具等是主要的室内 VOCs 排放源。其中，甲醛是较为常见的 VOCs。

四、主要危害

VOCs 是形成细颗粒物（$PM_{2.5}$）和臭氧（O_3）的重要前体物，VOCs 不仅产生 $PM_{2.5}$ 形成雾霾，还会通过光化学反应导致近地面 O_3 浓度的增大。除了影响大气环境，VOCs 对室内空气质量及人体健康也存在严重影响，有些污染物同时还会影响农作物生长，甚至导致农作物死亡。

在环境影响方面，VOCs 会在光和热的作用下反应形成 O_3，导致空气质量变差。此外：VOCs 本身就是大气 $PM_{2.5}$ 的重要组成部分，还有部分 $PM_{2.5}$ 是由 VOCs 转化而来的；大多数 VOCs 为温室气体，会导致全球范围内的升温。

在人体健康危害方面，VOCs 具有各种不同的毒性、刺激性，超过一定浓度时，会刺激人的眼睛和呼吸道，造成皮肤过敏、咽痛与乏力，严重时会引起机体免疫力水平失衡，影响中枢神经系统功能，损害消化系统、肝功能和造血系统等。部分 VOCs 已被列为致癌物，如氯乙烯、苯、多环芳烃等。其中：苯类物质和甲醛等可致癌（白血病）；腈类物质会造成人类呼吸困难、窒息、意识丧失直至死亡；苯胺类物质进入人体会引起缺氧症；有机磷化合物会降低血液中胆碱酯酶的活性，会使人类的神经系统产生功能障碍。

五、排放与治理工作

大气是人类赖以生存的重要环境要素，大气污染不仅破坏大气环境自身，而且会影响水、土、生物等所有重要的环境要素，危害人类的健康，破坏生态系统，阻碍可持续发展。

"十三五"时期，我国空气质量改善取得明显成效，主要体现在两项约束性指标，一是未达标城市的 $PM_{2.5}$ 浓度下降，二是空气质量优良天数的比例都超额完成了目标任务。但大气污染形势依然严峻，$PM_{2.5}$ 污染仍然突出，2020年：全国仍有 37% 左右的城市 $PM_{2.5}$ 超标；O_3 浓度持续升高，成为空气质量改善的重要短板，全国 O_3 浓度比 2015 年上升 12.6%。

VOCs 成分复杂，常温下活性强、蒸发速率大、易挥发，属于主要大气污染物之一，是当前重点区域 O_3 生成的主控因子。根据生态环境部颁布的《中国生态环境统计年报》，2021 年我国 VOCs 排放量约为 590.2 万 t，排放治理工作任重而道远。

第二节　排放治理基本要求

一、总体要求

(一)《中共中央　国务院关于深入打好污染防治攻坚战的意见》

2021 年 11 月 2 日,《中共中央　国务院关于深入打好污染防治攻坚战的意见》,提出以更高标准打好蓝天、碧水、净土保卫战,设立了 2025 年和 2035 年两个阶段目标,明确了我国污染防治工作路线图,对 VOCs 排放治理也提出了具体要求。

该意见在"打赢蓝天保卫战"章节中:提出着力打好臭氧污染防治攻坚战,要求大力推进 VOCs 和氮氧化物协同减排。完善 VOCs 监测技术和排放量计算方法,研究适时将 VOCs 排放纳入环境保护税征收范围。到 2025 年,VOCs、氮氧化物排放总量比 2020 年分别下降 10％以上,O_3 浓度的增长趋势得到有效遏制,实现 $PM_{2.5}$ 和 O_3 协同控制。

(二)《国务院关于印发"十四五"节能减排综合工作方案的通知》(国发〔2021〕33 号)

2021 年 12 月 28 日,《国务院关于印发"十四五"节能减排综合工作方案的通知》,明确要求到 2025 年全国单位国内生产总值能源消耗比 2020 年下降 13.5％,能源消费总量得到合理控制,化学需氧量、氨氮化物、氮氧化物、VOCs 排放总量比 2020 年分别下降 8％、8％、10％以上、10％以上。节能减排政策机制更加健全,重点行业能源利用效率和主要污染物排放控制基本达到国际先进水平,经济社会发展绿色转型取得显著成效。

在生态环境部《重点行业挥发性有机物综合整治方案》中,要求推进原(辅)材料和产品源头替代工程,实施全过程污染物治理。以工业涂装、包装印刷等行业为重点,推动使用低 VOCs 含量的涂料、油墨、胶黏剂、清洗剂。深化石化、化工等行业 VOCs 污染治理,全面提升废气收集率、治理设施同步运行率和去除率。对易挥发有机液体储罐实施改造,对浮顶罐推广采用全接液浮盘和高效双重密封技术,对废水系统高浓度废气实施单独收集处理。加强油船和原油、成品油码头油气回收治理。到 2025 年,溶剂型工业涂料、油墨使用比例分别降低 20％、10％,溶剂型胶黏剂使用量降低 20％。

二、主要法规及政策要求

(一)《中华人民共和国大气污染防治法》

根据 2018 年 10 月 26 日第十三届全国人民代表大会常务委员会第六次会议通过的《中华人民共和国大气污染防治法》(第二次修正),我国大气污染防治应当加强对燃煤、工业、机动车船、扬尘、农业等大气污染的综合防治,推行区域大气污染联合防治,对 $PM_{2.5}$、二氧化硫、氮氧化物、VOCs、氨等大气污染物和温室气体实施协同控制。国家对重点大气污染物排放实行总量控制。

在"工业污染防治"章节中,明确要求钢铁、建材、有色金属、石油、化工等企业生产过程中排放粉尘、硫化物和氮氧化物的,应当采用清洁生产工艺,配套建设除尘、脱硫、脱硝等装置,或者采取技术改造等其他控制大气污染物排放的措施。产生含 VOCs 废气的生产和服务活动,应当在密闭空间或者设备中进行,并按照规定安装、使用污染防治设施;无法密闭的,应当采取措施减少废气排放。工业涂装企业应当使用低 VOCs 含量的涂料,并建立台账。石油、化工以及其他生产和使用有机溶剂的企业,应对管道、设备进行日常维护、维修,减少物料泄漏。储油储气库、加油加气站、原油成品油码头、原油成品油运输船舶、油罐车和气罐车等,应当按照国家有关规定安装油气回收装置并保持其正常使用。钢铁、建材、有色金属、石油、化工、制药、矿产开采等企业,应当加强精细化管理,采取集中收集处理等措施,严格控制粉尘和气态污染物的排放。工业生产企业应当采取密闭、围挡、遮盖、清扫、洒水等措施,减少内部物料的堆存、传输、装卸等环节产生的粉尘和气态污染物的排放。工业生产、垃圾填埋或者其他活动产生的可燃性气体应当回收利用,不具备回收利用条件的,应当进行污染防治处理。可燃性气体回收利用装置如不能正常作业,应当及时修复或者更新。在回收利用装置不能正常作业期间确需排放可燃性气体的,应当将排放的可燃性气体充分燃烧或者采取其他控制大气污染物排放的措施。

在"重点区域大气污染联合防治"章节中,明确国家建立重点区域大气污染联防联控机制,统筹协调重点区域内大气污染防治工作。生态环境部主管部门根据主体功能区划、区域大气环境质量状况和大气污染传输扩散规律,划定国家大气污染防治重点区域。地方人民政府按照统一规划、统一标准、统一监测、统一的防治措施的要求,开展大气污染联合防治,落实大气污染防治目标责任。

(二)《国务院关于印发〈大气污染防治行动计划〉的通知》(国发〔2013〕37号)

2013年9月10日,《国务院关于印发〈大气污染防治行动计划〉的通知》要求以保障人民群众身体健康为出发点,大力推进生态文明建设,坚持政府调控与市场调节相结合,全面推进与重点突破相配合、区域协作与属地管理相协调、总量减排与质量改善相同步,形成政府统领、企业施治、市场驱动、公众参与的大气污染防治新机制,实施分区域、分阶段治理,推动产业结构优化、科技创新能力增强、经济增长质量提高,实现环境效益、经济效益与社会效益多赢。

大气污染防治行动计划的目标是:经过5年努力,全国空气质量总体改善,重污染天气较大幅度减少;京津冀、长三角、珠三角等区域空气质量明显好转;力争再用5年或更长时间,逐步消除重污染天气,全国空气质量明显改善。

在"加强工业企业大气污染综合治理"章节中,明确要求加快推进VOCs污染治理,包括在石化、有机化工、工业涂装、包装印刷等行业实施VOCs综合整治,在石化行业开展泄漏检测与修复(LDAR)技术改造。限时完成加油站、储油库、油罐车的油气回收治理,在原油成品油码头积极开展油气回收治理。

(三)《"十三五"挥发性有机物污染防治工作方案》(环大气〔2017〕121号)

2017年9月13日,环境保护部、国家发展和改革委员会、财政部、交通运输部、国家质量监督检验检疫总局和国家能源局联合下发《"十三五"挥发性有机物污染防治工作方案》,全面加强VOCs污染防治工作。

该工作方案要求,以改善环境空气质量为核心,以重点地区为主要着力点,以重点行业和重点污染物为主要控制对象,推进VOCs与氮氧化物协同减排,强化新增污染物排放控制,实施固定污染源排污许可,全面加强基础能力建设和政策支持保障,因地制宜,突出重点,源头防控,分业施策,建立VOCs污染防治长效机制,促进环境空气质量持续改善和产业绿色发展。

(四)《关于印发〈重点行业挥发性有机物综合治理方案〉的通知》(环大气〔2019〕53号)

2019年6月26日,生态环境部下发《关于印发〈重点行业挥发性有机物综合治理方案〉的通知》,进一步明确VOCs治理重点区域范围、台账记录要求,以及工业企业VOCs治理检查要点和油品储运销VOCs治理检查要点。

《重点行业挥发性有机物综合治理方案》明确要求建立健全VOCs污染

防治管理体系,对重点区域、重点行业的 VOCs 治理应取得明显成效,完成 VOCs 排放量下降的目标任务,协同控制温室气体排放,推动环境空气质量持续改善。

(五)《关于加快解决当前挥发性有机物治理突出问题的通知》(环大气〔2021〕65 号)

2021 年 8 月 4 日,生态环境部下发《关于加快解决当前挥发性有机物治理突出问题的通知》,要求加快解决当前 VOCs 治理存在的突出问题,推动环境空气质量持续改善和"十四五"VOCs 减排目标顺利完成。

该通知要求开展重点任务和问题整改"回头看",并针对当前的突出问题开展排查、整治,同时加强指导帮扶和能力建设,全面强化监督落实,压实 VOCs 治理责任。该通知明确了石油炼制、石油化工、合成树脂等石化行业,有机化工、煤化工、焦化、制药、农药、涂料、油墨、胶黏剂等化工行业,涉及工业涂装的汽车、家具、零部件、钢结构、彩涂板等行业,包装印刷行业以及油品储运销等重点行业领域,提出了挥发性有机液体储罐、装卸、敞开液面、泄漏检测与修复(LDAR)、废气收集、废气旁路、治理设施、加油站、非正常工况、产品 VOCs 含量等 10 个 VOCs 治理关键环节的主要问题及解决思路,为加快解决 VOCs 治理提供了思路。

(六)治理重点

1. 重点区域

大气污染治理重点区域及范围见表 1-3。

表 1-3　大气污染治理重点区域及范围

区域名称	范围
京津冀及周边地区	北京市,天津市,河北省石家庄市、唐山市、邯郸市、邢台市、保定市、沧州市、廊坊市、衡水以及雄安新区,山西省太原市、阳泉市、长治市、晋城市,山东省济南市、淄博市、济宁市、德州市、聊城市、滨州市、菏泽市,河南省郑州市、开封市、安阳市、鹤壁市、新乡市、焦作市、濮阳市(含河北省定州市、辛集市,河南省济源市)
长三角地区	上海市、江苏省、浙江省、安徽省

续表

区域名称	范围
汾渭平原	山西省晋中市、运城市、临汾市、吕梁市,河南省洛阳市、三门峡市,陕西省西安市、铜川市、宝鸡市、咸阳市、渭南市以及杨凌示范区(含陕西省西咸新区、韩城市)

2.重点控制的 VOCs 类别及物质

大气污染治理重点控制 VOCs 类别及物质见表 1-4。

表 1-4　大气污染治理重点控制 VOCs 类别及物质

类别	重点控制的 VOCs 物质
O_3 前体物	间/对二甲苯、乙烯、丙烯、甲醛、甲苯、乙醛、1,3-丁二烯、三甲苯、邻二甲苯、苯乙烯等
$PM_{2.5}$ 前体物	甲苯、正十二烷、间/对二甲苯、苯乙烯、正十一烷、正癸烷、乙苯、邻二甲苯、1,3-丁二烯、甲基环己烷、正壬烷等
恶臭物质	甲胺类、甲硫醇、甲硫醚、二甲二硫、二硫化碳、苯乙烯、异丙苯、苯酚、丙烯酸酯类等
高毒害物质	苯、甲醛、氯乙烯、三氯乙烯、丙烯腈、丙烯酰胺、环氧乙烷、1,2-二氯乙烷、异氰酸酯类等

第三节　排放及治理情况

一、总体情况

"十三五"以来,我国 $PM_{2.5}$ 污染控制取得积极进展,尤其是京津冀及周边、长三角等区域改善明显,但 $PM_{2.5}$ 浓度仍处于高位,超标现象依然普遍,是改善环境空气质量的重点防控因子。京津冀及周边区域排放源解析结果表明,当前阶段有机物是 $PM_{2.5}$ 的最主要组分,占比达 $20\%\sim40\%$,其中,二次有机物占比为 $30\%\sim50\%$,主要是由 VOCs 转化生成的。

同时,我国 O_3 污染问题日益显现,京津冀及周边、长三角、汾渭平原等重点区域 O_3 浓度呈上升趋势,尤其是在夏秋季节,O_3 已成为部分城市的首要污染物。研究表明,VOCs 是现阶段重点区域 O_3 生成的主控因子。

相对于 $PM_{2.5}$、二氧化硫、氮氧化物污染控制,VOCs 排放治理仍存在突出问题,主要表现在源头控制力度不足、无组织排放问题突出、治污设施简易低效、运行管理不规范、监测监控不到位等,目前已经成为大气环境管理的短板。

二、主要问题

自 2013 年《大气污染防治行动计划》实施以来,我国不断加强 VOCs 污染防治工作,印发《重点行业挥发性有机物综合治理方案》,出台炼油、石化等行业排放标准,一些地区制定地方排放标准,加强 VOCs 监测、监控、报告、统计等基础能力建设。虽然取得了一些进展,但 VOCs 治理工作基础依然薄弱。

(一)源头控制力度不足

有机溶剂等含 VOCs 原(辅)材料的使用是 VOCs 的重要排放来源。由于思想认识不到位、政策激励不足、投入成本高等原因,目前低 VOCs 含量原(辅)材料源头替代措施明显不足。据统计,我国工业涂料中水性、粉末等低 VOCs 含量涂料的使用比例不足 20%,低于欧美等发达国家 40%～60%的水平。

(二)无组织排放问题突出

VOCs 挥发性强,涉及行业广,产(排)污环节多,无组织排放特征明显。虽然《中华人民共和国大气污染防治法》等对 VOCs 无组织排放提出了密闭封闭等要求,但目前大量企业未采取有效管控措施,尤其是中小企业管理水平差、收集效率低,逸散问题突出。研究表明,我国工业 VOCs 排放中无组织排放占比达 60%以上。

(三)治污设施简易、低效

VOCs 废气组分复杂,治理技术多样,适用性差异大,技术选择和系统匹配性要求高。我国 VOCs 治理市场起步较晚,准入门槛低,加之监管能力不足等,治污设施建设质量良莠不齐,应付治理、无效治理等现象突出。在一些地区,低温等离子、光催化、光氧化等低效技术应用甚至达 80%以上,治污效果差。一些企业由于设计不规范、系统不匹配等原因,即使选择了高效治理技术,也未取得预期治污效果。

(四)运行管理不规范

VOCs治理需要全面加强过程管控,实施精细化管理,但目前企业普遍存在管理制度不健全、操作规程未建立、人员技术能力不足等问题。一些企业采用活性炭吸附工艺,但长期不更换吸附材料;一些企业采用燃烧、冷凝治理技术,但运行温度等达不到设计要求;一些企业开展了泄漏检测与修复(LDAR)工作,但未按规程操作;等等。

(五)监测监控不到位

现阶段我国VOCs监测工作尚处于起步发展阶段,企业自行监测质量普遍不高,点位设置不合理、采样方式不规范、监测时段代表性不强等问题突出,部分重点企业未按要求配备自动监控设施。涉VOCs排放工业园区和产业集群缺乏有效的监测溯源与预警措施。从监管方面来看,缺乏现场快速检测等有效手段,走航监测、网格化监测等应用不足。

三、治理思路

"十四五"期间,我国VOCs治理的基本思路还是以改良空气质量为核心,聚焦PM$_{2.5}$和O$_3$污染协同控制,着力推进大气多污染物协同减排。加快补齐VOCs和氮氧化物污染防治短板,同时要突出精准治污、科学治污和依法治污,统筹减污降碳。

"十四五"期间,我国VOCs治理的重点任务应基于PM$_{2.5}$、O$_3$协同控制的需求,聚焦重点区域、重点对象和重点时段,严格设定VOCs排放行业准入条件,控制新增排放量。在减排措施方面,紧密围绕强化监督帮扶中发现的问题突出、减排潜力大的挥发性有机液体储罐、装卸、敞开液面、泄漏检测与修复(LDAR)、废气收集、废气旁路、治理设施、加油站、非正常工况、产品VOCs质量等关键环节,从排污许可证、排放标准、产品质量标准等方面着手开展治理,推进VOCs治理体系和治理能力现代化,着力提升VOCs污染源监控能力,强化环境执法监管,加强VOCs深度治理、监测监控、智慧监管等技术支撑,推动经济政策创新,为VOCs减排提供坚实保障。

四、主要发达国家排放治理情况

(一)美国

美国是世界上第一个出现光化学烟雾事件的国家,也是第一个立法管控

VOCs 的国家,其 VOCs 的研究工作最深入、管控也最严格。美国 VOCs 的治理最早开始于 1943 年 7 月某天洛杉矶居民在清晨感受到空气中强烈的味道,于是 VOCs 的研究和治理就拉开了序幕,治理过程曲折且漫长。美国 VOCs 的排放量经过几十年的管控,在 2001 年左右开始降到较低水平,相应的空气质量也在逐年改善。

美国在大气污染防治过程中,最有特色的是利用市场经济手段控制污染排放,建立了排污权交易体系,极大地促进了 VOCs 排放控制和大气污染治理。20 世纪 70 年代以来,美国环保署(EPA)借鉴了水污染治理的排污许可证制度,对大气污染企业进行管理。因不同所有者之间排污权的交易必须是有偿的,排污权交易市场应运而生,逐步建立排污权交易体系。排污权交易制度充分发挥了市场的功能,既可以刺激技术落后的企业努力改进技术,降低排污量,又可以给治理成本比较高的企业留出交易空间,通过排污权交易体系获得排污配额,满足排污需求。排污权交易体系极大地推动了美国的 VOCs 排放控制和大气污染治理工作。

(二)欧盟

欧盟实行 VOCs 分级控制标准,标准中规定了分类方法及分类控制要求。欧盟实行 VOCs 排放信息公开制度,公众能够了解到约 12 000 个工业设施向空气和水体排放情况的详细信息。欧盟委员会还启动了两年一次的评估,请所有利益相关方来检验和讨论如何改进工业排放法规,以更好地保护环境和人体健康。这个评估的结果也将为欧盟整体水平的环保行动提供证据。

(三)日本

日本是亚洲较早开展 VOCs 管理的国家,自 21 世纪初相继出台了一系列 VOCs 控制政策和排放标准,构建了完善的管控体系;同时,设立了明确的减排目标,且最大限度地鼓励企业自主减排。

日本在 1996 年通过修订的《大气污染防止法》,规定了企业的减排责任和义务。自此以后,产业界一直致力于自主管理。日本化学工业协会等业界团体以苯等 12 种物质为对象,采取了减排举措,到 2002 年度已经削减到了 1995 年度的 30% 以下。到 2010 年,日本 VOCs 排放量较 2000 年实际削减了 53%。

日本国内的固定源 VOCs 排放源以涂装、燃料蒸发、化学品制造、印刷、工业用洗涤剂等行业为主,为此它将涂装设施及涂装后的干燥烘干设施、化学产品制造中的干燥设施、工业清洗设施及清洗后的干燥设施、印刷设施及印刷后的干燥烘干设施、VOCs 储藏设施、使用胶黏剂的设施及使用后的干燥烘干设施等排放量达规模以上的 6 类设施列为法律管控对象,根据排放规模分别规定了其 VOCs 的排放限值。根据统计,2005—2010 年日本的印刷和化学品制造行业 VOCs 削减效果最佳,削减比例分别达到 69.17% 和66.70%,燃料蒸发削减效果最差,削减比例仅为 7.51%,干洗、胶黏剂、涂装、工业用洗涤剂等削减结果居中,削减比例分别为 58.38%、58.38%、45.97%、44.51%。从总体情况来看,削减效果非常显著。

第四节　法律、法规和标准体系

一、主要发达国家 VOCs 治理法律、法规和标准体系

(一)美国

美国已经建立了比较完整的 VOCs 控制、管理法律、法规政策体系,实行分行业控制和分类型控制。主要的 VOCs 排放行业都有相应的法律、法规,同时对工业生产的各 VOCs 的排放环节进行了全面控制。

美国环保署对各种排放源实行分类控制和减排策略,将排放源分为固定源、移动源和室内源三类,将固定源的空气污染物分为常规污染物和有毒污染物两类,VOCs 的相关要求基本体现在固定污染源大气污染物排放标准体系当中,同时区分了对新、旧源的不同控制要求。美国政府定期进行全国范围内空气污染物风险评估,并建立基于风险评估模型和污染物普查结果的有毒空气污染物控制基准体系。

(二)欧盟

欧盟相关机构制定的法规政策主要以指令形式传达到各成员国,由各国根据本国具体情况依照指令转换成自己的法律和政策。在 VOCs 污染控制方面,欧盟颁布的指令主要有《环境空气质量和欧洲更清洁空气指令》(Directive 2008/50/EC)、《国家排放上限指令》(2016/2284/EU)、《溶剂指令》(Directive 1999/13/EC)、《涂料指令》(Directive 2004/42/EC)、《汽油储存和配送指令》(Directive 94/63/EC)及《综合污染防治指令》(Directive 96/61/EC,2008/1/EC)。

(三)日本

日本早期的 VOCs 污染控制始于《大气污染防止法》《恶臭防止法》中对光化学氧化剂、恶臭物质的限制。2004 年在修订《大气污染防止法》时,专门增加了 VOCs 排放规制章节,2005 年先后修订《〈大气污染防止法〉实施令》和《〈大气污染防止法〉实施规则》,规定了 VOCs 浓度的测量方法。2006 年 4 月,针对工业 VOCs 排放设施的控制法规正式实施后,明确将工厂企业的自愿减排与强制性排放规定适当结合。

二、我国 VOCs 治理法律、法规和标准体系

(一)大气污染防治立法进程及体系

1.立法进程

1956 年实施的《关于防止厂、矿企业中矽尘危害的决定》,是我国最早的关于大气污染防治的法律规定,主要用以约束企业生产过程中有害气体污染物排放对群众的不利影响。

改革开放后,我国逐步加大了大气污染防治工作力度,相应颁布并实施了一系列新的防治大气污染的法律、法规及标准:1979 年 9 月 13 日,《中华人民共和国环境保护法》由全国人民代表大会常务委员会令第二号公布试行,开启了环境保护工作的新格局;随后,《工业企业设计卫生标准》(GBZ 1—2010)、《工业三废排放试行标准》(GBJ 4—1973)("三废"是指废水、废气、废渣)等法律、法规相继颁布、实施。

随着社会主义经济建设的迅速开展,各类工业企业相继崛起,亟待加强对大气污染的监督和管理,《中华人民共和国大气污染防治法》应运而生并于 1988 年 6 月 1 日起正式施行。该部法律对各级环境保护监督管理部门的监管责任进行了明确,规定了大气污染监测、排污登记申报和超标排污收费等各项制度。除此之外,国家有关部门还颁布了一系列大气污染防治的国家标准和专门的行政规章,对大气污染防治起到了积极作用,取得了一定的实效。

进入 21 世纪以来,随着经济社会发展对大气环境的要求不断提高,我国大气污染防治相关法律、法规和标准体系不断完善,有力支撑了"蓝天保卫战"等大气污染专项治理任务,全面推进了我国大气环境工作。

2.法律体系

《中华人民共和国宪法》作为国家根本大法,对环境保护的要求是国家保护和改善生活环境和生态环境,防治污染和其他公害。

根据《中华人民共和国宪法》,我国相继颁布了《中华人民共和国环境保护法》和《中华人民共和国大气污染防治法》,这两部法律作为指导开展大气环境污染治理工作的根本遵循。

2014年4月24日,《中华人民共和国环境保护法》经过第十二届全国人民代表大会常务委员会第八次会议修订通过并正式颁布。《中华人民共和国环境保护法》是我国除了《中华人民共和国宪法》外,对防治大气污染、保护大气环境具有核心指导意义的综合性法律规范,旨在保护和改善环境,防治污染和其他公害,保障公众健康,推进生态文明建设,促进经济社会可持续发展。

2018年10月26日,《中华人民共和国大气污染防治法》经第十三届全国人民代表大会常务委员会第六次会议第二次修正的正式颁布。该法是一部直接规定保护大气环境、防治大气污染的法律规范。该法强化了大气环境质量的管理和考核,进一步细化了政府各部门环境管理责任,加强了对地方政府参与环境治理的监督与考核,确保达到改善区域大气环境质量的目标。

为将各项生产过程中对大气环境造成的损害降到最低,按照预防性原则,国家还出台了多部环境与资源保护类单行法律,作为《中华人民共和国环境保护法》《中华人民共和国大气污染防治法》的补充。《中华人民共和国清洁生产促进法》,旨在从源头削减污染,提高资源利用效率,减少或者避免生产、服务和产品使用过程中污染物的产生和排放,以减轻或者消除对人类健康和环境的危害;《中华人民共和国循环经济促进法》,旨在发展循环经济、提高资源利用效率、保护和改善环境;《中华人民共和国环境影响评价法》,是为了实施可持续发展战略,预防因规划和建设项目实施后对环境造成不良影响,促进经济、社会和环境的协调发展。

（二）VOCs治理政策体系

我国VOCs治理与管控工作起步相对较晚但发展较快,目前VOCs污染控制的政策体系已初步形成,相关治理工作正在快速推进。

2010年5月,《国务院办公厅转发环境保护部等部门关于推进大气污染联防联控工作改善区域空气质量的指导意见》(国发办〔2010〕33号)强调解决区域大气污染问题,必须尽早采取区域联防联控措施,联防联控的重点污染物是二氧化硫、氮氧化物、PM$_{2.5}$、VOCs 等。自此，VOCs 首次成为国家层面大气污染治理的重点污染物，相关治理标准的制定和治理工作的推动开始加速，我国 VOCs 管控与治理之路正式开启。

2013 年 9 月，国务院颁布的《大气污染防治行动计划》(简称《大气十条》)确定了 10 项具体措施，其中明确提出在石化、有机化工、工业涂装、包装印刷等重点行业推进 VOCs 污染管控与治理。

2014 年 12 月，环境保护部颁布《关于印发〈石化行业挥发性有机物综合整治方案〉的通知》(环发〔2014〕177 号)，石化行业的 VOCs 治理工作率先开展，打响了 VOCs 工业排放行业治理第一枪。《石化行业挥发性有机物综合整治方案》提出到 2017 年，全国石化行业基本完成 VOCs 综合整治工作，建成 VOCs 监测监控体系，VOCs 排放总量较 2014 年削减 30% 以上。

随着排污标准的不断完善，VOCs 排污费征收也被提上日程。2015 年 6 月，财政部、国家发展和改革委员会、环境保护部联合制定并印发了《挥发性有机物排污收费试点办法》。VOCs 排污收费试点行业包括石油化工和包装印刷两个大类，原油加工及石油制品制造、有机化学原料制造、初级形态塑料及合成树脂制造、合成橡胶制造、合成纤维单(聚合)体制造、仓储业和包装装潢印刷等 7 个小类。

2015 年 8 月修订的《中华人民共和国大气污染防治法》首次将 VOCs 纳入监管范围，明确规定生产、进口、销售和使用含 VOCs 的原材料和产品，其 VOCs 含量应当符合质量标准或要求。

"十三五"规划中，进一步明确重点地区行业 VOCs 治理目标。2016 年 3 月，十二届全国人大四次会议通过并授权颁布《中华人民共和国国民经济和社会发展第十三个五年规划纲要》，所有 25 项指标中，资源环境指标全为约束性指标，占所有指标的 40%。《中华人民共和国国民经济和社会发展第十三个五年规划纲要》提出在重点区域、重点行业推进排放总量控制，全国排放总量下降 10% 以上。

2016 年 7 月，《工业和信息化部　财政部关于印发重点行业挥发性有机物削减行动计划的通知》(工信部联节〔2016〕217 号)，要求加快推进落实绿色制造工程实施指南，推进促进重点行业 VOCs 削减，提出到 2018 年，工业行业 VOCs 排放量比 2015 年削减 330 万 t 以上。同时针对石油炼制与石油化工、涂料、油墨、胶黏剂、农药、汽车、包装印刷、橡胶制品、合成革、家具、制鞋等不同行业，明确提出了原料替代、工艺技术改造、回收和末端治理等多种减排方式。

2016 年 12 月,国务院印发《"十三五"生态环境保护规划》,要求控制重点地区重点行业 VOCs 排放,全面加强石化、有机化工、工业涂装、包装印刷等重点行业 VOCs 控制,其中包括钢铁行业、建材行业、石化行业、有色金属行业等,全国排放总量下降 10% 以上。

2017 年 1 月,《国务院关于印发"十三五"节能减排综合工作方案的通知》(国发〔2016〕74 号),提出实施石化、化工、工业涂装、包装印刷等重点行业 VOCs 治理工程,到 2020 年石化企业基本完成 VOCs 治理,全国 VOCs 排放总量比 2015 年下降 10% 以上。

2017 年 9 月,环境保护部、国家发展和改革委员会、财政部、交通运输部、国家质量监督检验检疫总局、国家能源局《关于印发〈"十三五"挥发性有机物污染防治工作方案〉的通知》(环大气〔2017〕21 号),要求到 2020 年建立健全以改善环境空气质量为核心的 VOCs 污染防治管理体系,重点推进石化、化工、包装印刷、工业涂装等重点行业以及机动车、油品储运销等交通源 VOCs 污染防治,并明确至 2020 年,重点地区、重点行业 VOCs 污染排放总量下降 10% 以上。

2018 年 7 月,国务院印发《打赢蓝天保卫战三年行动计划》,通知提出重点区域 VOCs 全面执行大气污染物特别排放限值,实施 VOCs 专项整治方案等目标。该计划指出:我国生态环境的重点防控因子是 $PM_{2.5}$,重点行业和领域是钢铁、火电、建材等行业以及"散乱污"企业、散煤、柴油货车、扬尘治理等领域;在机动车污染方面,优化运输结构,按照"车、油、路"三大要素三个领域齐发力来解决机动车污染问题,同时抓紧治理柴油货车污染,加快老旧车船淘汰;继续大力推进 VOCs 和氮氧化物排放治理,尤其要着力实施"十三五"VOCs 污染防治工作方案。

2019 年 6 月,《生态环境部关于印发〈重点行业挥发性有机物综合治理方案〉的通知》(环大气〔2019〕53 号)对石化、化工、工业涂装、包装印刷、油品储运销、工业园区和产业集群等源项提出了综合治理要求。

2021 年 11 月,《中共中央　国务院颁布关于深入打好污染防治攻坚战的意见》,提出以更高标准打好蓝天、碧水、净土保卫战,设立了 2025 年和 2035 年两个阶段目标,明确了我国污染防治工作路线图,要求大力推进 VOCs 和氮氧化物协同减排。到 2025 年,VOCs、氮氧化物排放总量比 2020 年均将下降 10% 以上。

2021 年 12 月,《国务院关于印发〈"十四五"节能减排综合工作方案〉的通知》(国发〔2021〕33 号),明确要求到 2025 年全国单位国内生产总值能源消耗比 2020 年下降 13.5%，能源消费总量得到合理控制，化学需氧量、氨氮化物、氮氧化物、VOCs 排放总量比 2020 年分别下降 8%、8%、10% 以上、10% 以上。

2021 年 8 月，生态环境部下发《关于加快解决当前挥发性有机物治理突出问题的通知》(环大气〔2021〕65 号)，要求加快解决当前 VOCs 治理存在的突出问题，推动环境空气质量持续改善和"十四五"VOCs 减排目标顺利完成。

(三)VOCs 治理技术标准体系

我国大气污染治理相关技术标准是伴随着国家法律法规和政策要求逐步完善起来的，以《大气污染物综合排放标准》(GB 16297—1996)为主，同时配套了多个单项标准，明确了各主要行业的 VOCs 及其他污染物排放要求。

1997 年 1 月 1 日正式实施的《大气污染物综合排放标准》(GB 16297—1996)规定了苯、甲苯、二甲苯、酚类、甲醛、乙醛等 33 种常见大气污染物的排放限值，同时规定了该标准在执行中的各种要求。在我国现有的国家大气污染物排放标准体系中，按照综合性排放标准与行业性排放标准不交叉执行的原则，适用于现有污染源大气污染物排放管理，以及建设项目的环境影响评价、设计、环境保护设施竣工验收及其投产后的大气污染物排放管理。

大气环境治理相关国家标准见表 1-5。

表 1-5　大气环境治理相关国家标准

标准名称	标准号
《恶臭污染物排放标准》	GB 14554—1993
《大气污染物综合排放标准》	GB 16297—1996
《炼焦化学工业污染物排放标准》	GB 16171—2012
《工业炉窑大气污染物排放标准》	GB 9078—1996
《饮食业油烟排放标准》	GB 18483—2001
《油品运输大气污染物排放标准》	GB 20951—2020
《城镇污水处理厂污染物排放标准》	GB 18918—2002
《合成革与人造革工业污染物排放标准》	GB 21902—2008
《铝工业污染物排放标准》	GB 25465—2010
《乘用车内空气质量评价指南》	GB/T 27630—2011

续表

标准名称	标准号
《橡胶制品工业污染物排放标准》	GB 27632—2011
《火电厂大气污染物排放标准》	GB 13223—2011
《炼焦化学工业污染物排放标准》	GB 16171—2012
《钢铁烧结、球团工业大气污染物排放标准》	GB 28662—2012
《炼铁工业大气污染物排放标准》	GB 28663—2012
《炼钢工业大气污染物排放标准》	GB 28664—2012
《轧钢工业大气污染物排放标准》	GB 28665—2012
《电池工业污染物排放标准》	GB 30484—2013
《砖瓦工业大气污染物排放标准》	GB 29620—2013
《水泥工业大气污染物排放标准》	GB 4915—2013
《锅炉大气污染物排放标准》	GB 13271—2014
《非道路移动机械用柴油机排气污染物排放限值及测量方法(中国第三、四阶段)》	GB 20891—2014
《石油炼制工业污染物排放标准》	GB 31570—2015
《石油化学工业污染物排放标准》	GB 31571—2015
《合成树脂工业污染物排放标准》	GB 31572—2015
《烧碱、聚氯乙烷工业污染物排放标准》	GB 15581—2016
《挥发性有机物无组织排放控制标准》	GB 37822—2019
《制药工业大气污染物排放标准》	GB 37823—2019
《涂料、油墨及胶粘剂工业大气污染物排放标准》	GB 37824—2019
《工作场所有害因素职业接触限值　第1部分:化学有害因素》	GBZ 2.1—2019
《铸造工业大气污染物排放标准》	GB 39726—2020
《农药制造工业大气污染物排放标准》	GB 39727—2020
《陆上石油天然气开采工业大气污染物排放标准》	GB 39728—2020
《工业防护涂料中有害物质限量》	GB 30981—2020
《储油库大气污染物排放标准》	GB 20950—2020
《油品运输大气污染物排放标准》	GB 20951—2020

续表

标准名称	标准号
《加油站大气污染物排放标准》	GB 20952—2020
《印刷工业大气污染物排放标准》	GB 41616—2022
《矿物棉工业大气污染物排放标准》	GB 41617—2022
《石灰、电石工业大气污染物排放标准》	GB 41618—2022
《玻璃工业大气污染物排放标准》	GB 26453—2022
《室内空气质量标准》	GB/T 18883—2022
……	……

近年来,我国 VOCs 相关技术标准不断完善,还颁布、实施了多项含 VOCs 的产品质量标准及检测标准。京津冀、长三角、珠三角、关中等大气环境重点区域以及相关省区市也结合自身大气环境污染治理实际,相继出台了多项地方性法规和标准,进一步细化了大气环境治理要求。此外,中华环保联合会等相关社会性团体也制定并发布了 VOCs 相关团体标准,进一步完善了我国大气环境治理及 VOCs 排放控制的技术标准体系。

第五节 石油天然气工业 VOCs 治理标准

一、基本情况

石油天然气开采包括石油和天然气的勘探、钻井、完井、录井、测井、井下作业、试油和试气、采油和采气、油气集输与油气处理等作业或过程,主要大气污染源和污染物为天然气净化厂硫黄回收尾气排放的二氧化硫(SO_2)、油气集输与处理过程排放的 VOCs。目前我国陆上石油天然气开采企业 VOCs 治理基础总体上还比较薄弱。

目前,石油天然气开采工业 VOCs 治理遵循的主要标准是《陆上石油天然气开采工业大气污染物排放标准》(GB 39728—2020),此外还需满足《大气污染物综合排放标准》(GB 16297—1996)、《挥发性有机物无组织排放控制标准》(GB 37822—2019)、《恶臭污染排放标准》(GB 14554—1993)、《锅炉大气污染物排放标准》(GB 13271—2014)、《工业炉窑大气污染物排放标准》

(GB 9078—1996)的相关要求,所属地制定有地方标准的还需要执行地方标准要求。

二、主要执行标准

(一)《陆上石油天然气开采工业大气污染物排放标准》(GB 39728—2020)

1.标准发布

2020 年 12 月 8 日,生态环境部和国家市场监督管理总局联合发布《陆上石油天然气开采工业大气污染物排放标准》,要求新建企业自 2021 年 1 月 1 日起实施,现有企业 2023 年 1 月 1 日全面执行。

《陆上石油天然气开采工业大气污染物排放标准》规定了陆上石油天然气开采工业大气污染物排放控制要求、监测和监督管理要求,同时对温室气体——甲烷的排放提出了协同控制要求。作为行业首项国家大气污染物排放标准,依据法律规定,该标准具有强制执行效力,实施后能够有效促进行业整体 VOCs 减排。同时,该标准还是首项协同控制温室气体排放的国家污染物排放标准,标准的实施将有效减少甲烷排放,促进行业绿色、低碳、高质量发展,为我国实现温室气体减排目标发挥积极作用。

2.出台背景

我国石油主要赋存于东北和西北地区,天然气主要赋存大西部的鄂尔多斯盆地、四川盆地和塔里木盆地。在国家持续加大勘探开发力度的总基调指引下,2022 年我国全年生产原油 2.04 亿 t,天然气产量约 2 200 亿 m^3。

石油天然气开采行业目前主要大气污染源和污染物为天然气净化厂硫黄回收尾气排放的二氧化硫(SO_2)、油气集输与处理过程排放的 VOCs。天然气净化厂硫黄回收尾气 SO_2 排放浓度高,治理难度大,长期以来仅执行《大气污染物综合排放标准》(GB 16297—1996)的最高允许排放速率指标。石油天然气开采行业由于设施分散、位置偏远,《挥发性有机物无组织排放控制标准》(GB 37822—2019)的相关规定部分不适用于该行业。甲烷是重要的温室气体,石油天然气开采是甲烷排放的重点行业,需要加强控制。为落实精准治污、科学治污、依法治污的要求,急需结合行业特点、污染防治技术水平,制定适用于石油天然气开采行业的排放控制标准。《大气污染物综合排放标准》规定了陆上石油天然气开采工业大气污染物排放控制要求、监测和监督管理要求,同时对温室气体甲烷的排放提出了协同控制要求。

3. 排放控制特点

针对天然气净化厂硫黄回收装置 SO_2 排放问题,区分工厂规模设置排放限值。对于硫黄回收装置总规模在 200 t/d 以上的,SO_2 控制要求与《石油炼制工业污染物排放标准》(GB 31570—2015)一致,限值为 400 mg/m³;对于小规模硫黄回收装置,考虑经济技术可行性,限值为 800 mg/m³。

针对油气集输与处理过程的 VOCs 排放问题,对于原油、稳定轻烃等挥发性有机液体储存和装载、设备与管线组件泄漏、油气田采出水等集输和处理系统、火炬系统规定了措施性控制要求。考虑行业实际情况,对于非重点地区的现有原油储罐、设备与管线组件泄漏、油气田采出水等集输和处理系统适当放宽了控制要求。

针对油气开采过程的甲烷排放问题,对天然气(包括油田伴生气)生产、设备与管线组件泄漏、油气田采出水集输和处理系统、火炬系统等,提出了协同控制要求。

4. 实施要求

《陆上石油天然气开采工业大气污染物排放标准》主要针对陆上油气田、滩海陆采油气田和海上油气田陆岸终端的石油天然气开采,油砂、油页岩、页岩气、煤层气、天然气水合物等非常规油气开采活动执行其他相关标准。

《陆上石油天然气开采工业大气污染物排放标准》适用于现有陆上石油天然气开采工业企业或生产设施的大气污染物排放管理,以及陆上石油天然气开采工业建设项目的环境影响评价、环境保护设施设计、竣工环境保护验收、排污许可证核发及其投产后的大气污染物排放管理。陆上石油天然气开采工业企业或生产设施排放水污染物、恶臭污染物、环境噪声,以及燃料燃烧设施排放大气污染物适用相应的国家污染物排放标准;产生固体废物的鉴别、处理和处置适用相应的国家固体废物污染控制标准。结合标准内容和行业实际,设备与管线组件 VOCs 泄漏控制方面,执行《挥发性有机物无组织排放控制标准》(GB 37822—2019)相关章节要求。

新建企业自 2021 年 1 月 1 日起,现有企业自 2023 年 1 月 1 日起,其大气污染物排放控制按照该标准的规定执行,不再执行《大气污染物综合排放标准》(GB 16297—1996)、《关于天然气净化厂脱硫尾气排放执行标准有关问题的复函》(环函〔1999〕48 号)中的相关规定。

《陆上石油天然气开采工业大气污染物排放标准》是对陆上石油和天然气

开采工业大气污染物排放控制的基本要求。省级人民政府对该标准未作规定的项目,可以制定地方污染物排放标准;对该标准已作规定的项目,可以制定严于本标准的地方污染物排放标准。

5.重点内容

(1)天然气净化厂硫黄回收装置大气污染物排放控制要求。天然气净化厂硫黄回收装置大气污染物排放限值见表1-6。

表1-6　天然气净化厂硫黄回收装置大气污染物排放限值

天然气净化厂硫黄回收装置总规模/$(t \cdot d^{-1})$	二氧化硫排放浓度限值/$(mg \cdot m^{-3})$	污染物排放监控位置
≥200	400	硫黄回收装置尾气排气筒
<200	800	

(2)挥发性有机液体储存排放控制要求。天然气凝液、液化石油气和1号稳定轻烃储存应采用压力罐、低压罐或采取其他等效措施;原油和2号稳定轻烃储存控制要求见表1-7和表1-8。

表1-7　原油和2号稳定轻烃储存控制要求(一般地区)

物料	储罐状态	物料真实蒸气压/kPa	单罐设计容积/m³	排放控制要求
原油	现有	>66.7	>100	①
		≥27.6 且≤66.7	>500	②
	新建	>66.7	≥75	①
		≥27.6 且≤66.7	≥75	②
2号稳定轻烃	—	—	—	②

注:
① 符合下列要求之一:
a)采用压力罐或低压罐。
b)采用固定顶罐,采取油罐烃蒸气回收措施。
c)采取其他等效措施。
② 符合下列要求之一:
a)采用浮顶罐。外浮顶罐的浮盘与罐壁之间采用双重密封,且一次密封采用浸液式、机械式鞋形等高效密封方式;内浮顶罐的浮盘与罐壁之间采用浸液式、机械式鞋形等高效密封方式。
b)采用固定顶罐并对排放的废气进行收集处理,非甲烷总烃去除效率不低于80%。
c)采用气相平衡系统。
d)采取其他等效措施。

表 1-8　原油和 2 号稳定轻烃储存控制要求(重点地区)

物料	物料真实蒸气压/kPa	单罐设计容积/m³	排放控制要求
原油	>66.7	—	①
	≥27.6 且≤66.7	≥75	②
	≥5.2 且<27.6	≥150	②
2 号稳定轻烃	—	—	②

注:
① 符合下列要求之一:
a)采用压力罐或低压罐。
b)采用固定顶罐,采取油罐烃蒸气回收措施。
c)采取其他等效措施。
② 符合下列要求之一:
a)采用浮顶罐。外浮顶罐的浮盘与罐壁之间采用双重密封,且一次密封采用浸液式、机械式鞋形等高效密封方式;内浮顶罐的浮盘与罐壁之间采用浸液式、机械式鞋形等高效密封方式。
b)采用固定顶罐并对排放的废气进行收集处理,非甲烷总烃去除效率不低于90%。
c)采用气相平衡系统。
d)采取其他等效措施。

(3)挥发性有机液体装载排放控制要求。挥发性有机液体装载应采用底部装载或顶部浸没式装载方式;采用顶部浸没式装载的,出料管口距离罐(槽)底部高度应小于 200 mm;天然气凝液、液化石油气和 1 号稳定轻烃装载应采用气相平衡系统或采取其他等效措施。

油气集中处理站、天然气处理厂、储油库装载真实蒸气压不小于27.6 kPa的原油和 2 号稳定轻烃,应符合下列规定之一:对装载排放的废气进行收集处理,非甲烷总烃去除效率不低于80%;采用气相平衡系统。

重点地区油气集中处理站、天然气处理厂、储油库装载真实蒸气压不小于5.2 kPa 的原油和 2 号稳定轻烃,应符合下列规定之一:对装载排放的废气进行收集处理,非甲烷总烃去除效率不低于90%;采用气相平衡系统。

(4)废水集输和处理系统排放控制要求。油气田采出水、原油稳定装置污水、天然气凝液及其产品储罐排水、原油储罐排水应采用密闭管道集输,接入口和排出口采取与环境空气隔离的措施。

重点地区敞开式油气田采出水、原油稳定装置污水、天然气凝液及其产品储罐排水、原油储罐排水的储存和处理设施,若其敞开液面逸散排放的 VOCs 浓度(以碳计)不小于 100 μmol/mol,应符合下列规定之一:采用浮动顶盖;对设施采用固定顶盖进行封闭,收集排放废气中非甲烷总烃浓度不超过

120 mg/m³,收集废气中非甲烷总烃初始排放速率不小于 2 kg/h 的,废气处理设施非甲烷总烃去除效率不低于 80%;采取其他等效措施。

(5)设备与管线组件泄漏排放控制要求。设备与管线组件主要包括泵、压缩机、搅拌器(机)、阀门、开口阀或开口管线、法兰及其他连接件、泄压设备、取样连接系统和其他密封设备。

重点地区油气集中处理站、天然气处理厂、储油库,载有气态 VOCs 物料、液态 VOCs 物料或质量占比不小于 10% 的天然气的设备与管线组件的密封点不少于 2 000 个的,应开展泄漏检测与修复(LDAR)工作。

若出现下列情况之一,则认定设备或管线组件发生了泄漏,应开展修复工作:密封点存在渗液、滴液等可见的泄漏现象;密封点泄漏检测值超过表 1-9 规定的泄漏认定浓度。

表 1-9　设备与管线组件密封点泄漏认定浓度

适用对象		重点地区泄漏认定浓度/(μmol·mol^{-1})
气态 VOCs 物料		2 000
天然气		2 000
液态 VOCs 物料	挥发性有机液体	2 000
	其他物料	500

(6)有组织排放控制要求。除(2)~(4)条规定外,生产装置和设施有组织排放废气应符合下列规定:非甲烷总烃排放浓度不超过 120 mg/m³;生产装置和设施排气中非甲烷总烃初始排放速率不小于 3 kg/h 的,废气处理设施非甲烷总烃去除效率不低于 80%;重点地区生产装置和设施排气中非甲烷总烃初始排放速率不小于 2 kg/h 的,废气处理设施非甲烷总烃去除效率不低于 80%。

(7)其他排放控制要求。在气田内将气井采出的井产物进行汇集、处理、输送的全过程应采用密闭工艺流程;在需要采取原油稳定措施的油田或油田区块内,将油井采出的井产物进行汇集、处理、输送至原油稳定装置的全过程应采用密闭工艺流程。

对油气田放空天然气应予以回收。不能回收或难以回收的,应经燃烧后放空;不能燃烧直接放空的,应报生态环境主管部门备案。

油气集中处理站、天然气处理厂的火炬系统应符合下列规定:采取措施回收排入火炬系统的液体;VOCs 和天然气进入火炬应能及时点燃并充分燃烧;

连续监测火炬及其引燃设施的工作状态(火炬气流量、火炬火焰温度、火种气流量、火种温度等),编制监测记录并至少保存 3 年。

(8)企业边界污染物控制要求。油气集中处理站、涉及凝析油或天然气凝液的天然气处理厂、储油库边界非甲烷总烃浓度不应超过 $4.0 \, mg/m^3$。

(9)污染物监测要求。企业应按照有关法律、《环境监测管理办法》等规定,建立监测制度,制定监测方案,对大气污染物排放状况开展自行监测,保存原始监测记录,并公布监测结果;企业安装大气污染物排放自动监控设备的要求,按有关法律和《污染源自动监控管理办法》等规定执行;企业应按照环境监测管理规定和技术规范的要求,设计、建设、维护永久性采样口、采样监测平台和排污口标志。

大气污染物监测应在规定的监控位置进行,有废气处理设施的,应在处理设施后监测。

(二)《恶臭污染排放标准》(GB 14554—1993)

1.标准发布

《恶臭污染排放标准》由国家环境保护总局于 1993 年 7 月 19 日颁布,1994 年 1 月 15 日正式实施。该标准分年限规定了氨、硫化氢、甲硫醇等 8 种典型恶臭污染物的一次最大排放限值、复合恶臭物质的臭气浓度限值及无组织排放源的厂界浓度限值。

2.适用范围

《恶臭污染排放标准》适用于全国所有向大气排放恶臭气体单位及垃圾堆放场的排放管理以及建设项目的环境影响评价、设计、竣工验收及其建成后的排放管理。

3.重点内容

(1)环境空气功能区分类。环境空气功能区分为两类:一类区为自然保护区、风景名胜区和其他需要特殊保护的区域;二类区为居住区、商业交通居民混合区、文化区、工业区和农村地区。

(2)标准分级。恶臭污染物厂界标准值分三级。其中:排入一类区的执行一级标准,一类区中不得建新的排污单位;排入二类区的执行二级标准;排入三类区的执行三级标准。

(3)标准值。恶臭污染物厂界标准值见表 1-10,恶臭污染物排放标准值见表 1-11。

表 1-10　恶臭污染物厂界标准值

序号	控制项目	单位	一级	二级		三级	
				新扩改建	现有	新扩改建	现有
1	氨	mg·m^{-3}	1.0	1.5	2.0	4.0	5.0
2	三甲胺	mg·m^{-3}	0.05	0.08	0.15	0.45	0.80
3	硫化氢	mg·m^{-3}	0.03	0.08	0.10	0.32	0.60
4	甲硫醇	mg·m^{-3}	0.004	0.08	0.010	0.020	0.035
5	甲硫醚	mg·m^{-3}	0.03	0.08	0.15	0.55	1.10
6	二甲二硫	mg·m^{-3}	0.03	0.08	0.13	0.25	0.71
7	二硫化碳	mg·m^{-3}	2.0	0.08	5.0	8.0	10
8	苯乙烯	mg·m^{-3}	3.0	0.08	7.0	14	19
9	臭气浓度	无量纲	10	20	30	60	70

表 1-11　恶臭污染物排放标准值

序号	控制项目	排气筒高度/m	排放量/(kg·h^{-1})
1	硫化氢	15	0.33
		20	0.58
		25	0.90
		30	1.3
		35	1.8
		40	2.3
		60	5.2
		80	9.3
		100	14
		120	21
2	甲硫醇	15	0.04
		20	0.08
		25	0.12
		30	0.17
		35	0.24
		40	0.31
		60	0.69

续表

序号	控制项目	排气筒高度/m	排放量/(kg·h⁻¹)
3	甲硫醚	15	0.33
		20	0.58
		25	0.90
		30	1.3
		35	1.8
		40	2.3
		60	5.2
4	二甲二硫	15	0.43
		20	0.77
		25	1.2
		30	1.7
		35	2.4
		40	3.1
		60	7.0
5	二硫化碳	15	1.5
		20	2.7
		25	4.2
		30	6.1
		35	8.3
		40	11
		60	24
		80	43
		100	68
		120	97

续表

序号	控制项目	排气筒高度/m	排放量/(kg·h⁻¹)
6	氨	15	4.9
		20	8.7
		25	14
		30	20
		35	27
		40	35
		60	75
7	三甲胺	15	0.54
		20	0.97
		25	1.5
		30	2.2
		35	3.0
		40	3.9
		60	8.7
		80	15
		100	24
		120	35
8	苯乙烯	15	6.5
		20	12
		25	18
		30	26
		35	35
		40	46
		60	104

续表

序号	控制项目	排气筒高度/m	排放量/(kg·h⁻¹)
9	臭气浓度	15	2 000
		25	6 000
		35	15 000
		40	20 000
		50	40 000
		≥60	60 000

(三)《锅炉大气污染物排放标准》(DB 61/1226—2018)

1. 标准发布

陆上石油天然气开采工业燃料燃烧设施排放大气污染物排放执行相应国家排放标准,一般情况下,锅炉执行《锅炉大气污染物排放标准》(GB 13271—2014),加热炉执行《工业炉窑大气污染物排放标准》(GB 9078—1996)。

鄂尔多斯盆地低渗透油气田横跨陕西省、甘肃省、宁夏回族自治区、内蒙古自治区等省区,涉及黄河流域、关中平原等多个环境生态敏感区,所占区域较大的陕西省等省区相继出台区域或地方标准,对典型行业燃料燃烧设施的排放指标进行了限定,包括《关中地区重点行业大气污染物排放标准》(DB 61/941—2018)、《锅炉大气污染物排放标准》(DB 61/1226—2018)等。其中,陕西省地方标准《锅炉大气污染物排放标准》由陕西省生态环境厅和市场监督管理局于 2018 年 12 月 29 日联合发布,2019 年 1 月 29 日正式实施。该标准规定了火力发电锅炉和工业锅炉的大气污染浓度排放限制、检测等要求。

2. 适用范围

《锅炉大气污染物排放标准》适用于陕西省在用锅炉的大气污染排放管理,以及锅炉建设项目的环境影响评价、环境保护设施设计、竣工环境保护验收及其投产后的大气污染物排放管理。

3. 重点内容

(1)总体要求。工业锅炉包括各种容量的工业锅炉。燃料种类主要有燃煤、燃气、燃油、生物质等,使用型煤、水煤浆、煤矸石、兰炭、石油焦、油页岩等燃料的锅炉参照燃煤锅炉排放限值执行,使用醇醚燃料(如甲醇、乙醇、二甲醚等)的锅炉参照天然气锅炉排放限值执行,油气两用锅炉按照使用燃料种类分别执行燃油锅炉和燃气锅炉排放标准,其他混合燃料锅炉按燃料种类执行较严的排放标准。

不同时段建设的锅炉,若采用混合方式排放烟气且选择的监控位置只能监测混合烟气中的大气污染物浓度,执行各个时段限值中最严格的排放限值。

(2)排放浓度限值。燃煤锅炉大气污染物排放浓度限值见表1-12,燃气锅炉大气污染物排放浓度限值见表1-13,燃油锅炉大气污染物排放浓度限值见表1-14。

表1-12　燃煤锅炉大气污染物排放浓度限值

单位:mg/m³

分类		PM2.5	二氧化硫	氮氧化物(以 NO₂ 计)	汞及其化合物	监控位置
关中地区		10	35	50	0.03	烟囱排放口
陕北地区城市建成区		10	35	50	0.03	
其他地区	单台出力≤65 t·h⁻¹的燃煤锅炉	30	100	200	0.05	
	单台出力>65 t·h⁻¹的除层燃炉、抛煤机炉外的燃煤锅炉	10	50	100	0.05	
	单台出力>65 t·h⁻¹的层燃炉和抛煤机炉	10	50	200	0.05	

表1-13　燃气锅炉大气污染物排放浓度限值

单位:mg/m³

燃气种类	PM2.5	二氧化硫	氮氧化物(以 NO₂ 计)	监控位置
天然气	10	20	50	烟囱排放口
其他燃气	10	50	150	

表 1-14 燃油锅炉大气污染物排放浓度限值

单位:mg/m³

大气污染物	PM$_{2.5}$	二氧化硫	氮氧化物（以 NO$_2$ 计）
排放浓度限值	10	20	150

三、标准管控思路及重点

(一)标准管控思路

1.源头替代

鼓励企业采用低 VOCs 原(辅)材料和先进的工艺设备,从源头减少或消除 VOCs 无组织排放(导向性)。

2.过程控制

强化措施管控,加强对工艺设备及其运行维护控制,减少 VOCs 无组织排放。

3.末端治理

实施无组织废气有效收集,变无组织排放为有组织排放,通过末端治理消除 VOCs 排放。

4.效果综合评判

综合效果评判的参数有厂界浓度、厂区浓度、有组织排口排放浓度、去除效率。

5.差异化控制

差异化控制需区分一般地区和重点地区。

(二)管控重点

1.工艺过程排放源

(1)VOCs 生产过程或者以 VOCs 为原料的生产过程:在物料投加和卸

放、反应(合成)、混合、过滤、离心、蒸馏、冷凝、结晶、烘干、溶剂回收以及加工等工艺过程中VOCs会通过置换、蒸发、逸散等方式排放到大气中。

(2)含VOCs产品的使用过程(调配、涂装、印刷、清洗、黏合、浸渍、成型等作业)中的逸散排放。

2.通用操作或设施排放源

(1)VOCs物料储存:物料在储存过程中逸散,如挥发性有机液体储罐静置损失和工作损失。

(2)VOCs物料转移和输送:物料在运输、转移过程中,如装车、装船过程中的逸散。

(3)设备与管线组件泄漏:泵、阀门、法兰等的跑、冒、滴、漏。

(4)敞开液面VOCs挥发:废水收集和处理设施废水液面逸散、开式循环冷却水逸散。

(三)管控对象

1.VOCs质量占比大于或等于10%的物料

VOCs质量占比大于或等于10%的物料主要涉及炼油、石油化工、煤化工、有机精细化工等化工生产过程,以及涂料、油墨、胶黏剂、清洗剂等含VOCs产品的使用过程(含VOCs产品可按配比计算确定或按采样测量确定VOCs质量占比)。

2.有机聚合物材料

有机聚合物材料涉及合成树脂、合成橡胶、合成纤维材料的生产和制品加工过程。

四、超标与违法行为判定及处罚

(一)超标与违法行为判定

1.超标

(1)有组织排放。采用手工监测或在线监测时,按照监测规范要求测得的任意1 h平均浓度值超过大气污染物排放标准规定的限值,判定为超标。

(2)企业边界及周边地区。采用手工监测或在线监测时,按照监测规范要求测得的任意 1 h 平均浓度值超过大气污染物排放标准规定的限值,判定为超标。

2.违法行为

(1)企业未遵守大气污染物排放标准规定的措施性控制要求,属于违法行为,依照法律、法规等相关规定予以处理。

(2)对于设备与管线组件 VOCs 泄漏控制,如发现下列情况之一,属于违法行为,依照法律、法规等相关规定予以处理:企业密封点数量超过 2 000 个(含),但未开展泄漏检测与修复(LDAR)工作的;未按规定的频次、时间进行泄漏检测与修复(LDAR)工作的;现场随机抽查在检测不超过 100 个密封点的情况下,发现有 2 个以上(不含)不在修复期内的密封点出现可见泄漏现象或超过泄漏认定浓度的。

(二)超标与违法行为罚则

1.依据

超标与违法行为罚则的依据有《中华人民共和国宪法》《中华人民共和国环境保护法》《中华人民共和国大气污染防治法》《中华人民共和国清洁生产促进法》《中华人民共和国循环经济促进法》《中华人民共和国环境影响评价法》等。下面以《中华人民共和国大气污染防治法》为主进行阐述。

2.超标行为适用条款及罚则

第九十九条:违反本法规定,有下列行为之一的,由县级以上人民政府生态环境主管部门责令改正或者限制生产、停产整治,并处十万元以上一百万元以下的罚款;情节严重的,报经有批准权的人民政府批准,责令停业、关闭:①未依法取得排污许可证排放大气污染物的;②超过大气污染物排放标准或者超过重点大气污染物排放总量控制指标排放大气污染物的;③通过逃避监管的方式排放大气污染物的。

3.违法行为适用条款及罚则

(1)违法行为适用条款。

第四十五条:产生含挥发性有机物废气的生产和服务活动,应当在密闭空间或者设备中进行,并按照规定安装、使用污染防治设施;无法密闭的,应当采取措施减少废气排放。

第四十六条：工业涂装企业应当使用低挥发性有机物含量的涂料，并建立台账，记录生产原料、辅料的使用量、废弃量、去向以及挥发性有机物含量。台账保存期限不得少于三年。

第四十七条：石油、化工以及其他生产和使用有机溶剂的企业，应当采取措施对管道、设备进行日常维护、维修，减少物料泄漏，对泄漏的物料应当及时收集、处理。储油储气库、加油加气站、原油成品油码头、原油成品油运输船舶和油罐车、气罐车等，应当按照国家有关规定安装油气回收装置并保持正常使用。

第四十八条：钢铁、建材、有色金属、石油、化工、制药、矿产开采等企业，应当加强精细化管理，采取集中收集处理等措施，严格控制粉尘和气态污染物的排放。工业生产企业应当采取密闭、围挡、遮盖、清扫、洒水等措施，减少内部物料的堆存、传输、装卸等环节产生的粉尘和气态污染物的排放。

（2）违法行为罚则。

第一〇八条：违反本法规定，有下列行为之一的，由县级以上人民政府生态环境主管部门责令改正，处二万元以上二十万元以下的罚款；拒不改正的，责令停产整治：

1）产生含挥发性有机物废气的生产和服务活动，未在密闭空间或者设备中进行，未按照规定安装、使用污染防治设施，或者未采取减少废气排放措施的；

2）工业涂装企业未使用低挥发性有机物含量涂料或者未建立、保存台账的；

3）石油、化工以及其他生产和使用有机溶剂的企业，未采取措施对管道、设备进行日常维护、维修，减少物料泄漏或者对泄漏的物料未及时收集处理的；

4）储油储气库、加油加气站和油罐车、气罐车等，未按照国家有关规定安装并正常使用油气回收装置的；

5）钢铁、建材、有色金属、石油、化工、制药、矿产开采等企业，未采取集中收集处理、密闭、围挡、遮盖、清扫、洒水等措施，控制、减少粉尘和气态污染物排放的；

6）工业生产、垃圾填埋或者其他活动中产生的可燃性气体未回收利用，不具备回收利用条件未进行防治污染处理，或者可燃性气体回收利用装置不能正常作业，未及时修复或者更新的。

第二章 典型 VOCs 治理技术

第一节 大气污染治理国家政策

随着我国对大气污染防治工作力度的逐步加强,近年来颁布并实施了一系列法律政策及标准,下面是部分国家政策的具体实施办法。

一、《石化行业挥发性有机物综合整治方案》(环发〔2014〕177 号)

《石化行业挥发性有机物综合整治方案》明确了开展 VOCs 污染源排查、严格建设项目环境准入、完善 VOCs 监督管理体系、实施 VOCs 全过程污染控制和建立 VOCs 管理体系的主要任务。其中,在 VOCs 全过程污染控制方面要求如下:

(1)大力推进清洁生产。企业应优先选用低挥发性原(辅)材料,先进、密闭的生产工艺,强化生产、输送、进出料、干燥以及采样等易泄漏环节的密闭性,加强无组织废气的收集和有效处理。

(2)全面推行泄漏检测与修复(LDAR)工作。企业应建立泄漏检测与修复(LDAR)管理制度,细化工作程序、检测方法、检测频率、泄漏浓度限值、修复要求等关键要素,对密封点设置编号和标识,泄漏超标的密封点要及时修复。建立信息管理平台,全面分析泄漏点信息,对易泄漏环节制定针对性改进措施,通过源头控制减少 VOCs 泄漏排放。企业可通过自行组织、委托第三方或两者相结合的方式开展工作。

(3)加强有组织工艺废气治理。工艺废气应优先考虑生产系统内回收利用,难以回收利用的,应采用催化燃烧、热力焚烧等方式处理,处理效率应满足相关标准和要求。同时,应采取措施尽可能回收排入火炬系统的废气。火炬应按照相关要求设置规范的点火系统,确保通过火炬排放的 VOCs 点燃,并尽可能充分燃烧。

(4)严格控制储存、装卸损失。挥发性有机液体储存设施应在符合安全等相关规范的前提下,采用压力罐、低温罐、高效密封的浮顶罐或安装顶空联通置换油气回收装置的拱顶罐,其中苯、甲苯、二甲苯等危险化学品应在内浮顶罐基础上安装油气回收装置等处理设施。挥发性有机液体装卸应采取全密闭、液下装载等方式,严禁喷溅式装载。汽油、石脑油、煤油等高挥发性有机液体和苯、甲苯、二甲苯等危险化学品的装卸过程应优先采用高效油气回收措施。运输相关产品应采用具备油气回收接口的车/船。

(5)强化废水、废液、废渣系统逸散废气治理。废水、废液、废渣收集、储存、处理处置过程中,应对逸散 VOCs 和产生异味的主要环节采取有效的密闭与收集措施,确保废气经收集、处理后达到相关标准要求,禁止稀释排放。

(6)加强非正常工况污染控制。制定开停车、检维修、生产异常等非正常工况的操作规程和污染控制措施。企业的开停车、检维修等计划性操作应在实施前向环境保护主管部门备案,实施过程中加强环境监管,事后进行评估;非计划性操作应严格控制污染,杜绝事故性排放,事后及时评估并向环境保护主管部门报告。企业应及时向社会公开非正常工况相关环境信息,接受社会监督。

为避免形成二次污染,催化燃烧、热力焚烧等产生的废气以及吸附、吸收、冷凝等产生的有机废水应处理后达标排放,更换吸附剂等过程应做好操作信息记录,废吸附剂应按相关要求妥善处置。

二、《"十三五"挥发性有机物污染防治工作方案》(环大气〔2017〕121 号)

《"十三五"挥发性有机物污染防治工作方案》明确了到 2020 年,建立健全以改善环境空气质量为核心的 VOCs 污染防治管理体系,实施重点地区、重点行业 VOCs 污染减排,排放总量下降 10% 以上。通过与氮氧化合物等污染物的协同控制,实现环境空气质量持续改善这一总体目标。为实现这一目标,提出了加大产业结构调整力度、加快实施工业源 VOCs 污染防治、深入推进交通源 VOCs 污染防治、有序开展生活源农业源 VOCs 污染防治、建立健全 VOCs 管理体系系列主要任务。其中,在"全面实施石化行业达标排放"章节中,要求石油炼制、石油化工、合成树脂等行业应严格按照排放标准要求,全面加强精细化管理,确保稳定达标排放。

全面开展泄漏检测与修复(LDAR)工作,建立健全管理制度,重点加强搅拌器、泵、压缩机等动密封点,以及低点导淋、取样口、高点放空、液位计、仪表连接件等静密封点的泄漏管理。

严格控制储存、装卸损失,优先采用压力罐、低温罐、高效密封的浮顶罐,采用固定顶罐的应安装顶空联通置换油气回收装置;有机液体装卸必须采取全密闭底部装载、顶部浸没式装载等方式,汽油、航空汽油、石脑油、煤油等高挥发性有机液体装卸过程采取高效油气回收措施,使用具有油气回收接口的车/船。

强化废水处理系统等的逸散废气收集治理,废水集输、储存、处理处置过程中的集水井(池)、调节池、隔油池、曝气池、气浮池、浓缩池等高浓度 VOCs 逸散环节应采用密闭收集措施,并回收利用,难以利用的应安装高效治理设施。

加强有组织工艺废气治理,工艺弛放气、酸性水罐工艺尾气、氧化尾气、重整催化剂再生尾气等工艺废气优先回收利用,难以利用的,应送火炬系统处理,或采用催化焚烧、热力焚烧等销毁措施。

加强非正常工况排放控制。在确保安全前提下,非正常工况排放的有机废气严禁直接排放,有火炬系统的,送入火炬系统处理,禁止熄灭火炬长明灯;无火炬系统的,应采用冷凝、吸收、吸附等处理措施,降低排放。

加强操作管理,减少非计划停车及事故工况发生频次;对事故工况,企业应开展事后评估并及时向当地环境保护主管部门报告。

三、《重点行业挥发性有机物综合治理方案》(环大气〔2019〕53 号)

《重点行业挥发性有机物综合治理方案》提出了在 VOCs 治理工作中需要着重解决的一些问题,给出了相应的控制思路和要求,并针对 6 个重点行业和领域从源头减排、无组织控制、末端治理适用技术等方面进行了规定。其中,石化行业 VOCs 治理任务如下:

(1)要全面加大石油炼制及有机化学品、合成树脂、合成纤维、合成橡胶等行业 VOCs 治理力度。重点加强密封点泄漏、废水和循环水系统、储罐、有机液体装卸、工艺废气等源项 VOCs 治理工作,确保稳定达标排放。重点区域要进一步加大其他源项治理力度,禁止熄灭火炬系统长明灯,设置视频监控装置;推进煤油、柴油等在线调和工作;非正常工况排放的 VOCs,应吹扫至火炬系统或密闭收集处理;含 VOCs 的废液废渣应密闭储存;防腐、防水、防锈涂装采用低 VOCs 含量涂料。

(2)深化泄漏检测与修复(LDAR)工作。严格按照《石化企业泄漏检测与修复工作指南》规定,建立台账,开展泄漏检测、修复、质量控制、记录管理等工作。加强备用泵、在用泵、调节阀、搅拌器、开口管线等检测工作,强化质量控制;要将 VOCs 治理设施和储罐的密封点纳入检测计划中。参照《挥发性有机物无组织排放控制标准》有关设备与管线组件 VOCs 泄漏控制监督要求,对石化企业密封点泄漏加强监管。鼓励重点区域对泄漏量大的密封点实施包袋法检测,对不可达密封点采用红外法检测。

(3)加强废水、循环水系统 VOCs 收集与处理。加大废水集输系统改造力度,重点区域现有企业通过采取密闭管道等措施逐步替代地漏、沟、渠、井等敞开式集输方式。全面加强废水系统高浓度 VOCs 废气收集与治理,集水井(池)、调节池、隔油池、气浮池、浓缩池等应采用密闭化工艺或密闭收集措施,配套建设燃烧等高效治污设施。生化池、曝气池等低浓度 VOCs 废气应密闭收集,实施脱臭等处理,确保达标排放。加强循环水监测,重点区域内石化企业每 6 个月至少开展一次循环水塔和含 VOCs 物料换热设备进出口总有机碳(TOC)或可吹扫有机碳(POC)监测工作,出口浓度大于进口浓度 10% 的,要溯源泄漏点并及时修复。

(4)强化储罐与有机液体装卸 VOCs 治理。加大中间储罐等治理力度,真实蒸气压大于或等于 5.2 kPa 的,要严格按照有关规定采取有效控制措施。鼓励重点区域对真实蒸气压大于或等于 2.8 kPa 的有机液体采取控制措施。进一步加大挥发性有机液体装卸 VOCs 治理力度,重点区域推广油罐车底部装载方式,推进船舶装卸采用油气回收系统,试点开展火车运输底部装载工作。储罐和有机液体装卸采取末端治理措施的,要确保稳定运行。

(5)深化工艺废气 VOCs 治理。有效实施催化剂再生废气、氧化尾气 VOCs 治理,加强酸性水罐、延迟焦化、合成橡胶、合成树脂、合成纤维等工艺过程尾气 VOCs 治理。推行全密闭生产工艺,加大无组织排放收集。鼓励企业将含 VOCs 废气送工艺加热炉、锅炉等直接燃烧处理,污染物排放满足石化行业相关排放标准要求。酸性水罐尾气应收集处理。推进重点区域延迟焦化装置实施密闭除焦(含冷焦水和切焦水密闭)改造。合成橡胶、合成树脂、合成纤维等推广使用密闭脱水、脱气、掺混等工艺和设备,配套建设高效治污设施。

四、《关于加快解决当前挥发性有机物治理突出问题的通知》(环大气〔2021〕65 号)

生态环境部《关于加快解决当前挥发性有机物治理突出问题的通知》要求各地要以重点行业、重点领域为重点,并结合本地特色产业,组织企业针对挥发性有机液体储罐、装卸、敞开液面、泄漏检测与修复(LDAR)、废气收集、废气旁路、治理设施、加油站、非正常工况、产品 VOCs 含量等 10 个关键环节开展排查整治，提出的相关治理要求如下：

（1）挥发性有机液体储罐。企业应按照标准要求，根据储存挥发性有机液体的真实蒸气压、储罐容积等进行储罐和浮盘边缘密封方式选型。重点区域存储汽油、航空煤油、石脑油以及苯、甲苯、二甲苯的内浮顶罐罐顶气未收集治理的，宜配备新型高效浮盘与配件，选用"全接液高效浮盘＋二次密封"结构。鼓励使用低泄漏的储罐呼吸阀、紧急泄压阀；固定顶罐或建设有机废气治理设施的内浮顶罐宜配备压力监测设备，罐内压力低于 50% 设计开启压力时，呼吸阀、紧急泄压阀泄漏检测值不宜超过 2 000 μmol/mol。充分考虑罐体变形或浮盘损坏、储罐附件破损等异常排放情况，鼓励对废气收集引气装置、处理装置设置冗余负荷；储罐排气回收处理后无法稳定达标排放的，应进一步优化治理设施或实施深度治理；鼓励企业对内浮顶罐排气进行收集处理。储罐罐体应保持完好，不应有孔洞、缝隙（除内浮顶罐边缘通气孔外）；除采样、计量、例行检查、维护和其他正常活动外，储罐附件的开口（孔）应保持密闭。

（2）挥发性有机液体装卸。汽车罐车按照标准采用适宜的装载方式，推广采用密封式快速接头等；铁路罐车推广使用锁紧式接头等。废气处理设施吸附剂应及时再生或更换，冷凝温度以及系统压力、气体流量、装载量等相关参数应满足设计要求；装载作业排气经过回收处理后不能稳定达标的，应进一步优化治理设施或实施深度治理。万吨级以上具备发油功能的码头加快建设油气回收设施，8 000 t 及以上油船加快建设密闭油气收集系统和惰性气体系统。开展铁路罐车扫仓过程 VOCs 收集治理，鼓励开展铁路罐车、汽车罐车及船舶油舱的清洗、压舱过程废气收集治理。

（3）敞开液面逸散。石油炼制、石油化工企业用于集输、储存、处理含 VOCs 废水的设施应密闭；农药原药、农药中间体、化学原料药、兽药原料药、医药中间体企业废水应密闭输送，储存、处理设施应在曝气池及其之前加盖密闭；其他行业根据标准要求检测敞开液面上方 VOCs 浓度，确定是否采取密闭收集措施。通过采取密闭管道等措施逐步替代地漏、沟、渠、井等敞开式集输方式，减少集水井、含油污水池数量；含油污水应密闭输送并鼓励设置水封，集水井、提升池或无移动部件的含油污水池可通过安装浮动顶盖或整体密闭等方式减少废气排放。池体密闭后保持微负压状态，可采用 U 形管或密封膜现场检测方法排查池体内部负压情况，密封效果差的加快整治。污水处理场集水井（池）、调节池、隔油池、气浮池、混入含油浮渣的浓缩池等产生的高浓度 VOCs 废气宜单独收集治理，采用预处理＋催化氧化、焚烧等高效处理工艺。

低浓度 VOCs 废气收集处理,确保达标排放。污水均质罐、污油罐、浮渣罐及酸性水罐、氨水罐有机废气鼓励收集处理。焦化行业优先采用干熄焦;采用湿熄焦工艺的,禁止使用未经处理或处理不达标的废水熄焦。对开式循环冷却水系统,每 6 个月对流经换热器进口和出口的循环冷却水中的总有机碳(TOC)浓度进行检测,若出口浓度大于进口浓度的 10%,要溯源泄漏点并及时修复。

(4)泄漏检测与修复(LDAR)工作。石油炼制、石油化工、合成树脂行业所有企业都应开展泄漏检测与修复(LDAR)工作;其他行业企业中载有气态、液态 VOCs 物料的设备与管线组件密封点大于或等于 2 000 个的,应开展泄漏检测与修复(LDAR)工作。要将 VOCs 收集管道、治理设施和与储罐连接的密封点纳入检测范围。按照相关技术规范要求,开展泄漏检测、修复、质量控制、记录管理等工作。鼓励大型石化、化工企业以及化工园区成立检测团队,自行开展泄漏检测与修复(LDAR)工作或对第三方检测结果进行抽查。鼓励企业加严泄漏认定标准;对在用泵、备用泵、调节阀、搅拌器、开口管线等密封点加强巡检;定期采用红外成像仪等对不可达密封点进行泄漏筛查。鼓励重点区域石化、化工行业集中的城市和工业园区建立泄漏检测与修复(LDAR)信息管理平台,进行统一监管。

(5)废气收集设施。产生 VOCs 的生产环节优先采用密闭设备、在密闭空间中操作或采用全密闭集气罩收集方式,并保持负压运行。无尘等级要求车间需设置成正压的,宜建设内层正压、外层微负压的双层整体密闭收集空间。对采用局部收集方式的企业,距废气收集系统排风罩开口面最远处的 VOCs 无组织排放位置控制风速不低于 0.3 m/s;推广以生产线或设备为单位设置隔间,收集风量应确保隔间保持微负压。当废气产生点较多、彼此距离较远时,在满足设计规范、风压平衡的基础上,适当分设多套收集系统或中继风机。废气收集系统的输送管道应密闭、无破损。焦化行业加强焦炉密封性检查,对于变形炉门、炉顶炉盖及时修复更换;加强焦炉工况监督,对焦炉墙串漏及时修缮。制药、农药、涂料、油墨、胶黏剂等间歇性生产工序较多的行业应对进出料、物料输送、搅拌、固液分离、干燥、灌装、取样等过程采取密闭化措施,提升工艺装备水平;含 VOCs 物料输送原则上采用重力流或泵送方式;有机液体进料鼓励采用底部、浸入管给料方式;固体物料投加逐步推进采用密闭式投料装置。工业涂装行业建设密闭喷漆房,对于大型构件(船舶、钢结构)实施分段涂装,废气进行收集治理;对于确需露天涂装的,应采用符合国家或地方标准要求的低(无)VOCs 含量涂料,或使用移动式废气收集治理设施。包装印刷行业的印刷、复合、涂布工序实施密闭化改造,全面采用 VOCs 质量占比小于 10% 的原(辅)材料的除外。鼓励石油炼制企业开展冷焦水、切焦水等废气收集治理。使用 VOCs 质量占比大于或等于 10% 的涂料、油墨、胶黏剂、稀释剂、清洗剂等的物料存储、调配、转移、输送等环节应密闭。

(6)有机废气旁路。对生产系统和治理设施旁路进行系统评估,除保障安全生产必须保留的应急类旁路外,应采取彻底拆除、切断、物理隔离等方式取缔旁路(含生产车间、生产装置建设的直排管线等)。工业涂装、包装印刷等溶剂使用类行业生产车间原则上不设置应急旁路。对于确需保留的应急类旁路,企业应向当地生态环境主管部门报备,在非紧急情况下保持关闭并铅封,通过安装自动监测设备、流量计等方式加强监管,并保存历史记录,开启后应及时向当地生态环境主管部门报告,做好台账记录;阀门腐蚀、损坏后应及时更换,鼓励选用泄漏率小于 0.5% 的阀门;建设有中控系统的企业,鼓励在旁路设置感应式阀门,阀门开启状态、开度等信号接入中控系统,历史记录至少保存 5 年。在保证安全的前提下,鼓励对旁路废气进行处理,防止直排。

(7)有机废气治理设施。新建治理设施或对现有治理设施实施改造,应依据排放废气特征、VOCs 组分及浓度、生产工况等,合理选择治理技术;对治理难度大、单一治理工艺难以稳定达标的,宜采用多种技术的组合工艺;除恶臭异味治理外,一般不使用低温等离子、光催化、光氧化等技术。

加强运行维护管理,做到治理设施较生产设备"先启后停",在治理设施达到正常运行条件后方可启动生产设备,在生产设备停止、残留 VOCs 废气收集、处理完毕后,方可停运治理设施;及时清理、更换吸附剂、吸收剂、催化剂、蓄热体、过滤棉、灯管、电器元件等治理设施耗材,确保设施能够稳定、高效运行;做好生产设备和治理设施启停机时间、检维修情况、治理设施耗材维护更换、处置情况等台账记录;对于 VOCs 治理设施产生的废过滤棉、废催化剂、废吸附剂、废吸收剂、废有机溶剂等,应及时清运,属于危险废物的应交有资质的单位处理、处置。

采用活性炭吸附工艺的企业,应根据废气排放特征,按照相关工程技术规范设计净化工艺和设备,使废气在吸附装置中有足够的停留时间,选择符合相关产品质量标准的活性炭,并足额充填、及时更换。采用颗粒活性炭作为吸附剂时,其碘值不宜低于 800 mg/g;采用蜂窝活性炭作为吸附剂时,其碘值不宜低于 650 mg/g;采用活性炭纤维作为吸附剂时,其比表面积不低于 1 100 m^2/g(气体吸附法也即 BET 法)。一次性活性炭吸附工艺宜采用颗粒活性炭作为吸附剂。活性炭、活性炭纤维产品销售时应提供产品质量证明材料。采用催化燃烧工艺的企业应使用合格的催化剂并足额添加,催化剂床层的设计空速宜低于 40 000 h^{-1}。采用非连续吸脱附治理工艺的,应按设计要求及时解析吸附的 VOCs,解吸气体应保证采用高效处理工艺处理后达标排放。蓄热式燃烧装置(RTO)燃烧温度一般不低于 760 ℃,催化燃烧装置(RCO)燃烧温度一般不低于 300 ℃,相关温度参数应自动记录存储。

有条件的工业园区和企业集群鼓励建设集中涂装中心,分散吸附、集中脱附模式的活性炭集中再生中心,溶剂回收中心等涉 VOCs"绿岛"项目,实现 VOCs 集中高效处理。

(8)加油站。加油站应全面建立覆盖标准全部要求的油气回收系统日常运行管理制度,建立定期的油气回收系统相关零部件检查、维护台账记录。卸油接口、油气回收接口、卸油软管接头的管径以及操作应满足标准要求。地下油罐应采用电子液位仪密闭量油,除必要的仪器校准、巡查抽查、维修等需人工计量外,不得进行人工量油。未安装 P/V 阀(压力控制阀)的汽油排放管手动阀门应保持关闭,应急开启应及时报告当地生态环境主管部门并及时进行维护,期间不得进行卸油操作。油气处理装置应保持正常运行,不得随意设置为手动模式或关闭。油气泄漏浓度超标的油气回收系统密闭点位应通过更换密封圈、密封方式、设备零部件等实现达标排放。对气液比超标的加油枪应查找原因,通过更换集气罩、加油枪或真空泵零部件、调节回气阀等方式保持油气回收系统达标运行。鼓励汽油年销售量达 5 000 t 及以上的加油站、纳入地方重点排污单位名录的加油站建设油气回收在线监测系统。

(9)非正常工况。石化、化工企业提前向当地生态环境主管部门报告检维修计划,制定非正常工况 VOCs 管控规程,严格按照规程进行操作。企业开停工、检维修期间,退料、清洗、吹扫等作业产生的 VOCs 废气应及时收集处理,确保满足标准要求。停工退料时应密闭吹扫,最大化回收物料;产生的不凝气应分类进入管网,通过加热炉、火炬系统、治理设施或带有恶臭和 VOCs 废气治理装置的污油罐、污水处理设施、酸性水罐等进行收集处置。在难以建立蒸罐、清洗、吹扫物密闭排放管网的情况下,可采用移动式设备处理检维修过程排放的废气。蒸罐、清洗、吹扫物全部处置完毕后,方可停运配套治理设施、气柜、火炬等。加强放空气体 VOCs 浓度监测,一般低于 200 μmol/mol 或 0.2% 爆炸下限浓度后再进行放空作业,减少设备拆解过程中 VOCs 排放。在停工检维修阶段,环保装置、气柜、火炬等应在生产装置开车前完成检维修;在开机进料时,应将置换出的废气排入火炬系统或采用其他有效方法进行处理;开工初始阶段产生的不合格产品应妥善处理,不得直排。

企业检维修期间,当地生态环境主管部门可利用走航、网格化监测等方式加强监管,必要时可实施驻厂监管。石化、化工企业应加强可燃性气体的回收,火炬燃烧装置一般只用于应急处置,不作为日常大气污染处理设施;企业应按标准要求在火炬系统安装温度监控、废气流量计、助燃气体流量计等,鼓励安装热值检测仪;火炬排放废气热值达不到要求时应及时补充助燃气体。

（10）产品 VOCs 含量。工业涂装、包装印刷、鞋革箱包制造、竹木制品、电子等重点行业要加大低（无）VOCs 含量原辅材料的源头替代力度,加强成熟技术替代品的应用。涂料、油墨、胶黏剂、清洗剂等生产企业在产品出厂时应配有产品标签,注明产品名称、使用领域、施工配比以及 VOCs 含量等信息,提供载有详细技术信息的产品技术说明书或者产品安全数据表。含 VOCs 产品使用量大的国企、政府投资建设工程承建单位要自行或委托社会化检测机构进行抽检,鼓励其他企业主动委托社会化检测机构进行抽检。

五、《国务院关于印发"十四五"节能减排综合工作方案的通知》（国发〔2021〕33 号）

《"十四五"节能减排综合工作方案》实施节能减排的重点工程包括重点行业绿色升级、园区节能环保提升、城镇绿色节能改造、交通物流节能减排、农业农村节能减排、公共机构能效提升、重点区域污染物减排、煤炭清洁高效利用、挥发性有机物综合整治、环境基础设施水平提升 10 项工程,与石化行业相关的做法及要求如下。

（1）重点行业绿色升级工程。以钢铁、有色金属、建材、石化化工等行业为重点,推进节能改造和污染物深度治理。推广高效精馏系统、高温/高压干熄焦、富氧强化熔炼等节能技术,鼓励将高炉-转炉长流程炼钢转型为电炉短流程炼钢。推进钢铁、水泥、焦化行业及燃煤锅炉超低排放改造,到 2025 年,完成 5.3 亿 t 钢铁产能超低排放改造,大气污染防治重点区域燃煤锅炉全面实现超低排放。加强行业工艺革新,实施涂装类、化工类等产业集群分类治理,开展重点行业清洁生产和工业废水资源化利用改造。推进新型基础设施能效提升,加快绿色数据中心建设。"十四五"时期,规模以上工业单位增加值能耗下降 13.5％,万元工业增加值用水量下降 16％。到 2025 年,通过实施节能降碳行动,钢铁、电解铝、水泥、平板玻璃、炼油、乙烯、合成氨、电石等重点行业产能和数据中心达到能效标杆水平的比例超过 30％。

（2）重点区域污染物减排工程。持续推进大气污染防治重点区域秋冬季攻坚行动,加大重点行业结构调整和污染治理力度。以大气污染防治重点区域及珠三角地区、成渝地区等为重点,推进挥发性有机物和氮氧化物协同减排,加强细颗粒物和臭氧协同控制。持续打好长江保护修复攻坚战,扎实推进城镇污水垃圾处理和工业、农业面源、船舶、尾矿库等污染治理工程,到2025年,长江流域总体水质保持为优,干流水质稳定达到Ⅱ类。着力打好黄河生态保护治理攻坚战,实施深度节水控水行动,加强重要支流污染治理,开展入河排污口排查整治,到2025年,黄河干流上中游(花园口以上)水质达到Ⅱ类。

(3)挥发性有机物综合整治工程。推进原(辅)料和产品源头替代工程,实施全过程污染物治理。以工业涂装、包装印刷等行业为重点,推动使用低挥发性有机物含量的涂料、油墨、胶黏剂、清洗剂。深化石化、化工等行业挥发性有机物污染治理,全面提升废气收集率、治理设施同步运行率和去除率。对易挥发有机液体储罐实施改造,对浮顶罐推广采用全接液浮盘和高效双重密封技术,对废水系统高浓度废气实施单独收集处理。加强油船和原油、成品油码头油气回收治理。到2025年,溶剂型工业涂料、油墨使用比例分别降低20%、10%,溶剂型胶黏剂使用量降低20%。

第二节 重点行业排放治理要求

一、重点行业 VOCs 排放特征及治理现状

工业源是人为排放 VOCs 的主要源,所涉及的行业众多,包括石化、化工、工业涂装、包装印刷、油品储运销等重点行业及几百个细分行业。大气重污染成因与治理攻关项目的研究成果显示,在"2+26"城市(指的是京津冀大气污染传输通道的城市)中,重点行业的 VOCs 排放量超过区域总排放量60%,以重点行业为抓手进行 VOCs 综合整治对整体减排至关重要。

(一)VOCs 排放总量大,涉 VOCs 工艺集中

根据生态环境部《2016—2019 年全国生态环境统计公报》数据,SO_2、NO_x、烟粉尘排放量均逐年下降,分别减排46.5%、17.9%和32.3%。根据估算,"十三五"期间 VOCs 排放总量为 3 200 万～3 500 万 t/年,且随着国民经济的发展呈上升趋势。其中,工业涂装行业年排放 VOCs 总量 600 万 t 以上,石化行业年排放量 300 万 t 以上,包装印刷业的油墨使用过程年排放 VOCs 在 200 万 t 左右。

同时,工业企业产生 VOCs 的环节比较集中,据《挥发性有机物污染防治

技术政策》研究核算,工业源 VOCs 中约有 63.4% 来自含 VOCs 产品的使用过程,主要集中在涂装、印刷、胶黏、涂布、清洗等工艺环节。

(二) VOCs 种类繁多,产生和排放条件复杂多变,收集治理难度大

一方面,石化、化工、工业涂装等重点行业工艺过程中排放的 VOCs 种类繁多、性质各异,常见的 VOCs 化合物有 100 多种,且在大多数情况下以混合物的形式排放,如喷涂废气常以苯系物(BTEX)、酮类、酯类、醇类等为代表,化工制药行业废气常含酸性气体、普通有机物和恶臭气体等,VOCs 的种类在不同行业中存在差异,即使在同一行业和工艺类型中,不同温度、压力等工况条件下产生 VOCs 废气的种类、浓度和性质也会有所差别。另一方面,很多涉 VOCs 企业(如包装印刷等行业企业)常常是间歇作业,因排放时间不规律、排放浓度和风量不稳定,导致产生的 VOCs 负荷波动很大,影响后续处理的效果,但目前的末端治理技术在适用性和抗冲击能力上仍有差距。

同时,工业企业厂区常常有大量的 VOCs 产排污节点,从物料存储、转移、使用,到含 VOCs 废水和危险废物的处理处置环节,各阶段都会有 VOCs 逸散,集中收集难度较大。相比于集中收集统一处理的有组织排放,VOCs 无组织排放点多面广、持续时间长、难以量化,这进一步增大了收集治理的难度。

(三) 企业 VOCs 治理以末端处理为主,源头和过程减排潜力较大

在夏季臭氧监督帮扶工作中,大多数企业首先考虑的是如何在尽量控制成本的前提下达到监管要求,更关心使用的设备是否能应对环境保护部门的检查,至于是否处理达标则不是其考虑的重点。同时,现阶段监管是以有组织排放的 VOCs 的末端治理环节为主的,在源头减排和过程控制方面尚存在很大差距。

同时,VOCs 源头替代和过程控制可以很好地弥补末端治理技术在去除效率和减排量上的局限性。据统计,工业源 VOCs 中约有 63.4% 来自含 VOCs 产品的使用过程,无组织排放占比达 60% 以上,因而从源头上采用低 VOCs 原(辅)料替代可以有效减少 VOCs 产生,同时产排污环节无组织排放的过程控制具有极大的减排潜力。

(四) 管理政策逐步完善,但基础相对薄弱

近年来,我国围绕 O_3 和 VOCs 的治理相继出台了《"十三五"挥发性有机物污染防治工作方案》《重点行业挥发性有机物综合治理方案》《2020 年挥发

性有机物治理攻坚方案》等文件,以及《挥发性有机物无组织排放控制标准》等排放标准、行业技术指南规范、分析检测标准等标准规范,逐步搭建了 VOCs 减排的顶层政策架构。但针对实际的治理场景,企业往往缺少对全流程多场景下的技术筛选、解决方案设计等具体的技术指导和案例参考。对管理人员来说,也缺乏在复杂场景下进行精细化监管的指导,监管时未能做到分类管控、精准施策、科学治理,一定程度上也导致了"一刀切"的问题。

二、重点行业 VOCs 治理存在的突出问题

(一)监管重大轻小,对中小型企业的监管存在漏洞

目前,针对涉 VOCs 重点行业企业的监管是以排污许可制为核心的固定污染源监管体系,围绕排污许可证开展执法监督和证后管理,针对涉 VOCs 企业有重点、简化和登记管理之分,执法检查和监督帮扶中对 VOCs 的"大源""小源"在监测频次、污染物去除效率等方面的要求都有区别。

现阶段,对于具有一定规模的排污企业、重点污染源考核监管严格,这类大型企业自身对于无环境违法记录、节能环保生产也非常重视,常常配置了专门的安全与环保部门,全流程治理的管理能力和知识水平相对有保障,企业整体排污治污和减排潜力稳定。相比而言,一些简化管理、登记管理的中小型排污企业在排放量和排放浓度监测、污染治理设施运行处理效率等方面缺乏科学、精准的监管,企业本身对于环保的投入能力和管理水平也不足,收集处理率低,无组织排放量大面广,更需要精准具体的精细化管理手段。

(二)重点行业企业普遍对 VOCs 产生源头和工艺过程控制不足

涉 VOCs 产品的使用过程会产生和排放大量 VOCs,但行业企业普遍因应用成本高、政策激励不足、认识不到位等诸多因素,对低 VOCs 原(辅)料和过程管理的应用实践关注不足,管理松散,导致生产过程中大量含 VOCs 气体以无组织形式排入大气环境中。监督帮扶过程中发现,企业常常因成本问题选择使用不合要求的溶剂型涂料、油墨、胶黏剂、清洗剂等产品,或出现 VOCs 储存、使用过程未密闭、跑/冒/滴/漏应收未收、涉 VOCs 污水应治未治密闭不严、废气收集存在旁路、危险废物未按规定处置、泄漏检测与修复(LDAR)质量失控等问题,无组织排放情况严重。对于单个排污企业特别是大量的中小型涉 VOCs 包装印刷等企业来说,规范治理和管理的成本和难度都很高,企业为了控制成本,更倾向于选择操作简单方便、成本和价格较低的

治理模式,涉 VOCs 各产排污节点在源头减排和工艺过程中管理粗放,存在管理制度不健全、操作规程未建立、人员技术能力不到位等问题。

(三)VOCs 末端治理设施简易低效,运维管理不规范

随着标准、要求的不断提高,一些企业在环境保护方面的投资能力明显不足,面临环境保护发展和追求效益的矛盾。除了源头削减和过程控制缺位,大量企业在末端治理环节同样存在不规范的问题。在监督帮扶中发现,大量企业为了应付检查,倾向于选择更便宜、简便的处理技术和设备,如低温等离子、光催化、光氧化、单一活性炭吸附等,其治理效率低,难以稳定实现达标排放。同时,治污设施的质量良莠不齐,设备使用运行缺少指导,特别是在活性炭吸附环节,常常出现未按要求定期更换吸附材料的现象,只买不用、应付治理、无效治理等问题十分突出。

(四)治理和监管缺少实际有效的技术指导

由于 VOCs 治理的产品设备、工程应用场景多变,企业不仅需要具备末端治理设施,还需要对设施进行规范化的运行维护,同时在涉 VOCs 产品使用过程中进行精细化管理,才能保证满足达标排放和环境质量提升的要求。但企业往往更关心执法检查,缺少对提高环境质量本质的认识,只关心"有没有"而忽视了"行不行"的问题。对地方环境保护管理部门来说,统筹监管涉 VOCs 排放的源头、过程、末端治理及危险废物都需要投入大量的人力、物力、财力。由于缺乏对 VOCs 治理管理体系和考核标准等方面针对性的分类指导和在源头减排、过程管理中的积极引导,企业在治理和管理中无参考,地方管理部门无依据,使治理效果大打折扣。

三、重点行业 VOCs 排放治理要求

根据《生态环境部关于印发〈重点行业挥发性有机物综合治理方案〉的通知》(环大气〔2019〕53 号),我国将通过大力推进源头替代,全面加强无组织排放控制,推进建设适宜、高效的治污设施,深入实施精细化管控等措施,综合治理石化、化工、工业涂装、包装印刷、油品储运销、工业园区和产业集群等六大重点行业 VOCs,具体要求如下:

(1)石化行业 VOCs 综合治理。全面加大石油炼制及有机化学品、合成树脂、合成纤维、合成橡胶等行业 VOCs 治理力度。重点加强密封点泄漏、废水和循环水系统、储罐、有机液体装卸、工艺废气等源项 VOCs 治理工作,确保稳定达标排放。重点区域要进一步加大其他源项治理力度,禁止熄灭火炬系统长明灯,设置视频监控装置;推进煤油、柴油等在线调和工作;非正常工况排放的 VOCs,应吹扫至火炬系统或密闭收集处理;含 VOCs 废液废渣应密闭储存;防腐、防水、防锈涂装采用低 VOCs 含量涂料。

1)深化泄漏检测与修复(LDAR)工作。严格按照《石化企业泄漏检测与修复工作指南》规定,建立台账,开展泄漏检测与修复(LDAR)、质量控制、记录管理等工作。加强备用泵、在用泵、调节阀、搅拌器、开口管线等检测工作,强化质量控制,要将 VOCs 治理设施和储罐的密封点纳入检测计划中。参照《挥发性有机物无组织排放控制标准》有关设备与管线组件 VOCs 泄漏控制监督要求,对石化企业密封点泄漏加强监管。鼓励重点区域对泄漏量大的密封点实施包袋法检测,对不可达密封点采用红外法检测。

2)加强废水、循环水系统 VOCs 收集与处理。加大废水集输系统改造力度,重点区域现有企业通过采取密闭管道等措施逐步替代地漏、沟、渠、井等敞开式集输方式。全面加强废水系统高浓度 VOCs 废气收集与治理,集水井(池)、调节池、隔油池、气浮池、浓缩池等应采用密闭化工艺或密闭收集措施,配套建设燃烧等高效治污设施。生化池、曝气池等低浓度 VOCs 废气应密闭收集,实施脱臭等处理,确保达标排放。加强循环水监测,重点区域内石化企业每 6 个月至少开展一次循环水塔和含 VOCs 物料换热设备进出口总有机碳(TOC)或可吹扫有机碳(POC)监测工作,出口浓度大于进口浓度 10% 的,要溯源泄漏点并及时修复。

3)强化储罐与有机液体装卸 VOCs 治理。加大中间储罐等治理力度,真实蒸气压大于或等于 5.2 kPa,要严格按照有关规定采取有效控制措施。鼓励重点区域对真实蒸气压大于或等于 2.8 kPa 的有机液体采取控制措施。进一步加大挥发性有机液体装卸 VOCs 治理力度,重点区域推广油罐车底部装载方式,推进船舶装卸采用油气回收系统,试点开展火车运输底部装载工作。储罐和有机液体装卸采取末端治理措施的,要确保稳定运行。

4)深化工艺废气 VOCs 治理。有效实施催化剂再生废气、氧化尾气 VOCs 治理,加强酸性水罐、延迟焦化、合成橡胶、合成树脂、合成纤维等工艺过程尾气 VOCs 治理。推行全密闭生产工艺,加大无组织排放收集。鼓励企业将含 VOCs 废气送工艺加热炉、锅炉等直接燃烧处理,污染物排放满足石化行业相关排放标准要求。酸性水罐尾气应收集处理。推进重点区域延迟焦化装置实施密闭除焦(含冷焦水和切焦水密闭)改造。合成橡胶、合成树脂、合成纤维等推广使用密闭脱水、脱气、掺混等工艺和设备,配套建设高效治污设施。

(2)化工行业 VOCs 综合治理。加强制药、农药、涂料、油墨、胶黏剂、橡胶和塑料制品等行业 VOCs 治理力度。重点提高涉 VOCs 排放主要工序密闭化水平,加强无组织排放收集,加大含 VOCs 物料储存和装卸治理力度。废水储存、曝气池及其之前废水处理设施应按要求加盖封闭,实施废气收集与处理。密封点大于或等于 2 000 个的,要开展泄漏检测与修复(LDAR)工作。

1)积极推广使用低 VOCs 含量或低反应活性的原辅材料,加快工艺改进和产品升级。制药、农药行业推广使用非卤代烃和非芳香烃类溶剂,鼓励生产水基化类农药制剂。橡胶制品行业推广使用新型偶联剂、胶黏剂,使用石蜡油等替代普通芳烃油、煤焦油等助剂。优化生产工艺:农药行业推广水相法、生物酶法合成等技术;制药行业推广生物酶法合成技术;橡胶制品行业推广采用串联法混炼、常压连续脱硫工艺。

2)加快生产设备密闭化改造。对进出料、物料输送、搅拌、固液分离、干燥、灌装等过程,采取密闭化措施,提升工艺装备水平。加快淘汰敞口式、明流式设施。重点区域含 VOCs 物料输送原则上采用重力流或泵送方式,逐步淘汰真空方式;有机液体进料鼓励采用底部、浸入管给料方式,淘汰喷溅式给料;固体物料投加逐步推进采用密闭式投料装置。

3)严格控制储存和装卸过程 VOCs 排放。鼓励采用压力罐、浮顶罐等替代固定顶罐。真实蒸气压大于或等于 27.6 kPa(重点区域大于或等于 5.2 kPa)的有机液体,利用固定顶罐储存的,应按有关规定采用气相平衡系统或收集净化处理。

4)实施废气分类收集处理。优先选用冷凝、吸附再生等回收技术;难以回收的,宜选用燃烧、吸附浓缩+燃烧等高效治理技术。水溶性、酸碱 VOCs 废气宜选用多级化学吸收等处理技术。恶臭类废气还应进一步加强除臭处理。

5)加强非正常工况废气排放控制。退料、吹扫、清洗等过程应加强含 VOCs 物料回收工作,产生的 VOCs 废气要加大收集处理力度。开车阶段产生的易挥发性不合格产品应收集至中间储罐等装置。重点区域化工企业应制定开停车、检维修等非正常工况 VOCs 治理操作规程。

(3)工业涂装 VOCs 综合治理。加大汽车、家具、集装箱、电子产品、工程机械等行业 VOCs 治理力度,重点区域应结合本地产业特征,加快实施其他行业涂装 VOCs 综合治理。

1)强化源头控制,加快使用粉末、水性、高固体分、辐射固化等低 VOCs 含量的涂料替代溶剂型涂料。重点区域汽车制造底漆大力推广使用水性涂料,乘用车中涂、色漆大力推广使用高固体分或水性涂料,加快客车、货车等中涂、色漆改造。钢制集装箱制造在箱内、箱外、木地板涂装等工序大力推广使用水性涂料,在确保防腐蚀功能的前提下,加快推进特种集装箱采用水性涂料。木质家具制造大力推广使用水性、辐射固化、粉末等涂料和水性胶黏剂;金属家具制造大力推广使用粉末涂料;软体家具制造大力推广使用水性胶黏剂。工程机械制造大力推广使用水性、粉末和高固体分涂料。电子产品制造推广使用粉末、水性、辐射固化等涂料。

2)加快推广紧凑式涂装工艺、先进涂装技术和设备。汽车制造整车生产推广使用"三涂一烘""两涂一烘"或免中涂等紧凑型工艺、静电喷涂技术、自动化喷涂设备。汽车金属零配件企业鼓励采用粉末静电喷涂技术。集装箱制造一次打砂工序钢板处理采用辊涂工艺。木质家具推广使用高效的往复式喷涂箱、机械手和静电喷涂技术。板式家具采用喷涂工艺的,推广使用粉末静电喷涂技术;采用溶剂型、辐射固化涂料的,推广使用辊涂、淋涂等工艺。工程机械制造要提高室内涂装比例,鼓励采用自动喷涂、静电喷涂等技术。电子产品制造推广使用静电喷涂等技术。

3)有效控制无组织排放。涂料、稀释剂、清洗剂等原辅材料应密闭存储,调配、使用、回收等过程应采用密闭设备或在密闭空间内操作,采用密闭管道或密闭容器等输送。除大型工件外,禁止敞开式喷涂、晾(风)干作业。除工艺限制外,原则上实行集中调配。调配、喷涂和干燥等 VOCs 排放工序应配备有效的废气收集系统。

4)推进建设适宜、高效的治污设施。喷涂废气应设置高效漆雾处理装置。喷涂、晾(风)干废气宜采用吸附浓缩+燃烧处理方式,小风量的可采用一次性活性炭吸附等工艺。调配、流平等废气可与喷涂、晾(风)干废气一并处理。使用溶剂型涂料的生产线,烘干废气宜采用燃烧方式单独处理,具备条件的可采用回收式热力燃烧装置。

(4)包装印刷行业 VOCs 综合治理。重点推进塑料软包装印刷、印铁制罐等 VOCs 治理,积极推进使用低(无)VOCs 含量原(辅)材料和环境友好型技术替代,全面加强无组织排放控制,建设高效末端净化设施。重点区域逐步开展出版物印刷 VOCs 治理工作,推广使用植物油基油墨、辐射固化油墨、低(无)醇润版液等低(无)VOCs 含量原(辅)料和无水印刷、橡皮布自动清洗等技术,实现污染减排。

1)强化源头控制。塑料软包装印刷企业推广使用水醇性油墨、单一组分溶剂油墨,无溶剂复合技术、共挤出复合技术等,鼓励使用水性油墨、辐射固化油墨、紫外光固化光油、低(无)挥发和高沸点的清洁剂等。印铁企业加快推广使用辐射固化涂料、辐射固化油墨、紫外光固化光油。制罐企业推广使用水性油墨、水性涂料。鼓励包装印刷企业实施胶印、柔印等技术改造。

2)加强无组织排放控制。加强油墨、稀释剂、胶黏剂、涂布液、清洗剂等含 VOCs 物料储存、调配、输送、使用等工艺环节 VOCs 无组织逸散控制。含 VOCs 物料储存和输送过程应保持密闭。调配应在密闭装置或空间内进行并有效收集,非即用状态应加盖密封。涂布、印刷、覆膜、复合、上光、清洗等含 VOCs 物料使用过程应采用密闭设备或在密闭空间内操作;无法密闭的,应采取局部气体收集措施,废气排至 VOCs 废气收集系统。凹版、柔版印刷机宜采用封闭刮刀,或通过安装盖板、改变墨槽开口形状等措施减少墨槽无组织逸散。鼓励重点区域印刷企业对涉 VOCs 排放车间进行负压改造或局部围风改造。

3)提升末端治理水平。包装印刷企业印刷、干式复合等 VOCs 排放工序,宜采用吸附浓缩+冷凝回收、吸附浓缩+燃烧、减风增浓+燃烧等高效处理技术。

(5)油品储运销 VOCs 综合治理。加大汽油(含乙醇汽油)、石脑油、煤油(含航空煤油)以及原油等 VOCs 排放控制,重点推进加油站、油罐车、储油库油气回收治理。重点区域还应推进油船油气回收治理工作。

1)深化加油站油气回收工作。O_3 污染较重的地区,行政区域内大力推进加油站储油、加油油气回收工作,2019 年年底前基本完成重点区域的油气回收工作。埋地油罐全面采用电子液位仪进行汽油密闭测量。规范油气回收设施运行,自行或聘请第三方加强加油枪气液比、系统密闭性及管线液阻等检查,提高检测频次,重点区域原则上每半年开展一次,确保油气回收系统正常运行。重点区域加快推进年销售汽油量大于 5 000 t 的加油站安装油气回收自动监控设备,并且 2020 年年底前基本完成与生态环境部门的联网。

2)推进储油库油气回收治理。汽油、航空煤油、原油以及真实蒸气压小于 76.6 kPa 的石脑油应采用浮顶罐储存,其中,油品容积小于或等于 100 m^3 的,可采用卧式储罐。真实蒸气压大于或等于 76.6 kPa 的石脑油应采用低压罐、压力罐或其他等效措施储存。加快推进油品收发过程排放的油气收集处理。加强储油库发油油气回收系统接口泄漏检测,提高检测频次,减少油气泄漏,确保油品装卸过程油气回收处理装置正常运行。加强油罐车油气回收系统密闭性和油气回收气动阀门密闭性检测,每年至少开展一次。推动储油库安装油气回收自动监控设施。

(6)工业园区和产业集群 VOCs 综合治理。各地应加大涉 VOCs 排放工业园区和产业集群综合整治力度,加强资源共享,实施集中治理,开展园区监测评估,建立环境信息共享平台。

1)对涂装类企业集中的工业园区和产业集群,如家具、机械制造、电子产品、汽车维修等,鼓励建设集中涂装中心,配备高效废气治理设施,代替分散的涂装工序。对石化、化工类工业园区和产业集群,推行泄漏检测统一监管,鼓励建立园区泄漏检测与修复(LDAR)信息管理平台。对有机溶剂使用量大的工业园区和产业集群,如包装印刷、织物整理、合成橡胶及其制品等,推进建设有机溶剂集中回收处置中心,提高有机溶剂回收利用率。对活性炭使用量大的工业园区和产业集群,鼓励地方统筹规划,建设区域性活性炭集中再生基地,建立活性炭分散使用、统一回收、集中再生的管理模式,有效解决活性炭不及时更换、不脱附再生、监管难度大的问题,对脱附的 VOCs 等污染物应进行妥善处置。

2)强化工业园区和产业集群统一管理。树立行业标杆,制定综合整治方案,引导工业园区和产业集群整体升级。石化、化工类工业园区和产业集群,要建立健全档案管理制度,明确企业 VOCs 源谱,识别特征污染物,载明企业废气收集与治理设施建设情况、重污染天气应急预案、企业违法处罚等环保信息。鼓励对园区和产业集群开展监测、排查、环保设施建设运营等一体化服务。

3)提升工业园区和产业集群监测监控能力。加快推进重点工业园区和产业集群环境空气质量 VOCs 监测工作,2020 年年底前基本完成重点区域环境空气质量 VOCs 监测工作。石化、化工类工业园区应建设监测预警监控体系,具备条件的,开展走航监测、网格化监测以及溯源分析等工作。涉恶臭污染的工业园区和产业集群,推广实施恶臭电子鼻监控预警。

第三节　废气收集技术

一、基本要求

(1)VOCs 收集应满足《大气污染物综合排放标准》(GB 16297—1996)、《挥发性有机物无组织排放控制标准》(GB 37822—2019)要求。

(2)《挥发性有机物无组织排放控制标准》(GB 37822—2019)要求废气收

集、处理系统与生产工艺设备同步运行,VOCs 废气收集、处理系统发生故障或检修时,对应的生产工艺设备应停止运行,待检修完毕后同步投入使用;生产工艺设备不能停止运行或不能及时停止运行的,应设置废气应急处理设施或采取其他替代措施。另外,对 VOCs 无组织排放废气收集系统做出以下要求:

1)企业应考虑生产工艺、操作方式、废气性质、处理方法等因素,对 VOCs 废气进行分类收集。

2)废气收集系统排风罩(集气罩)的设置应符合《排风罩的分类及技术条件》(GB/T 16758—2008)的规定。采用外部排风罩的,应按《排风罩的分类及技术条件》(GB/T 16758—2008)、《局部排风设施控制风速检测与评估技术规范》(WS/T 757—2016)规定的方法测量控制风速,测量点应取在距排风罩开口面最远处的 VOCs 无组织排放位置,控制风速不应低于 0.3 m/s。

3)废气收集系统的输送管道应密闭。废气收集系统应在负压下运行,若处于正压状态,应对输送管道组件的密封点进行泄漏检测,泄漏检测值不应超过 500 μmol/mol,亦不应有感官可察觉泄漏。

(3)《生态环境部关于印发〈重点行业挥发性有机物综合治理方案〉的通知》(环大气〔2019〕53 号)中提出提高废气收集率,应遵循"应收尽收、分质收集"的原则,科学设计废气收集系统,将无组织排放转变为有组织排放进行控制。采用全密闭集气罩或密闭空间的,除行业有特殊要求外,应保持微负压状态,并根据相关规范合理设置通风量。采用局部集气罩的,距集气罩开口面最远处的 VOCs 无组织排放位置,控制风速应不低于 0.3 m/s,有行业要求的按相关规定执行。

二、收集系统

本部分的 VOCs 收集系统是指风机、风管、风阀、风罩等,不包括末端治理设备。

(一)风机

常用的工业风机类型主要有离心式、轴流式。混流风机、斜流风机、排烟风机、风机箱等其他风机均为上述两种的派生。离心风机的进、出风气流方向成 90°夹角,轴流风机的进、出风气流方向是同方向(见图 2-1 和图 2-2)。VOCs 治理设施带净化设备的,应选用离心风机,不能采用轴流风机。轴流风机仅适用于大流量和较低压头的场合。

风机的主要参数有风量（m³/h）、风压（Pa）、转速（r/min）、功率（kW）、噪声[dB(A)]等。与国际标准单位不一致的参数，换算后使用。

图 2-1　离心风机　　　　　　　图 2-2　轴流风机

两台同型号风机并联运行，其风量并非两台风机风量之和，经验显示至多达到两台风机风量之和的 80%。两台同型号风机串联运行，风量不增加，可增大风压；不同型号风机不宜串联使用，尤其是不同风量的风机不可串联使用。

（二）风管

常用的风管按材质类别分主要有金属风管、玻璃钢风管、塑料风管和软管，VOCs 收集系统以金属风管为主。金属风管常用的连接方式有焊接和法兰连接。金属风管采用法兰连接方式时，推荐使用角钢法兰、焊接法兰，不建议使用共板法兰。当腐蚀性物质和 VOCs 共有时，可采用玻璃钢风管、塑料风管；当有移动要求时，可采用软管，且软管长度不宜过长，不能出现软管缠绕、弯折的情况，避免局部阻力过大，导致软管连接的外部排风罩排风量不足甚至无风。

VOCs 收集风管的断面风速推荐值如下：

（1）不含尘的风管：支管风速 5～6 m/s，主管风速 8～12 m/s。

（2）粉尘和 VOCs 共有的风管：风速 14～23 m/s。如收集系统涉及有特殊要求的粉尘，则参照相关的行业及安全标准执行。

（三）风阀

VOCs 收集系统常用的风阀类型有插板阀、蝶阀、多叶阀和防火阀等。其中：粉尘和 VOCs 共有的收集系统采用插板阀；通风等其他宜采用蝶阀；长边或直径大于 630 mm 的大截面风管采用多叶阀；穿越防火分区及必要处需安装防火阀。

对于应急排口:阀门泄漏率不应大于 0.5%,应处于常闭状态,要定期检查确保风阀开关动作有效性;阀门宜采用电动或气动,具有信号输入功能,远端控制中心输出电信号使阀门动作,具有信号输出功能,反馈阀门状态信号到控制中心,阀门关闭到位才可输出阀门关闭的电信号。

三、收集方式与控制风速要求

参照《排风罩的分类及技术条件》(GB/T 16758—2008),收集罩包括密闭罩、半密闭罩(含排风柜)、外部排风罩和接受式排风罩。

收集罩的设置既要满足正常生产时的 VOCs 收集,又不能妨碍非直接生产过程中的加料、出料、维修等辅助操作。设置移动风罩的工位,移动频次不能超过 5 次/h。

废气收集的重点是确定控制点及控制风速。其中:控制点是指有害物放散直到耗尽最初能量,放散速度降低到环境中无规则气流速度大小时的位置;控制风速是将控制点处有害的 VOCs 物质吸入罩内所需的最小风速。罩口风速指罩口处有效断面上的平均风速,断面风速指开口断面上的平均风速。

各种排风收集形式控制风速要求见表 2-1。

表 2-1 典型排风罩风速限值

排风罩类型	控制要素	控制风速/(m·s⁻¹)	
		有毒气体	粉尘
密闭罩	孔口或缝隙的断面风速	0.4	0.4
排风柜	实际操作的开口面风速	0.5	1.0

续表

排风罩类型			控制要素	控制风速/(m·s⁻¹)	
				有毒气体	粉尘
外部排风罩	侧吸式		距排风罩罩口最远的有害物放散点风速	0.5	1.0
	上吸式			0.5	1.0
	下吸式			1.0	1.2
接受式排风罩			罩口开口面风速	5.0	5.0

第四节　末端治理技术

一、单一末端治理技术

目前,国内外常用的单一末端治理技术主要包括回收技术和销毁技术。其中:回收技术主要包括吸收技术、吸附技术、冷凝技术及膜分离技术等,是采用选择性吸收剂、吸附剂或渗透膜，通过改变温度、压力等条件来回收 VOCs；销毁技术主要包括燃烧技术、光催化技术、生物降解及等离子体技术等，是用热、光、微生物及特定催化剂将 VOCs 转变成 CO_2 和 H_2O 等无机小分子化合物，通过化学或生物过程来净化 VOCs。对不同单一末端治理技术的对比分析见表 2-2。

表 2-2 单一末端治理技术对比分析

主要技术		原理	适用范围	优点	缺点
回收技术	冷凝法	根据物质在不同温度下具有不同的饱和蒸气压，借降温或升压，使废气中的有机组分冷凝成液体而从气相中分离	处理高浓度废气，特别是含有有害组分单一且回收价值高的 VOCs；处理含有大量水蒸气的高温废气	工艺简单、易操作、运行成本低，并且可以回收有价值的 VOCs	对低沸点气体效果不佳，耗能高，运行费用大，处理成本较高
	吸收法	废气和洗涤液接触将 VOCs 从废气中移走，之后再用化学药剂将 VOCs 中和、氧化或通过其他化学反应破坏	处理高水溶性 VOCs	占地空间小，可去除气态和颗粒物 VOCs，投资成本低，传质效率高，对酸性气体去除效率高	去除效率不高，吸收液的净化效率下降较快，有后续废水处理问题；颗粒物浓度高会导致吸收剂堵塞，维护费用高
	吸附法	利用吸附剂与 VOCs 污染物进行物理结合或化学反应并将 VOCs 污染成分去除	处理中低浓度 VOCs	设备简单，技术成熟，易于自动化控制；投资较小，耗能低，去除效率高	不适用高浓度、高温有机废气，一般处理设备庞大，吸附剂容量受限，其再生、运行成本高
	膜分离法	用人工合成的膜分离 VOCs 物质	处理高浓度 VOCs	技术流程简单，投资成本低，分离效果好，能耗低	受膜材料限制（膜污染、膜的稳定性、通量等），运行成本较高

续表

主要技术		原理	适用范围	优点	缺点
销毁技术	直接燃烧	主要利用燃料对混合气体进行加热,高温环境下,将废气中污染物氧化分解	处理高浓度 VOCs	工艺简单,设备投资少	技术使用范围小、能耗大,运行成本较高,工艺安全难以控制。可能产生二次污染
	催化燃烧	利用催化剂降低气体的活化能,使反应分子大量聚集在表面,降低气体燃点,让气体在低温条件下进行燃烧	处理的 VOCs 浓度范围广,尤其适合处理低浓度 VOCs	燃烧温度低,无明火,能耗低,净化率高,无二次污染	操作条件严格,催化剂中毒会使效率降低,催化剂更换成本较高
	蓄热式热力燃烧(RTO)	采用先进的热交换设计技术和新型陶瓷蓄热材料,保证燃烧热量的有效回收和连续进出气,从而有效保证净化效果和降低运行成本	处理低浓度 VOCs	系统弹性化,操作风量上下限范围大,热回收率高,固定结构式蓄热陶块,分解温度低,去除效率高	投资成本高,装置体积、质量大
	蓄热式催化燃烧(RCO)	建立在蓄热式热力燃烧基础上,将催化剂置于蓄热材料的顶部,来使 VOCs 废气净化达到最优	处理中高浓度 VOCs	能同时净化多种有机废气,流程简单、安全性高,运行成本低,热回收效率和处理效率高	催化剂堵塞时会使催化活性下降,降低处理效率。催化剂更换成本较高

续表

主要技术		原理	适用范围	优点	缺点
销毁技术	生物降解法	利用微生物对废气中的污染物进行消化代谢,将污染物转化为无害的水、二氧化碳及其他无机盐类	处理低浓度,微生物可分解的 VOCs	设备简单,运行成本低,对臭味气体处理效果明显	投资高,降解速度慢,效率偏低,占地面积大,有局限性,生物菌培养条件严格,不易控制
	光催化氧化法	光催化剂纳米粒子受激产生活性极强的自由基,这些物质具有很强的氧化作用,从而使废气中一些难以发生化学反应的物质在温和的条件下进行反应,达到净化有机废气的作用	处理高浓度 VOCs	条件温和,常温、常压,设备简单,维护方便	需要紫外光源,对催化剂的要求较高,处理效率低,使用寿命短
	等离子体技术	利用等离子体场富集的大量活性物种,如离子、电子、激发态的原子、分子及自由基等污染物分子离解为小分子物质	处理低浓度 VOCs	装置简单,维护方便,不需要预热,开启方便,能耗低	技术不成熟,处理量小,对电源要求高,会产生有害副产物

企业在进行技术选择时,应结合排放废气的浓度、组分、风量、温度、湿度、压力以及生产工况等,合理选择 VOCs 末端治理技术。通常情况下:对低浓度、大风量废气,宜采用活性炭吸附、沸石转轮吸附、减风增浓等浓缩技术,提高 VOCs 浓度后净化处理;对高浓度废气,优先进行溶剂回收,难以回收的,宜采用高温焚烧、催化燃烧等技术。油气(溶剂)回收宜采用冷凝+吸附、吸附+吸收、膜分离+吸附等技术,水溶性、酸碱 VOCs 废气一般选用多级化学吸收等处理技术,恶臭废气还应进一步加强除臭处理。低温等离子、光催化、光氧化技术主要适用于恶臭异味等治理,生物法主要适用于低浓度 VOCs 废气治理和恶臭异味治理。采用一次性活性炭吸附技术的,应定期更换活性炭,废旧活性炭应再生或处理处置。

(一)焚烧法

焚烧法是将 VOCs 直接连接到焚烧锅炉中,当接入 VOCs 浓度高时,即可在炉内充分燃烧,然后生成 CO_2 和 H_2O。若接入锅炉中的 VOCs 浓度较低,则需加入辅助燃料,使 VOCs 充分燃烧,最终生成 CO_2 和 H_2O。这种方法成本低,应用范围广,技术路线也比较成熟。

焚烧法又可分为催化燃烧和直接燃烧,其中直接燃烧法的燃烧温度通常控制在 700 ℃ 以上,在此温度下,大部分得到的有机物可以被分解为 CO_2 和 H_2O,去除效率可达 95% 以上;催化燃烧法是利用催化剂在较低温度下将有机物氧化分解,反应温度通常在 250~500 ℃ 之间,与直接燃烧法相比,具有降低焚烧温度,缩短 VOCs 在高温区的停留时间,减少能源消耗和焚烧过程中大气污染物的产生量等优点,目前常用催化剂种类有贵金属(如 Pt、Pd)与非贵金属(如 Ti、Fe、Cu 等)两大类。

焚烧法普遍应用于工业废气和工艺尾气的处理,可以高效、彻底地处理含有复杂组分的高浓度 VOCs 气体,在治理石化工艺废气、木材干馏废气及制药工业废气等方面广泛应用。

(二)吸附法

吸附法是利用具有微孔结构的吸附剂(如活性炭、活性炭纤维、分子筛等),将挥发性有害气体的有毒物质吸附在吸附剂表面上,使有机物从主体分离的方法。

吸附法设备简单、适用范围广、净化效率高,是一种传统的废气治理技术,也是目前应用最广的治理技术。吸附法主要包括固定床吸附技术、移动床(含转轮)吸附技术、流化床吸附技术和变压吸附技术等,常用于较低浓度废气的净化。

(三)吸收法

吸收法是将吸收剂和有机废气充分接触,对废气中的有害物质进行吸收,然后将吸收剂进一步处理,再循环使用。在 VOCs 的处理中,利用废气中的有机化合物能与大部分油类物质互溶的特点,常用高沸点、低蒸气压的油类等有机溶剂作为吸收剂。

吸收剂可分物理吸收剂和化学吸收剂两种,物理吸收剂是根据相似相容的特性进行的。企业常用水吸收易溶于水的污染气体,比如醇、丙酮、甲醚等。化学吸收方法主要利用有机废气与吸收剂发生化学反应,达到吸收废气的目的。例如,化工行业可以采用液体石油、表面活性剂和水的混合试剂来处理废气,这种方法可以对 H_2S、NO_x、SO_2 等废气进行快速处理。

吸收法有直接回收、压缩冷凝回收、浓缩冷凝回收,根据不同的废气种类选择不同的处理工艺。目前,直接回收和压缩冷凝回收在国内技术成熟。

(四)冷凝法

冷凝法是利用物质在不同温度下具有不同饱和蒸气压的性质,降低系统温度或提高系统压力,使处于蒸气状态的污染物从废气中冷凝分离出来的方法。

冷凝法适用于高浓度有机溶剂蒸气的净化,经过冷凝后尾气仍然含有一定浓度的有机物,需进行二次低浓度尾气治理。在有机废气治理中,通常首先采用常温水或低温水对高浓度的废气进行冷凝回收,对冷凝后的尾气再进行吸附或催化燃烧处理。对于低浓度的有机废气,当需要进行回收时,可以首先采用吸附浓缩的方法,吸附浓缩后高浓度废气再采用冷凝技术处理。

(五)生物降解法

生物降解法主要是运用微生物将有机废气中的有害物质转化为无机物的方法。这是一种无害的有机废气处理方法,其绿色环保优势巨大,是 VOCs

处理技术领域关注的重点技术之一。

与相对传统的 VOCs 污染处理技术比较，生物处理技术利用了菌群对有机物进行分解，厌氧菌和好氧菌都可以对有机废气进行降解，降低废气对环境的污染，具有低成本、高安全和无污染的优点，适合于低浓度、大气量且宜生物降解的气体。

(六)等离子体技术

低温等离子体净化技术是近年来发展起来的废气治理新技术，属于低浓度 VOCs 治理的前沿技术。研究表明，C—S 和 S—H 键比较容易被打开，因此低温等离子体技术对于臭味的净化具有良好的效果，如橡胶废气、食品加工废气等的除臭。

低温等离子体用于废气的净化具有很多优势：系统的动力消耗非常低；装置结构简单，模块式移动式安装；不需要预热，可以即时开启与关闭；所占空间较小；抗颗粒物干扰能力强，对于油烟、油雾等无须进行过滤预处理。

(七)膜分离技术

膜分离技术的原理是利用有机分子粒径的大小差异来进行分离，然后再收集回收和再利用。使用膜分离技术，需在进料侧施加压力，形成稳定压力差，使渗透得到足够动力。

膜类似于半透膜，过滤后产物纯度较高，应用范围广；其缺点是膜容易发生堵塞，膜价格较高，运营成本高。膜分离技术是一种新型的高效分离方法，适合处理高浓度的有机废气。

(八)光催化氧化法

光催化氧化法主要是利用光催化剂(如 TiO_2)的光催化性，氧化吸附在催化剂表面的 VOCs。利用特定波长的光(通常为紫外光)照射光催化剂，激发出"电子-空穴"(一种高能粒子)对，这种"电子-空穴"对与 H_2O、O_2 发生化学反应，产生具有极强氧化能力的自由基活性物质，将吸附在催化剂表面上的有机物氧化为 CO_2 和 H_2O 等无毒无害物质。光催化氧化与电化学、O_3、超声和微波等技术耦合可以显著提高对有机物的净化能力。

光催化氧化技术具有反应速率高、处理效果强、处理后的产物易回收等优点,但也存在光子效率低、催化剂失活和难以固定等缺点,目前在工业 VOCs 治理中还未大规模应用。

二、组合末端治理技术

工业中排放的 VOCs 成分复杂,利用单一治理技术处理时在净化率、安全性及经济性等方面具有一定的局限性,难以达到预期治理效果,多种技术组合应用可以互补协同,充分发挥单一治理技术的优势,突破现有局限性,在满足达标排放的同时,最大限度地降低成本。

(一)吸附浓缩-催化燃烧技术

吸附浓缩-催化燃烧技术是采用蜂窝活性炭或活性炭纤维等作为吸附剂对有机废气进行吸附浓缩,并结合催化燃烧技术对 VOCs 进行净化处理的技术。该技术将大风量、低浓度的 VOCs 通过吸附剂吸附达到初级净化的目的,在吸附剂饱和后进行解吸脱附再生处理,经浓缩后的小风量、高浓度的有机气体进行催化燃烧,转化为 CO_2 和 H_2O 等无机小分子化合物,达到充分净化的效果。整个工艺流程包括喷淋模块、干燥模块、吸附模块和燃烧模块,如图 2-3 所示。

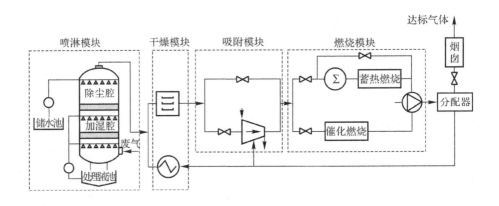

图 2-3 吸附浓缩-催化燃烧技术工艺流程图

吸附浓缩-催化燃烧技术是我国自主创新的 VOCs 治理技术,该技术工艺条件要求严格,处理效率高、适用范围广、经济效益好、无二次污染,燃烧放出的热量可通过空气预处理及吸附剂脱附循环再生,实现节能环保,平均净化效率均达到 95% 以上,已广泛应用。吸附剂及催化剂的性能一直是影响吸附浓缩-催化燃烧技术净化率的关键。

(二)冷凝-催化燃烧技术

冷凝-催化燃烧技术是指对含有水蒸气的 VOCs 有机废气进行冷凝处理,对剩余不凝气进行催化燃烧处理的技术。高浓度 VOCs 废气先进入冷凝器,将废气中易凝废气冷凝后与难以去除的小粒径液滴结合,形成更易去除的大液滴,在冷凝器中沉降;无法利用冷凝去除的不凝气通过风机输送至换热器预热,加入助燃剂进行催化燃烧反应,达标后排放。其工艺流程如图 2-4 所示。

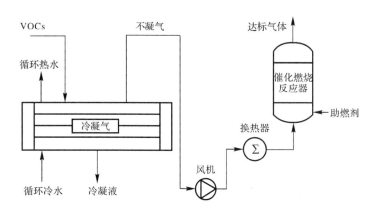

图 2-4 冷凝-催化燃烧技术工艺流程图

冷凝-催化燃烧治理技术中冷凝降低了系统温度,对于易燃易爆 VOCs 的处理提高了极限浓度,使催化的燃烧负荷降低,安全稳定性提高,但是该方法的换热能耗增加,成本上升,冷凝液的综合利用也是有待解决的重要问题之一,目前工业上仅有小范围应用。

(三)吸附-冷凝技术

吸附-冷凝技术是利用冷凝技术先对高浓度范围废气进行冷凝回收,对低浓度不凝气利用吸附技术进行后端处理。该技术的主要优势在于冷凝技术对中高浓度废气具有稳定、高效的净化效果,但对多组分、低浓度气体净化率低,与吸附技术结合可以有效扩大废气治理浓度范围。另外,在冷凝后减少了废气中的杂质,从而降低了杂质对活性炭结构的损坏,延长了其使用寿命。同时,利用冷凝技术可以解决活性炭吸附过程中因高温引发自燃的隐患。该组合技术涉及的主要设备有过滤器、引风机、冷却器及活性炭纤维吸附器。其工艺流程如图 2-5 所示。

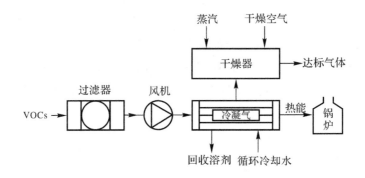

图 2-5 吸附-冷凝技术工艺流程图

国内吸附-冷凝技术主要应用在油气回收领域,对其他多组分 VOCs 气体的处理,还处于探索阶段,治理时,还需在吸附剂、冷凝剂的筛选及设备结构改进方面进行进一步的研究。

(四)吸附-光催化技术

吸附-光催化技术是指将光催化剂负载在吸附材料上,在一定的紫外光照下将 VOCs 有机废气降解为 CO_2、H_2O 的技术。该技术将低浓度有机废气吸附到光催化剂表面进行富集浓缩提高 VOCs 浓度,从而充分进行光催化反应,提高降解效率。同时,吸附剂可以吸附反应过程所产生的有害副产物,减少二次污染。吸附-光催化治理技术包括预处理单元、吸附单元和光催化单元,该技术工艺流程如图 2-6 所示。

吸附-光催化治理技术合理地利用了设备空间,减小了占地面积,具有反应条件温和、能耗低和操作安全等优点。但是其仍存在气体流动造成的催化剂流失、环境参数变化造成净化效果不稳定等缺点,只有以上问题得到解决,吸附-光催化技术才能进一步实现工业化应用。

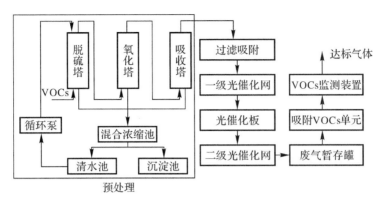

图 2-6 吸附-光催化技术工艺流程图

（五）低温等离子体-光催化技术

低温等离子体-光催化技术是指将光催化剂装填至等离子体反应器中,利用低温等离子技术的电子能量碰撞将大分子转化为小分子后进行光催化反应,使其相互促进、协同作用的净化技术。该技术所涉及的装置有过滤器、等离子体反应器和除雾干燥器等。低温等离子体-光催化技术装置示意图如图2-7所示。

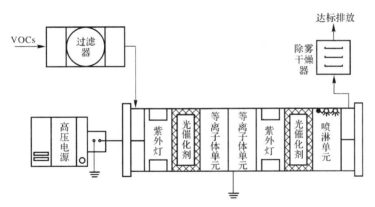

图 2-7 低温等离子体-光催化技术装置示意图

低温等离子体-光催化技术用于处理低浓度大风量 VOCs 有机废气,具有能耗低、副产物少、反应速率快等优点。寻找催化剂与等离子反应器的最佳匹配方案,以及深入研究二者协同作用的反应机理,是提高净化效率的关键。

三、设施运行维护与安全管理

(一)基本要求

末端治理主体设备和辅助系统应满足相关行业排放标准、行业排污许可技术规范及《排污许可证申请与核发技术规范 总则》(HJ 942—2018)、《排污许可证申请与核发技术规范 生活垃圾焚烧》(HJ 1039—2019)、《吸附法工业有机废气治理工程技术规范》(HJ 2026—2013)、《催化燃烧法工业有机废气治理工程技术规范》(HJ 2027—2013)和《环境保护产品技术要求 工业有机废气催化净化装置》(HJ/T 389—2007)等有关要求。

1. 吸收装置

(1)应保持液体管路压力、填料床压差等参数在正常值范围内,超出范围时应检查系统是否出现污垢、堵塞、泄漏等现象;

(2)应定期关注吸收液浓度、pH 和总溶解固体等参数,必要时进行更换和再生。

2. 吸附装置

(1)吸附剂应符合国家有关标准,并有由具备检验资质的相应机构出具的质量检验合格证明。

(2)对于一次性吸附工艺,当排气浓度不能满足设计或排放要求时应更换吸附剂;对于吸附原位脱附再生工艺,应定期对吸附剂动态吸附量进行检测,当动态吸附量降低至设计规定值时应更换吸附剂。

(3)对于吸附-原位脱附再生的吸附净化工艺,高温再生后的吸附剂应降温后使用。

3. 燃烧装置

(1)应按照设备的设计参数控制其运行温度;

(2)采用 RTO 工艺,应关注蓄热体的压差变化,避免或减缓蓄热体堵塞和性能下降;

(3)采用 RTO 工艺,对于有反烧和吹扫设计要求的,应定期对床体进行反烧和吹扫作业。

4. 催化氧化装置

(1)每次使用设备前,应充分预热催化剂床层,不应在催化剂床层温度低

于起燃温度时引入有机废气;

(2)催化剂应有由具备检验资质的相应机构出具的质量检验合格证明,并符合《环境保护产品技术要求 工业有机废气催化净化装置》(HJ/T 389—2007)中关于催化剂性能的规定。

5.冷凝/换热装置

(1)应关注冷却介质的温度、流量及温差;

(2)对于配备制冷设备的净化系统,热交换器运行温度应控制在混合气各组分的凝固点以上。

6.生物处理装置

(1)填料床层应保持在微生物适宜生长的温度、湿度范围内;

(2)应保持填料床压差处于正常值,超出范围时,应检查是否出现污垢、堵塞和气体流量波动过大等现象并及时处理;

(3)应定期更换循环水,当填料出现堵塞时,应及时处理。

(二)巡视检查

VOCs 治理设施管理者应定期组织检查 VOCs 治理设施运行状况,检查频次除总用电量瞬时值和累计值应连续测量之外,应不少于每班次或批次一次。末端治理设施运行维护要求见表 2－3。

表 2－3 末端治理设施运行维护要求

检查分类	检查内容	检查要点	相关说明
基础检查	进口废气	设备进口浓度、气量、温度、相对湿度、压力等	判断进口废气是否达到设备可处理要求,处理设备准备工作是否正常
	出口废气	设备出口浓度、气量、温度、压力等	判断废气排放是否符合排放标准,设备运行过程是否正常
	设施情况、污染物排放情况	设施周边气味状况	气味大,说明密闭性差
		设施清洁情况	认真做好设备的维护和保养;发现管道的跑、冒、滴、漏时,应及时解决
		排气筒排气情况	根据设备运行情况,排气筒排气是否有颜色、携带液滴和颗粒物等判断,排气颜色越深,携带量越大,处理效果越差

续表

检查分类	检查内容	检查要点	相关说明
基础检查	排风、风机、泵、阀门、仪表、壳体、内部零部件等设备情况	排风调节阀开启位置	根据阀体位置变动情况判断;阀体位置不固定或无规则变动,处理风量波动大
		风机情况	风机有无异常噪声、振动,叶轮是否锈蚀、磨损、物料黏附,风机转向是否逆反,电机及轴承座的温度是否正常;检查风机油位是否过低,油位过低及时加油
		泵机情况	泵体有无漏液,流量和扬程是否正常
		阀门情况	阀门是否及时加注机油,阀门有无泄漏
		仪表是否正常	仪表是否故障,设备自控设计是否失效;压力计、温度计、流量计、pH 计是否故障;是否定期校准,表盘有无水雾、渗水;表面有无锈蚀;连接管有无松动、泄漏现象
		设备连接/密封处缝隙状况	设备是否存在可见缝隙,是否存在漏风情况
		设备壳体、管道、法兰或内部异常情况	设备壳体、管道、法兰或内部是否发生变形、脱落、损坏、锈蚀、结垢,可能导致逸散严重,净化效果差等问题;活性炭蒸汽脱附凝液、溶剂回收液、含酸根的燃烧产物均可能具腐蚀性,对设备本体或下游管道、部件造成锈蚀
		螺栓紧固件异常情况	螺栓紧固件有无松动、腐蚀、变形
		防腐内衬异常情况	防腐内衬有无针孔、裂纹、鼓泡和剥离
		绝热材料异常情况	绝热材料有无变形、脱落
		隔振/隔声材料异常情况	隔振/隔声材料有无变形、脱落
		设备及管道内杂质沉积	有无粉尘等物质沉积,沉积物过多,说明日常清理维护少,可能影响设备正常运行

续表

检查分类	检查内容	检查要点	相关说明
基础检查	设备管道安全	爆炸下限	有机废气入口浓度低于爆炸下限的 25%
		检查孔	是否密封,是否有泄漏现象
		防雷装置	接地电阻是否正常
		防爆装置	防爆膜本体有无异常,防爆膜孔是否存在泄漏现象
	设备所处环境	设备所处设备区域条件	是否积水,长时间积水可能导致潮气腐蚀设备;环境温度是否过高,是否影响设备正常运行等
	公用流体	压力	压力表正常范围值,防止设备控制阀开关不到位,排放数据超标
		管道	管道无泄漏
吸附装置	设备内部、零部件情况	吸附床堵塞情况和短路	吸附床堵塞或短路,处理能力下降,吸附效率降低
		吸附床内部情况	吸附床内部是否积水、积尘、底座破损,吸附材料表面是否覆盖粉尘或漆雾
		转轮驱动马达	是否发生异常的发热、噪声、振动、漏油等情况
		转轮驱动链	开裂、摩擦等现象可能会导致运转突然中断
	操作参数是否正常、稳定	吸附温度和湿度	活性炭、活性炭纤维和分子筛等,在温度高、湿度大条件下,吸附效果差
		吸附周期	吸附周期较设计值长,吸附效果变差
		吸附床层压差	流程压差低或为 0 kPa,可能存在吸附床短路等问题,床层压差非常大,可能存在堵塞等问题
		蒸汽/真空脱附压力和温度	蒸汽压力和温度低,脱附效果差,后续吸附容量变小;真空度低,脱附效果差,后续吸附容量变小
		热气体脱附温度	脱附温度低,脱附率低,吸附容量变小,但温度过高,存在安全隐患;转轮、转筒吸附器脱附温度过高,相邻吸附区受热,吸附容量变小

续表

检查分类	检查内容	检查要点	相关说明
吸附装置	操作参数是否正常、稳定	脱附流程压差	脱附流程压差低,脱附风量小,脱附率低,吸附容量变小
		转轮、转筒吸附床转速	转速过低,吸附周期长,吸附效果差;转速过高,脱附周期短,脱附率低,吸附容量少
	吸附剂更换周期及更换量	吸附剂更换时间、更换量	更换时间较设计吸附周期延后,吸附效果变差或失效;更换量少于设计填充量,实际吸附周期会短于设计吸附周期
	有机溶剂回收量	溶剂回收量	回收量变少,说明吸附、冷凝、分离性能变差
(蓄热)催化燃烧	操作参数是否正常、稳定	催化(床)温度	催化温度达不到设计温度,催化效果差
		催化床温升	催化床温升小,可能由催化活性低或污染物进口浓度低所致
		催化床出口温度	催化床出口温度过高,可能导致催化剂受损
		催化床层压差	床层压差小或为 0 kPa,可能存在"短路"现象;流程压差大,可能存在催化床局部堵塞等问题。一般压差低于 2 kPa
		浓度、温度	浓度、温度变化较大,净化效果差
		燃气压力	燃气压力是否正常
		蓄热燃烧装置进、出口温差	蓄热燃烧装置进、出口温差不宜过高
蓄热燃烧	设备内部、零部件情况	设备防腐性能	观察腐蚀情况,如腐蚀较为严重,应采取相应措施
	操作参数是否正常、稳定	(炉膛)燃烧温度	燃烧温度达不到设计温度,净化效果差;燃烧温度过高,应急排放阀可能开启;燃烧温度超过过高可能会破坏炉体结构,同时可能会导致氮氧化物发生量剧增;高温提升阀密封装置是否正常,如泄露,排放数据有超标隐患
		浓度、风量、温度	浓度、风量、温度变化较大,影响净化效果

续表

检查分类	检查内容	检查要点	相关说明
蓄热燃烧	操作参数是否正常、稳定	燃气压力	燃气压力是否正常
		蓄热床层压差	床层压差小或为 0 kPa,可能存在"短路"现象;流程压差偏大,可能存在蓄热体堵塞等问题
		蓄热燃烧装置进、出口温差	热燃烧装置进出口温差不宜过大,温差过大说明热回用率低。部分设备因防腐的缘故,设置较大的温差属例外
冷却器、冷凝器	设备内部、零部件情况	蒸发型冷却器的喷嘴雾化状况	喷嘴雾化效果差,则冷却效果差
	操作参数是否正常、稳定	气体出口温度	出口温度变高,冷却、冷凝效果变差
		冷却介质流量和压力	冷却介质流量低、压力低,则冷却、冷凝效果差
		冷却介质出口温度与冷却介质进口温度的差值	差值越小,说明冷却、冷凝换热效果越差
	有机溶剂回收量	冷凝器溶剂回收量	回收量变少,冷凝效果变差
			回收量波动大,设施运行不稳定
吸收装置	设备内部、零部件情况	设备内藻类、青苔生长情况	造成堵塞,影响净化效率
		填料结垢	化学反应产生沉淀、结晶会造成填料结垢,导致流量不正常,压降升高,影响净化效果
		加药装置堵塞情况	导致管路压降增大,影响投药量的控制
		循环水箱堵塞情况	循环水管路压降较大,说明水槽中沉积结垢等问题严重
	操作参数是否正常、稳定	填料床流程压差	流程压差小或为 0 kPa 可能存在"短路"现象,流程压差大,可能存在填料局部堵塞等问题
		pH	酸碱控制类的吸收塔,pH 变化,会引起净化效果的波动,以标准差大小判断 pH 变化情况,标准差越小,则 pH 变化率越小

续表

检查分类	检查内容	检查要点	相关说明
吸收装置	操作参数是否正常、稳定	进口温度	进口温度过高,吸收效率降低
		循环液箱水位	水位波动幅度大,可能影响吸收效果的稳定
		循环水量	循环水量是指设备内部流过填料的洗涤水体积流量,循环水量适宜才能经济有效地运行
	药剂更换周期及更换量	药剂添加周期和添加量	药剂添加延迟或添加量少,导致化学反应条件变差,净化效果变差
		洗涤、吸收液更换同期和更换量	更换时间延长或更换量少,导致化学反应条件变差,净化效果变差
生物处理装置	设备内部、零部件情况	喷头、过滤器	若堵塞,则会影响设备正常运行
	操作参数是否正常、稳定	填料温度	是否处于微生物生长适宜温度范围
		湿度	是否处于微生物生长适宜湿度范围
		pH	是否处于微生物生长适宜 pH 范围,含硫、磷、氮通常会使 pH 降低,需及时缓冲变动
	循环水、滤料更换周期及更换量	循环喷淋水是否及时更换	若不及时更换,会影响净化效果
膜分离装置	设备内部、零部件情况	膜状况	若污染严重,会影响设备正常运行
	操作参数是否正常、稳定	流量	是否处于正常值,是否出现较大波动
		操作压力	是否处于正常值,是否出现较大波动
低温等离子、光氧化、光催化装置	操作参数是否正常、稳定	流量	是否处于正常值,是否出现较大波动
		工作电流、电压	是否处于正常值,是否出现较大波动

（三）维护保养

VOCs 治理设施管理者应按照企业要求,开展 VOCs 治理设施维护保养工作,维护保养工作应包括但不限于:

(1)及时更换失效的净化材料;

(2)定期更换润滑油及易耗件;

(3)清理设备内的黏附物和存积物,并对外表面进行养护;

(4)检查传感器本地显示状况;

(5)查看传感器有无水雾、渗水;

(6)查看传感器表面有无锈蚀;

(7)查看传感器连接管有无松动、泄漏现象;

(8)检测系统压缩空气压力是否达标;

(9)电气系统及中控系统维保;

(10)检点、维保安全防护措施;

(11)传动设备维保;

(12)接地电阻检测;

(13)管道内部检查,及时清理积灰及油污。

（四）安全管理

企业应按《生产经营单位生产安全事故应急预案编制导则》(GB/T 29639—2020)的有关规定编制安全应急预案,确保正常运维过程中应急要素的完备性。

(1)严格遵守设备本体及其前后配套处理设施设备的使用说明;

(2)设备本体的大修周期应符合相关设计要求;

(3)定期检查加热或热氧化设备本体外表面温度;

(4)控制加热或热氧化设备本体温度,配备声光报警装置;

(5)检查存在爆炸危险的设备本体是否设置爆炸泄压、爆炸隔离或爆炸抑制等爆炸防护措施,并定期检查是否处于正常状态;

(6)设有吸收装置的,应关注管路压力、填料床压差是否处于正常值;

(7)设有燃烧装置的,应严格按设计参数运行,人员操作时需严格遵守有关设备的操作规范;

(8)设有燃烧装置的,应定期检查缓冲罐的缓冲能力,保证系统相对平稳、安全运行;

（9）设有燃烧装置的，应检查燃烧系统启动点处是否设置可燃气体探头，且可燃气体探头宜与安全装置连锁，出现异常时安全装置响应，可紧急切断；

（10）设有催化氧化装置的，应关注催化（床）进、出口温度是否处于正常值；

（11）设有换热、冷凝装置的，应关注废气进、出口温度和冷却介质进、出口温度是否处于正常值。

（五）记录与报告

VOCs 治理设施的运行程序实施信息、关键参数运行数据、巡视检查记录、维护保养台账和故障处理资料应予以保存，并符合相关行业污染物排放标准、《排污单位环境管理台账及排污许可证执行报告技术规范 总则（试行）》（HJ 944—2018）及所属行业排污许可证申请及核发技术规范中规定的环境管理台账要求。相关记录至少保存 5 年，现场保留不少于 1 个月的台账记录。涉及 DCS（分散控制系统）的，应记录 DCS 曲线图。

1. 吸附装置

（1）治理装置的启动、停止时间；

（2）吸附剂等的质量分析数据、采购量、使用量及更换时间；

（3）治理装置运行工艺控制参数，包括治理设备进、出口浓度，吸附装置内温度，吸附剂更换时间与更换量，吸附周期和脱附周期，溶剂回收量等；

（4）主要设备维修情况；

（5）运行事故及维修情况；

（6）定期检验、评价及评估情况；

（7）吸附回收工艺中污水排放、副产物处置情况；

（8）做好活性炭等吸附材料更换、维护、保养记录。

2. 燃烧装置

（1）治理装置的启动、停止时间；

（2）过滤材料、催化剂、蓄热体等的质量分析数据、采购量、使用量及更换时间；

（3）治理装置运行工艺控制参数，至少包括治理设备进、出口浓度和相关温度，蓄热室截面风速，排放管道风速，蓄热燃烧装置进、出口温差等；

（4）主要设备维修情况；

(5)运行事故及维修情况；

(6)定期检验、评价及评估情况；

(7)废水排放、副产物处置情况。

3.冷凝装置

(1)设备的启动、停止时间；

(2)治理装置运行工艺控制参数,如能耗(电、水、燃料等),进、出口浓度,处理效率,废气及冷却介质的进、出口温度等；

(3)主要设备维修情况；

(4)运行事故及处理、维修、整改情况；

(5)定期检验、评价及评估情况；

(6)二次污染物处理处置情况。

4.生物处理装置

(1)设备的启动、停止时间；

(2)填料等相关耗材的种类、采购量、使用量、填装量、更换量及更换周期；

(3)治理装置运行工艺控制参数,如电耗,循环水量,治理装置进、出口气体浓度,温度,湿度,风量,压差,pH,营养物质投加量,排气筒排气状况等；

(4)主要设备维修情况；

(5)运行事故及处理、维修、整改情况；

(6)定期检验、评价及评估情况；

(7)废气填料、二次污染物处理处置情况。

5.吸收装置

(1)设备的启动、停止时间；

(2)吸收液、药剂等消耗品种类、采购量、使用量、添加量、更换量及更换周期；

(3)治理装置运行工艺控制参数,如吸收装置进、出口气体浓度,风量,温度,压力,pH,ORP(氧化还原电位)值,液气比等；

(4)主要设备维修情况；

(5)运行事故及处理、维修、整改情况；

(6)定期检验、评价及评估情况；

(7)二次污染物处理处置情况。

第五节　排放监测技术

一、监测技术

由于工业化和城市化的快速发展,VOCs 排放量不断增加,给空气质量、臭氧层、人类健康和生态环境带来严重的危害,加强 VOCs 的监测和治理是大气环境污染治理工作的重要内容和紧迫任务。

目前,常用的挥发性有机物在线监测系统的监测技术主要有红外光谱法(IR)、紫外光谱法(UV)、氢火焰离子化法(FID)、光离子化法(PID)、膜萃取气相色谱技术可调谐半导体激光吸收光谱技术(TDLAS)等。其中,光离子化法(PID)具有检测范围广、检测精度高、检测灵敏度高、响应时间短等优点,是目前国际上广泛采用的一种 VOCs 在线监测技术,可以对固定污染源的 VOCs 排放进行连续、准确、灵敏的在线监测,为 VOCs 的治理提供数据支持。

(一)红外光谱法(IR)

红外光谱法是指当红外辐射通过气体、液体或固体样品时,由于样品的分子结构不同,在不同波长处产生有选择性的吸收,然后以波数或波长为横坐标,以透过率或吸光度为纵坐标描绘成光谱图,得到样品的特征吸收曲线,即红外吸收光谱。

以光谱中吸收峰的位置和形状来判断或鉴别样品的结构,以特征吸收峰的强度来测定样品的含量,这种方法称为红外光谱分析方法。

(二)紫外光谱法(UV)

紫外光谱法是指物质分子吸收一定波长的紫外光或可见光时,分子中的价电子会从低能级跃迁到高能级而产生的吸收光谱。

利用物质的紫外可见光谱及吸收程度可以对物质的组成、含量和结构进行分析、测定、推断。

(三)氢火焰离子化法(FID)

氢火焰离子化法主要是利用氢火焰(氢气和空气燃烧生产火焰)作为能源,当有机物进入火焰,在高温下产生化学电离,电离产生比基流高几个数量级的离子,其在高压电厂作用下定向移动,形成的离子流经过高阻放大,成为与进入火焰的有机化合物量成正比的电信号,再根据电信号定量分析。

(四)光离子化法(PID)

光离子化法是一种利用紫外光源将被测气体激发电离产生正、负离子。这些电离的微粒产生的电流经过检测器的放大,就能在仪表上显示 10^{-6} 级的浓度。这些离子经过电极后很快就重新组合到一起变成原来的有机分子。在此过程中分子不会有任何损坏,光离子化法不会"烧毁"也不用经常更换标样气体。

(五)膜萃取气相色谱技术

在膜萃取过程中,不存在两相间的混合,可以有效消除乳液状的形成并减少溶剂的消耗量,样品可以与萃取剂连续接触,有效保证了监测过程的连续性和实时性。在利用该技术监测空气中的 VOCs 时,空气连续流过中空纤维膜,VOCs 组分有选择性地透过膜流入惰性气体氮气流中,在微阱中 VOCs 被收集和浓缩,通过直接电加热形成具有一定时间间隔注射的脉冲导入连续进样。膜萃取进样通常需要经过一定的时间使膜渗透达到一个相对稳定的状态,从而保证监测结果的准确性。

(六)可调谐半导体激光吸收光谱技术(TDLAS)

可调谐半导体激光吸收光谱技术主要是利用可调谐半导体激光器的窄线宽和波长随注入电流改变的特性,实现对分子的单个或几个距离很近很难分辨的吸收线进行测量。可调谐半导体激光吸收光谱技术的灵敏度够高,而且具有良好的选择性,可以对挥发性有机物进行实时、动态的分析和监测,特别适用于高温、高压、高腐蚀等恶劣环境条件下的挥发性有机物监测。

二、系统组成

挥发性有机物在线监测系统一般由采样系统、分析系统、数据处理系统和通信系统 4 个部分组成。其中,采样系统负责从排放源抽取样气并进行必要的预处理,分析系统负责对样气中的 VOCs 组分进行定性定量分析,数据处理系统负责对分析结果进行处理、存储和显示,通信系统负责将数据传输到监管部门或企业内部的网络平台。

三、排污口设置要求

排污单位应当按照《排污口规范化整治技术要求》（环监〔1996〕470 号）的有关要求对排污口进行立标、建档管理，按照《固定污染源排气中颗粒物测定与气态污染物采样方法》（GB/T 16157—1996）等监测标准规范的具体要求进行排污口的规范化设置。设置规范化的排污口，应包括监测平台、监测开孔、通往监测平台的通道、固定的永久性电源等。

（一）采样位置要求

（1）排污口应避开对测试人员操作有危险的场所（周围环境也要安全）。

（2）排污口采样断面的气流流速应在 5 m/s 以上。

（3）排污口的位置，应优选垂直管段，次选水平管段，且要避开烟道弯头和断面急剧变化部位。

（4）排污口的具体位置，应尽量保证烟气流速、颗粒物浓度监测结果的准确性、代表性，根据实际情况按《固定污染源排气中颗粒物测定与气态污染物采样方法》（GB/T 16157—1996）、《固定污染源烟气（SO_2、NO_x、颗粒物）排放连续监测技术规范》（HJ 75—2017）、《固定源废气监测技术规范》（HJ/T 397—2007）从严到松的顺序依次选定。①距弯头、阀门、风机等变径处，其下游方向要不小于 6 倍直径，其上游方向要不小于 3 倍直径；②距弯头、阀门、风机等变径处，其下游方向要不小于 4 倍直径，其上游方向要不小于 2 倍直径；③距弯头、阀门、风机等变径处，其下游、上游方向均要不小于 1.5 倍直径，并应适当增加测点的数量和采样频次。

（二）采样平台要求

（1）安全要求：应设置安全防护栏，承重能力应不低于 200 kg/m²，应设置不低于 10 cm 高度的脚部挡板。

（2）尺寸要求：面积应不小于 1.5 m²，长度应不小于 2 m，宽度应不小于 2 m 或采样枪长度外延 1 m。

（3）辅助条件要求：设有永久性固定电源，具备 220 V 三孔插座。

（三）采样平台通道要求

（1）采样平台通道，应设置安全防护栏，宽度应不小于 0.9 m。

（2）通道的形式要求：禁设直爬梯；采样平台设置在离地高度不小于 2 m

时,应设斜梯、之字梯、螺旋梯、升降梯/电梯;采样平台离地面高度不小于 20 m时,应采取升降梯。

(四)采样孔要求

(1)手工采样孔的位置,应在 CEMS(烟气自动监控系统)的下游,且在不影响 CEMS 测量的前提下,应尽量靠近 CEMS。

(2)采样孔的内径:对现有污染源,应不小于 80 mm;对新建或改建污染源,应不小于 90 mm;对于需监测低浓度颗粒物的排放源,检测孔内径宜开到 120 mm。

(3)采样孔的管长:应不大于 50 mm。

(4)采样孔的高度:距平台面 1.2~1.3 m。

(5)采样孔的密封形式:可根据实际情况,选择盖板封闭、管堵封闭或管帽封闭。

(6)采样孔的密封要求:非采样状态下,采样孔应始终保持密闭良好。在采样过程中,可采用毛巾、破衣、破布等方式将采样孔堵严密封。

四、技术要求

(1)采用符合国家或行业标准的检测方法,并具有自动校准、自动清洗、自动报警等功能。

(2)具有良好的抗干扰能力,能够适应高温、高湿、高尘等恶劣环境,并能够防止水汽、粉尘等对样气的影响。

(3)具备良好的可靠性和安全性,能够保证长期稳定运行,避免故障和事故的发生。

五、数据及管理要求

(1)能够按照规定的时间间隔生成一组有效数据,并能够将数据传输到监管部门或企业内部的网络平台。

(2)能够对数据进行有效的校验、校正和审核,保证数据的真实性和准确性,并能够对异常数据进行标识和处理。

(3)能够对数据进行有效的存储和备份,保证数据的完整性和安全性,并能够提供数据查询、统计和分析等功能。

(4)建立完善的运行、质量和维护管理制度,明确各类人员的职责和权限,制定相应的运行规程、操作指南、维护计划、维护记录、质量控制标准和质量控制记录,定期组织人员培训和考核,定期开展保养、校准和验证等工作。

六、监测要求

开展监测时,监测人员应按照国家和地方监测技术标准的要求,做好监测设备维护、材料准备等工作,规范实施监测活动,并做好相关记录。

七、主要检测标准

主要检测标准如下:

《空气质量　三甲胺的测定　气相色谱法》(GB/T 14676—1993);

《空气质量　硫化氢、甲硫醇、甲硫醚和二甲二硫的测定　气相色谱法》(GB/T 14678—1993);

《空气质量　甲醛的测定　乙酰丙酮分光光度法》(GB/T 15516—1995);

《固定污染源排气中颗粒物测定与气态污染物采样方法》(GB/T 16157—1996);

《固定污染源排气中酚类化合物的测定　4-氨基安替比林分光光度法》(HJ/T 32—1999);

《固定污染源排气中甲醇的测定　气相色谱法》(HJ/T 33—1999);

《固定污染源排气中氯乙烯的测定　气相色谱法》(HJ/T 34—1999);

《固定污染源排气中乙醛的测定　气相色谱法》(HJ/T 35—1999)

《固定污染源排气中丙烯醛的测定　气相色谱法》(HJ/T 36—1999);

《固定污染源排气中丙烯腈的测定　气相色谱法》(HJ/T 37—1999);

《固定污染源废气总烃、甲烷和非甲烷总烃的测定　气相色谱法》(HJ 38—2017);

《大气污染物无组织排放监测技术导则》(HJ/T 55—2000);

《固定污染源烟气(SO_2、NO_x、颗粒物)排放连续监测技术规范》(HJ 75—2017);

《固定污染源监测质量保证与质量控制技术规范(试行)》(HJ/T 373—2007);

《固定源废气监测技术规范》(HJ/T 397—2007);

《环境空气　苯系物的测定　固体吸附/热脱附　气相色谱法》(HJ 583—2010);

《环境空气　苯系物的测定　活性炭吸附/二硫化碳解析-气相色谱法》(HJ 584—2010);

《环境空气 总烃、甲烷和非甲烷总烃的测定-气相色谱法》（HJ 604—2017）；

《环境空气 酚类化合物的测定 高效液相色谱法》（HJ 638—2012）；

《环境空气 挥发性有机物的测定 吸附管采样-热脱附/气相色谱-质谱法》（HJ 644—2013）；

《环境空气 挥发性卤代烃的测定 活性炭吸附-二硫化碳解吸/气相色谱法》（HJ 645—2013）；

《空气 醛、酮类化合物的测定 高效液相色谱法》（HJ 683—2014）；

《固定污染源废气 挥发性有机物的采样 气袋法》（HJ 732—2014）；

《固定污染源废气 挥发性有机物的测定 固定相吸附-热脱附/气相色谱-质谱法》（HJ 734—2014）；

《环境空气 65 种挥发性有机物的测定 罐采样 气相色谱-质谱法》（HJ 759—2015）；

《泄漏和敞开液面排放的挥发性有机物检测技术导则》（HJ 733—2014）；

《排污单位自行监测技术指南 总则》（HJ 819—2017）；

《固定污染源废气非甲烷总烃连续监测系统技术要求及检测方法》（HJ 1013—2018）；

《固定污染源废气 氯苯类化合物的测定 气相色谱法》（HJ 1079—2019）。

第三章 低渗透油气田典型站场

第一节 低渗透油气田的特点

一、基本情况

当前,中国已经开发的油气田可分为老油气田、低渗透油气田、重油砂岩油气田、深水油气田、天然气田和非常规油气田六大类,其中以低渗透油气田数量最多,在已发现石油资源中占比超过 2/3。

渗透率是储油(气)岩的物性基础,在油气田开发过程中,渗透率是指在一定压差下,岩石允许流体通过的能力,是表征土或岩石本身传导液体能力的参数。在我国石油行业中,根据低渗透油层上限和下限的分类,一般将低渗透砂岩储层分为低渗透(渗透率为 $50\sim10$ mD,$1\,000$ mD$=1$ μm^2)、特低渗透(渗透率为 $10\sim1$ mD)、超低渗透(渗透率为 $1\sim0.1$ mD)储层。我国陆相储层的物性普遍较差,渗透率为 $0.1\sim50$ mD 的储层通称为低渗透油层,相当一部分低渗透油田储层渗透率在 10 mD 以下。

二、资源总量及分布特点

根据第三次油气资源评价结果,全国石油远景资源中,低渗透资源量占总资源量的 49%,低渗透天然气占总资源量的 42.8%。全国低渗透石油资源的 80% 以上分布在中、新生代陆相沉积中,天然气资源的 60% 以上分布在古生界及三叠系的海相地层中。

我国低渗透油气资源分布呈现以下特点:含油气层系多——古生界、中生界和新生界都有分布;油气藏类型多——砂岩、碳酸盐岩、火山岩等;分布区域广——东部、中部和西部都有分布,东部分布有松辽盆地、渤海湾盆地、二连盆地、海拉尔盆地、苏北盆地、江汉盆地等砂岩油藏和松辽盆地、渤海湾盆地火山岩油气藏,中部分布有鄂尔多斯盆地、四川盆地砂岩油气藏和海相碳酸盐岩气藏,西部分布有准噶尔盆地、柴达木盆地、塔里木盆地、三塘湖盆地砂砾岩油气藏、火山岩油气藏和海相碳酸盐岩油气藏;具有"上油下气、海相含气为主、陆相油气兼有"的特点。

三、勘探开发情况

我国的低渗透勘探经历了较长的历史,大致可以分为3个阶段:一是1907—1949年,1907年中国第一口油井——延长1号井在鄂尔多斯盆地的陕北地区钻探成功,发现了延长油矿,开始了低渗透勘探开发的探索;二是1950—1980年,低渗透的勘探开发工作进展缓慢,仅在鄂尔多斯盆地、松辽盆地、准噶尔盆地、四川等盆地发现了小规模的油气藏,而且由于储层物性差、油气产量低,无法进行经济有效地开发;三是1980年至今,随着对大面积岩性、碳酸盐岩、火山岩等发育低渗透储层油气藏的地质认识不断深化和二维/三维地震采集处理技术、储层压裂改造技术和油气层保护技术的发展,陆续在鄂尔多斯盆地、川渝盆地、准噶尔盆地、塔里木盆地等盆地发现了一大批地质储量超过亿吨级、千亿立方米级和万亿立方米级以上的低渗透油气田,对我国油气探明储量的快速增长发挥了重要作用。

低渗透油气资源的经济有效开发是一个世界性的难题。我国20世纪80年代以前,采用"常规压裂"等技术,使10~50 mD的一般低渗透油藏得到有效动用;20世纪80年代中期,采用"大规模压裂、井网优化、注水"等技术,使1.0~10 mD的特低渗透油藏基本可以有效动用;20世纪90年代初,安塞特低渗透油田开发采用"丛式钻井、中等规模压裂、温和注水"等技术,使0.5 mD的特低渗透油田实现了规模有效开发;2000年以来,鄂尔多斯盆地及其他油田采用"整体压裂、超前注水"等技术,使得0.5 mD以下的数十亿吨特低渗透储量得到了有效动用,低渗透资源在油气田开发中的地位越来越重要。

鄂尔多斯盆地油气藏属于典型的低渗、低压、低丰度的"三低"油气藏,为典型的岩性油气藏,隐蔽性、非均质性强,地质条件复杂,单井产量低,勘探开发难度大。在半个多世纪的开发建设中,针对低渗透油田的实际情况,突出整体性和规模性,以"提高单井产量,降低投资成本"为主线,探索出一系列有利于高效开发低渗透油田的技术,低渗透油气资源开发的下限从50 mD下降到0.3~0.5 mD,采用新技术、新模式、新机制,做到勘探开发一体化,实现低渗透油田的低成本、高质量开发。

第二节　低渗透油田及典型站场

一、油田开发特点

1907 年,我国在鄂尔多斯盆地钻成第一口油井——延长 1 号井,延长油矿自此发现,踏出了低渗透油藏开发的第一步,到现在已有 100 多年的时间。

低渗透油藏同时具备油层分布稳定、储量规模较大、原油性质较好、水敏矿物较少、储层微裂缝发育、宜注水开发、稳产能力强等有利条件,非常利于规模化建产。以鄂尔多斯盆地长庆油田为例,自 2008 年低渗透油藏投入规模开发以来,始终坚持"经济有效,规模开发"的基本思路,原油产量得到快速增长,主要有如下特点。

(一)低成本开发建设

随着低渗透油藏难动用储量和深层储量逐步投入开发,井深在逐步增加,单井产量则在逐步下降,万吨产建的油水井数成倍增长,开采的成本越来越高。长庆油田将"提高单井产量和降低投资成本"作为低渗油藏效益开发的两大核心工作,强化技术创新、管理创新和深化改革,坚持低成本、高质量和集约化发展。

在实施低成本战略过程中,通过创新的开发模式,实施精细储层描述、井网技术、压裂改造技术,强化超前注水,采用"一大五小"(大井场和小井距、小水量、小套管、小机型、小站点)开发模式,持续推进地面优化简化工作,推行标准化设计、模块化建设、数字化管理、市场化运作的"四化"建设模式,降低建设成本,实现快速、规模、有效开发。

(二)大规模开发建设,快速上产

根据中国石油天然气股份有限公司提出"效益开发,战略产出"的总体部署和"东部硬稳定、西部快发展"的战略,鄂尔多斯盆地低渗透油藏的分布和储量条件,决定了该区域具备大规模上产的基础,长庆油田紧抓低渗透油藏开发东风,迅速成为我国陆上油气储量、产量增长速度最快的油田。

勘探开发一体化(见图 3-1)是应对储量和产量快速增长的有效途径。勘探开发一体化改变过去先勘探、后评价、再开发的做法,围绕含油富集区,预探、评价、开发井三位一体,按开发井网统一规划、整体部署,边发现、边评价、边开发,通过整体性评价、一体化部署、规模化建产,勘探向开发延伸,开发向勘探渗透,大幅缩短了勘探、开发周期,实现了储量和产量的快速增长。

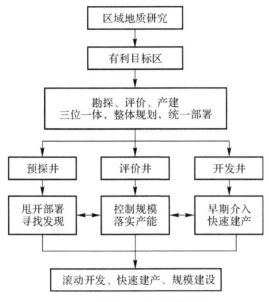

图3-1　勘探、开发一体化流程图

市场化解决了工程技术服务力量因大规模开发而短缺的问题,大量的市场化队伍集结低渗透油藏开发,展开了规模建产的大场面。工程建设方面,积极推行钻井提速工程和标准化建设,适应滚动开发、快速建产的需要。

低渗油藏按照快速开发建设思路,一个油田从预探发现到规模开发的周期从过去的5~8年,缩短到目前的2~3年。例如:鄂尔多斯盆地某低渗透油田用不到两年时间,提交探明储量2.6×10^8 t,控制2.6×10^8 t;动用储量1.2×10^8 t,建产能160×10^4 t/年。

(三)高水平、高质量开发

建设现代化的大油田是在安全环保标准不降、管理水平不降、以人为本措施不动摇的基础上,通过工艺简化、标准控制、机制创新,实现低成本条件下的高水平、高质量开发建设。在技术应用方面,大力提倡工艺简化和技术进步,积极应用"四新"(新技术、新工艺、新材料、新装备)技术全力推动技术集成创新,技术攻关与生产建设一体化,以技术攻关成果指导生产建设实施,以生产建设实施效果来检验技术成果,实现科学建产;在管理上,借助现代化的科技手段,通过数字化管理,来减少用人,提高油田的管理水平;在安全环保方面,开发建设、生产运行、安全环保一体化,安全环保理念贯穿落实于生产建设各个环节,实现绿色建产、有序开发。

二、油气集输工艺

油气(即原油和伴生气)集输工程是从油井井口开始,收集和处理站场为中间环节,以油气管道为连接网络,配套原油库或输油(商品原油)、输气(商品天然气)管道,首站至终点的全流程业务。简单来说,就是将油田各油井采出物集中起来,经过处理后,生产出符合商品质量要求的原油和天然气的过程。因此,油气集输包括油气汇集、处理与输送等工艺。

(一)生产过程简述

油气集输系统由不同功能的工艺单元组成,主要包括分井计量,集油、集气,油气水分离,原油处理(脱水、稳定等),原油储存,伴生气处理(脱水、凝液回收等),采出水处理,商品原油和商品天然气输送等。各工艺单元之间相应关系框图如图 3-2 所示。

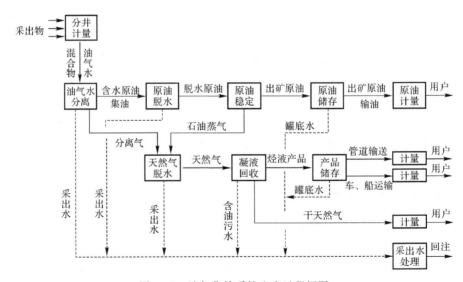

图 3-2 油气集输系统生产过程框图

(二)生产过程主要内容

1.分井计量

分井计量主要是为了掌握油井生产动态,测出单井产出物内原油、伴生气、采出水的产量值,作为调整采油工艺及分析油藏开发动态的依据,一般在计量站上进行。

油、气、水日产量定期、定时、轮换进行计量,气、液在计量分离器中分离并分别进行计量后,再混合进入集油管道。

计量分离器分两相和三相两类,两相分离器把油井产物分为气体和液体,三相分离器把油井产物分为气体、游离水和乳化油,然后用流量仪表分别计量出体积流量。当含水原油为乳状液时,用含水分析仪测定其含水率。随着油井产量计量技术的发展,油井示功图法量油得到全面推广,油井产量计量直接在井场完成,取消了计量站,有效简化了集输工艺。

2.集油、集气

集油、集气是将计量后的油气水混合物汇集并送到油气水分离站场,或将含水原油、天然气汇集分别送到原油脱水及天然气集气站场。集输管网系统的布局必须根据油田面积和形状,油田地面的地形和地物,油井的产品和产能等条件进行。一般面积较大的油田,可分片建立若干个既独立又相互联系的系统;面积较小的油田,建立一个系统。

3.油气水分离

油气水分离是为了满足油气处理、储存和外输的需要,气、液混合物要进行分离,气、液分离工艺与油气组分、压力、温度有关,高压油井产物宜采用多级分离工艺。生产分离器也有两相和三相两类,因油、气、水密度不同,可采用重力、离心等方法将油、气、水分离,分离器结构有立式和卧式两种,有高、中、低不同的压力等级。分离器的形式和大小应按处理气、液量和压力大小等选定,处理量较大的分离器采用卧式结构,分离后的气、液分别进入不同的管道。

4.接转及增压

当油井产出物流不能靠自身压力继续输送时,需接转增压继续输送。一般气、液分离后分别增压——液体用油泵增压,气体用天然气压缩机增压,也可油、气、水三相混输增压。对于地形条件复杂的油田,尤其是高差起伏较大时,为了将一些位置较低的油井纳入集输系统,也可采用在井站间布置增压点的方式,将单井或多井的油井产出物流增压后送入相关站场。

5.原油脱水

原油脱水是含水原油经破乳、沉降、分离,脱除游离水、乳化水和悬浮固体杂质,使原油含水率达到规定的质量标准。脱水方法根据原油物理性质、含水率、乳化程度、化学破乳剂性能等,通过试验确定。一般采用热化学沉降法脱除游离水和电化学法脱除乳化水的工艺。

6.原油稳定

原油稳定是脱出原油内易挥发组分,主要为脱除原油中溶解的甲烷、乙烷、丙烷等烃类气体组分,使原油饱和蒸气压符合商品原油标准。原油稳定可采用负压脱气、加热闪蒸和分馏等方法。原油稳定与油气组分含量、原油物理性质、稳定深度要求等因素有关,由各油田根据具体情况选择合适的方法。

7.原油储存

原油储存是指为了保证油田均衡、安全生产,外输站或矿场油库必须有满足一定储存周期的油罐。储油罐的数量和总容量应根据油田产量、工艺要求、输送特点(铁路、公路、管道运输等不同方式)确定。

8.天然气处理

天然气处理包括脱出天然气中的饱和水、酸性气体以及凝液回收等。通过脱水,使气体在管道输送时不析出液态水,以满足商品天然气对水露点的要求,或用冷凝法等回收凝液。商品天然气对酸性气的含量也有严格规定。天然气中酸性气含量超过规定值时,需要脱除 H_2S、CO_2 等酸性气体。

9.天然气凝液回收

油田伴生气中含有较多的、容易液化的丙烷和比丙烷重的烃类,回收天然气中重烃组分凝析液,可满足商品天然气对烃露点的要求。加工天然气凝液可获得各种轻烃产品(液化石油气、天然汽油),提高油田的经济效益。

10.烃液储存

烃液储存是将轻烃产品储存在压力储罐中,以调节生产和销售的不平衡。

11.采出水处理

采出水处理是将分离后的油田采出水进行除油、除机械杂质、除氧、杀菌等处理,使处理后的水质符合回注油层或国家外排水质标准。

12. 外输油气计量

外输油气计量是油田产品进行内外交接时经济核算的依据。计量要求有连续性,仪表精度高。外输原油采用高精度的流量仪表连续计量出体积流量,乘以密度,减去含水量,求出质量流量。另外,也有用油罐检尺方法计算外输原油体积,再换算成原油质量流量的。外输油田气的计量,一般通过出节流装置和差压计构成的差压流量计,并附有压力和温度补偿,求出体积流量。

13. 油气外输(运)

油气外输(运)是原油集输系统的最后一个环节,管道输送是用油泵将原油从外输站直接向外输送,具有输油成本低、密闭连续运行等优点,是最主要的原油外输方法。也有采用装铁路油罐车的运输方法,边远或零散的小油田也有采用公路的运输方法。

油田伴生气首先作为站场燃料用气,剩余气体可通过压缩机增压后通过管道外输,或生产压缩天然气(CNG)和液化天然气(LNG),再通过汽车运输至加气站。低渗透油田伴生气量一般较小,通常将伴生气作为自用燃料气,其余伴生气多渠道综合利用。

三、集油流程

在早期低渗透油田开发的过程中,主要目的是获取原油,因此早期油田集输流程主要为集油的过程。随着时代发展和社会进步,科技水平及环境要求不断提高,油田伴生气集气流程逐渐发展了起来。

(一)集油流程的分类

国内外的集油流程大体分为三类。第一类是产量特高的油井,每口井有单独的分离、计量设备,有时还有单独的油气处理设备;第二类为计量站集油流程,每口油井通过其单独的出油管道将产出物在计量站汇集,计量后与其他井产出物共同汇集至集中处理站,这种流程使用比较广泛;第三类为多井串联集油流程,若干口井串接在一根集油管道上,汇集至集中处理站进行处理,由设在各井场上的计量分离器对油井产量进行连续计量,或通过移动式计量装置对各井进行周期性计量,这种流程使用较少。

1.国内典型集油流程

国内的典型集油流程主要有：
(1)井口不加热单管集油流程；
(2)井口加热单管集油流程；
(3)井口掺热水(热油)双管集油流程；
(4)三管热水(蒸汽)伴热集油流程；
(5)萨尔图集油流程；
(6)环形集油流程。
不同集油流程各有其特点、适应性及优缺点。

2.低渗透油田典型集油流程

在油田开发过程中，合理的集输流程能降低地面工程费用，使油田开发更经济，通常在借鉴同类型油田经验的基础上，通过实际运行，一步步确定适合本油田的集油流程。

在鄂尔多斯盆地低渗透油田开发过程中，从 20 世纪 70 年代就开始逐步建设单井至站场的集油流程。长庆油田在开发初期的李庄子、马家滩等油田，采用"井口掺热水双管及热水伴热三管集油流程"及"井口加热单管集油流程"，随着马岭油田"井口不加热单管集油流程"的试验成功，这一简单、经济且适用的流程就成为低渗透油田油气集输工艺的基础流程。随着科学技术的进步，在不加热集油流程的基础上，针对油田开发特点、自然地理环境等各方面因素，通过借鉴、继承、完善、创新、发展及不断优化和技术集成，逐步形成了 4 种典型的集油流程，即：①单井单管不加热集油流程；②多井阀组双管不加热集油流程；③丛式井双管不加热集油流程；④丛式井单管不加热集油流程。

长庆油田采用的这 4 种集油流程的共同特点是不加热集油流程，这是通过长期的生产实践加试验确定的。长庆油田在 1970 年开始在鄂尔多斯盆地进行了大规模的石油勘探会战，1971 年在马岭油田中区正式进行了地面生产工艺流程的试验。开始是采用井口加热的单管集油流程，这在当时是国内油田常用的生产流程。随着 1974 年单管不加热集油流程在马岭油田试验获得成功，在长庆油田后续的开发一直延续了不加热集油流程，包括之后的延长油田，从而在整个鄂尔多斯盆地推广开来。

丛式井单管不加热集油流程是基于功图法油井计量技术进行创新的一种集油流程，其核心就是将油井计量从站内移至井口，改站内集中计量为井口分散计量，取消了丛式井组至计量站场的单井计量管道，使每个丛式井组集油管道由 2 条变为 1 条。其流程原理如图 3-3 所示。

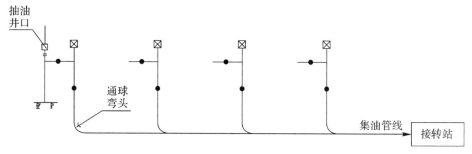

图 3-3　丛式井单管不加热集油流程原理图

　　功图法量油技术的应用,简化了单井计量工艺,省去了单井计量所需的设备及相关管汇,集油流程中便少了油井产物计量工艺内容,丛式井至集油站场成为单一的气液收集过程,因而集油系统优化难度相对减小。

　　丛式井单管相比双管集油流程来讲,因不会存在油井计量时井口及站场复杂的流程切换、管理难度大等问题,就可以因地制宜地采用树枝状串接集油,这样不但能最大限度地节省集油管道,而且在同管径、相同集油半径的情况下比一个井组单独进站井口回压要低。这主要是树枝状串接集油增加了管道流量,使介质流速增大,剪切速率提高,原油低温流动条件得以改善的结果,也符合含蜡原油低温输送时输量大压降反而小的特性。

　　丛式井单管不加热集油流程的最大优点是油井采出物流在井场就全部集于一起输送,由于丛式井每口油井的间距一般仅为 5 m,各井的井口回压差别较小,因此井口回压就可视为集油管道总流量下所形成的压力。在确定的回压下,只要管径选择合理,集油管道总流量的增加就可以使集油距离有效延长,接转站场数量也相应减少。在集油系统布局时,要详细结合油井产量、丛式井油井数量、地形地貌,充分利用含蜡原油低温流动特性,优化布站尽量减少接转站数量。

　　随着钻井工程及计算机技术的发展,丛式井钻井开发方式、油井计量技术革新对鄂尔多斯盆地低渗透油田集油流程的发展起到了决定性作用。伴随着丛式井单管集油、树枝状串接集油、区域增压混输集油等集油技术的发展,集输系统布站方式也不断优化。在集油条件较优的情况下,一般不采用三级布站,二级布站和一级布站成为主导布站方式。

　　鄂尔多斯盆地单井产量较低,平均为 3～5 t/d,经实践证明:单井出油管道采用 DN50 管径就能够较好地适应不加热集输;丛式井至站场的集油管道管径也不宜过大,经现场实践一般以 DN50、DN65 为宜。9 口井以上的大井组集油管径需根据油井总产量、回压等因素确定。根据低温含蜡原油的剪切稀释原理,集油管道采用较小管径,可以增大流速、提高原油在管道中的剪切速率、增强对蜡晶网络结构的破坏能力、降低原油的表观黏度,改善原油的低温流动性,进而延长集油半径。油井产出物至集油站场主要依靠井口回压进行输送。另外,地形高差所形成的势能也要有效利用,以达到尽量延长集油半径、减少布站数量的目的。因此,在集输系统布局时,要综合考虑井场与站场的地势条件,尽量将增压点、接转站等集输站场布置在所辖油井区域地势相对较低的地方。

四、伴生气集气流程

油田伴生气是一种伴随原油从油井中逸出的天然气,主要成分是甲烷、乙烷等低分子烷烃,还含有相当数量的丙烷、丁烷、戊烷等,可用于生产液化石油气,也可用作燃料或化工原料。

(一)油井套管气生产过程

油井套管气生产过程示意图如图 3-4 所示。油田油井套管气属于油田伴生气,它占了油田伴生气总量的 50% 以上。在原油开采过程中,不同的油层具有不同的原始油气压力 p_1。一定的油气量经过油层以及压力砂层渗透到套管内,克服流动阻力后的剩余压力为 p_2。在一定的油层结构中,不同的油量其流动阻力也不同,所以 p_2 随着采油量的大小也将变化。采油量越大则剩余压力 p_2 就越小。

在一定的采油量下,只要地层原始油气压不变,则 p_2 就是一个定值,此时若关闭套管气放空阀,套管内气压 p_3 就会逐渐上升,同时动液面逐渐下降。

当 p_3 升高到大于输油管井口回压 p_4 时,如果动液面的下降并没有影响到套管内原油正常通过底阀进入油管向外输油,套管气就可通过定压阀直接进入输油管道,随原油一起向下游输送。

$$p_2 = p_3 + H\rho g \qquad (3-1)$$

式中:p_3——套管内气压,N;

H——套管内原油动液面的高度,m;

ρ——原油的密度,kg/m³;

g——重力加速度,9.81 m/s²。

定压阀采用可设定阀前压力的自立式调压阀,使套管内气压恒定保持在一个略高于井口回压的定值,保持套管气的输送量与套管气产生量平衡,以保证油气混输的稳定性。

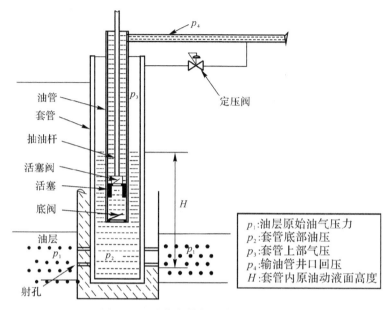

图3－4　油井套管气生产过程示意图

如果套管气在输入输油管之前,整个下游油管内已充满原油,那么随着套管气的进入,由于气体占据较大体积,增大了管道内原油的流动速度,因此,井口回压将有所增加。当油气混合物布满下游管道时,由于管内介质黏度的大幅度下降,管流速增加,因此一般井口回压较纯原油输送将有所下降。将套管气管路上的安全阀性质的定压阀改设为能自动调节稳定阀前压力(套压)的自力式调节阀,可使得套管气连续均匀地输入输油管内,将有助于改善流动状态,降低回压。

(二)井口伴生气集气技术

当油井套管压力高于集油管井口回压,也不影响油井产量时,可采用定压阀、止回阀、差压放气阀等设备将套管气压入集油管输送至下游站场进行回收利用。

1.定压放气阀套管气集气技术

定压放气阀安装在套管与单井出油管道之间,在套管压力超过设定压力后,定压阀打开,套管内伴生气进入油井出油管道。定压放气阀的压力设定值根据油井回压设定。套管气定压回收技术原理如图 3-5 所示。套管气定压回收工艺就是以尽可能不影响油井产量为前提,通过设定合理的套压定值,达到有效回收套管气的目的。

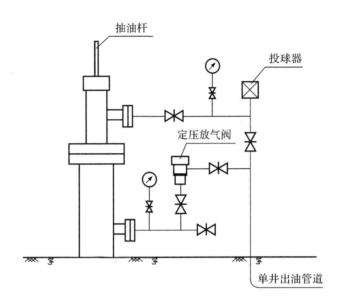

抽油杆

投球器

定压放气阀

单井出油管道

图 3-5　套管气定压回收技术原理图

套管气定压回收技术是一种工艺简单、运行平稳、投资最省、易操作、维护方便的技术,并可通过定压放气对管道进行不停井吹扫,容易实现数字化井场无人值守。目前鄂尔多斯盆地大部分低渗透油区采用定压阀回收套管气。

2.压缩机增压混输回收套管气技术

针对低渗透油田的大部分井场套管气,除了距离增压点较近可敷设集气管道外,更有效的集气手段还是采用小型压缩机直接将套管气增压后进入集油管道进行混输。

小型压缩机可选的机型有活塞式、双螺杆机型和同步回转压缩机机型。根据油井的实际生产特点,以及套管气的波动规律,能够带液运行、振动小可变频调节气量的转子型压缩机适合于套管气的增压集气。活塞机式型由于机器结构复杂、不能带液、易损件更换频繁及气量调节能力差等原因,未得到规模推广。

3.游梁式套管气增压回收装置

游梁式套管气增压回收装置安装在抽油机的游梁部位,为单缸单作用结构,与打气筒类似,压缩后的套管气进入集油管道进行输送。

对于一些开发时间较长且放空套管气较少的井场,可以采用在某一台抽油机上安装游梁式套管气回收装置,实现伴生气回收。

(三)站场集气工艺

采用井口套管气定压阀或增压机混输集气,中间站采用油气混输或油气分输等工艺将伴生气输送至联合站。

伴生气集气总流程如图3-6所示。

图3-6 伴生气集气总流程

油气混输:采用单独的混输泵或输油泵加压缩机模式输送原油、伴生气、采出水三相介质,采用一条外输管道,管内流态为多相流动。

油气分输:采用技术成熟的高效离心泵输或螺杆泵集油,通过站内密闭容器的自身压力或增压实现气体单独输送,需敷设两条外输管道。

伴生气被油气混输至站场后,在站内通过气液分离集成装置将伴生气分离出来,然后将伴生气通过空冷器冷却分液后通过集气管道输送至联合站处理。伴生气集输以低压集气为主。

联合站内三相分离器密闭脱水、油罐烃蒸气回收(俗称大罐抽气)、原油稳定等工艺实现井口——联合站集输流程的全过程密闭。分出的伴生气除满足集输站场原油外输升温、站内自用热负荷外,剩余伴生气输往天然气处理厂进行集中处理。

五、油气处理

油井采出物是油、气、水等多种形态物质的混合物,为了得到合格的石油产品,必须对油和气进行处理。油气处理的第一步要进行油、气分离,分离以后再对得到的含水原油和伴生气分别进行处理,对含水原油需经过原油脱水、稳定后方可外输,对伴生气则需对其中的凝液进行处理并回收,处理合格的干气可作为燃料气使用或外输。

油气处理是油气集输的中间环节,一般在油田终端站场完成,如联合站、集中处理站等场所完成。油气处理是油气集输过程中需要较多工艺技术及设备的过程,针对不同物性油气,使用不同工艺流程及处理设备。下面对油气处理的各环节做一简要介绍。

(一)气液分离

原油和伴生气的主要成分都是烃类化合物。在一定温度、压力下,它们混合在一起,在合适的温度、压力下又会分离开来,在站场对气液进行分离和处理。在油田实际生产中,经常在分离器内进行气液分离。

气液分离工艺流程是:来油经过加热后,进入气液分离器进行分离。通过气液分离器后,含水原油进入下一级处理设备,进行原油脱水。伴生气则进入伴生气凝液回收装置将伴生气中凝析油、水蒸气等不符合商品天然气质量技术要求的组分除去。

(二)原油脱水

原油含水是油田生产的正常状态和普遍现象,各类油田几乎都要经过含水开发的过程,因此水和原油如影相随,但水对原油集输危害极大:原油中的水不但增加处理和输送过程中的动力、热力消耗,还加剧金属管路及设备的腐蚀;水中的泥沙和碳酸盐会磨损设备并在设备中结垢;等等。因此原油脱水是必需的一个过程,脱水的过程实际上也是脱盐、脱机械杂质的过程。

目前,常用的原油脱水方法有沉降分离脱水、化学破乳脱水、电破乳脱水。其中,沉降分离脱水是利用水重油轻的原理,在原油通过一个特定的装置时,使水下沉,油、水分开。这也是所有原油脱水的基本过程。化学破乳脱水是利用化学药剂,使乳化状态的油水实行分离。化学破乳是原油脱水中普遍采用的一种破乳手段。电破乳脱水用的是高强度电场,有交流电,直流电、交-直流电和脉冲供电等数种。其基本原理是通过电离子的作用,促使油、水的分离。

目前,脱水流程可分为两类:一类是开式脱水流程,一类是密闭脱水流程。开式脱水流程运行比较可靠,自动化水平要求不高。但流程中均设有沉降脱水罐,导致油品蒸发损耗多,脱水设备占地大,运行效率低;密闭脱水流程简单,占地小,投资少,油气蒸发损耗小,能避免乳化液老化,有利于实现自动化控制等优点。但运行参数的相互影响大,对自动化水平的要求高,在来液不稳定的情况下容易产生不合格原油,需要二次脱水。

（三）原油稳定

未稳定原油在储存和运输的过程中，由于 $C_1 \sim C_4$ 的蒸发并携带了大量 C_5 以上的原油组分，造成原油的蒸发损耗，既浪费能源又污染环境，还给安全生产带来隐患。原油稳定是从原油中把轻质烃类（如甲烷、乙烷、丙烷、丁烷等）分离出来并加以回收利用，降低原油蒸发损失的工艺过程。

原油稳定是减少油气蒸发损耗的治本办法，通过原油稳定能够大幅减少甲烷和 VOCs 挥发，有效降低蒸发造成的损耗。经过稳定的原油在储运中还需采取必要的措施，如密闭输送、浮顶罐储存等。

原油稳定具有较高的经济效益，可以回收大量轻烃作化工原料，同时，可使原油安全储运，并减少了对环境的污染。从原油中分出的溶解气，经回收加工，是石油化工的重要原料，也是清洁燃料。因此，原油稳定是节约能源和综合利用油气资源的重要措施之一。

原油稳定一般有以下 4 种：

（1）负压闪蒸稳定法。原油经油气分离和脱水之后，再进入原油稳定塔，在负压条件下进行一次闪蒸脱除挥发性轻烃，从而使原油达到稳定。负压分离稳定法主要用于含轻烃较少的原油，鄂尔多斯盆地的低渗透油藏基本采用该工艺。

（2）加热闪蒸稳定法。这种稳定方法是先把油气分离和脱水后的原油加热，然后在微正压下闪蒸分离，使之达到闪蒸稳定。

（3）分馏稳定法。经过油气分离、脱水后的原油进入分馏塔进行稳定，这种方法称为分馏稳定法，主要适用于含组分较多的原油。

（4）多级分离稳定法。此稳定法运用高压开采的油田。一般采用 3～4 级分离，最多分级级达 6～7 级。

稳定方法的选择是根据具体条件综合考虑，需要时也可将两种方法结合在一起使用。对于不宜进行原油稳定的场合，可以选用油罐烃蒸气回收工艺。油罐烃蒸气回收（俗称大罐抽气）不是原油稳定的方法，而是作为降低油气损耗的一种措施，也是作为密闭储存的手段。结合原油组分、产量及当地气温情况，若采用烃蒸气回收以后的原油能够满足储存要求，也可不再进行稳定。

六、伴生气凝液回收

低渗透油田伴生气含较多的中间和重组分，一般需回收凝液后才能达到商品天然气的品质要求。伴生气除主要成分是甲烷外，通常含有大量的乙烷和更重烃类。

凝液回收就是指将乙烷、丙烷、丁烷和更重烃类以凝液形式从伴生气中分离回收。伴生气凝液回收方法可分为吸附法、吸收法及冷凝分离法 3 种。

回收凝液后的气体称为干气,一般均符合商品天然气的质量要求,可以销售作为城镇燃气。回收的 NGL 经过分离和稳定后,可提供乙烷、丙烷、液化石油气(LPG)和天然汽油等产品,也可以将回收的 C_4 以上的混合液注入原油中一同销售。

七、典型站场

低渗透油田典型站场是油气集输过程中完成油气井产物收集、处理及输送等不同生产功能的场所,它包括井场和储油库在内以及两者之间所有的有关油气收集、处理、输送功能的站场。

油气集输站场的建设规模应根据单井原油日产量、含水率、所辖生产总井数、油田开井率或年生产天数确定。油气集输站场及相应管网构成了油气集输系统,集输系统的建设规模是根据油田开发设计的要求确定的,每期工程适应期应与油田调整改造期协调一致。

(一)站场类型

根据集输流程的主要功能划分,油田油气集输系统所包含的典型站场可划分为采油井场、中间接转站、集中处理站(联合站)、储油库等 4 种。中间接转站场的种类较多,有为专门计量单井产量而设的计量站,有主要为来液(原油与采出水混合物)加热、加压而设置的接转站,还有为处理高含水原油而设置的放水站,各个油田根据其实际需求设置。在油田开发建设的实践中,往往不是单独地按照基本的集输流程建站,而以油田实际需要建设站场内容,将多种生产功能组合到一个站场中,如计量接转站、脱水转油站、接转注水站等,站场的名称主要根据其主要功能确定。

(二)具体典型站场

低渗透油田集输站场种类较多,而因应用广泛而较为典型的集输站场有采油井场、计量站、接转站、联合站和增压点(含油气混输一体化装置等)。

1. 采油井场

采油井场是油气集输的起始点,是最基础的油田生产场所之一。按钻井方式有单井井场和丛式井井场两种;按采油方式有自喷井场、机械采油井场、气举采油井场、蒸汽吞吐采油井场等。

鄂尔多斯盆地采低渗透油田井场多为机械采油的丛式井井场,少数采油井在初期为自喷井,但开采时间不长均转为机械采油井。

采油井场由井口装置和地面工艺设施组成,其生产流程要根据采油方式、油层能量大小、产液量大小、产出物物性、自然环境条件确定,其主要功能为控制和调节油井产量及完成油井产出物的正常集输。

采油井场的工艺流程应满足采出液温度、压力等工作参数的测量、井口取样、油井清蜡及加药、井下作业与测试、关井及出油管道吹扫等操作要求。图3-7为采用丛式井单管不加热集油流程时的采油井场原理工艺流程图。

丛式井井场所有油井的出油管道串接在一根集油管道上,油井采出物通过自动投球装置后至相应集输站场。自动投球装置定时投放清蜡球,在油井采出物的推动下清除集油管道内壁的结蜡;所有油井的套管气汇集在一起,通过定压阀控制进入集油管道,完成套管气的回收利用。

采油井场建设规模与井场布井方式、油井产量、采油及集油方式、自然环境等因素有关,建成的井场除了能满足正常集输生产的需要外,还应能满足油井修井作业、环境安全等要求。近年来,低渗透油田趋向于采用丛式井钻井技术进行油田开发,虽然单个井场建设面积增大,但相比单井开发综合用地减少。

当采油井距下游站场较远或井站高差较大造成集油困难时,采用井场拉油或井场增压时,采油井场需考虑拉油或增压设施有足够的建设场地,且应满足安全防火及采油井日常生产管理作业等要求。

采油井场出油管道管径,需根据油田开发设计提供的油井产量、气油比、原油含水率以及集油方式、进站温度和压力确定。

2. 计量站

计量站承担的主要任务是对所辖每口油井的气、液日产量进行周期性的轮换计量。

计量站采用的计量方式主要有两种,一种为应用比较普遍的气、液两相计量,一种为油、气、水三相计量。采用两相计量时,日产油量和日产液量不能直接计量得出,而是需要对所计量油井的产出液进行含水化验,根据含水率计算求出;采用三相计量时,可直接计量出油、气、水的日产量。

计量站的工艺流程与集油方式、油井生产状态、管辖油井的数量、计量方式有关。当油田的集油方式为掺热水集油时,在计量站还要考虑供掺热水的分配阀组,以便于向所管辖的油井分配和输送热水。

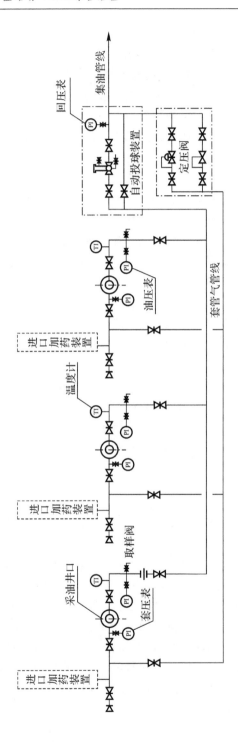

图 3-7　丛式井采油井场原理工艺流程图

　　通过切换计量站选井总机关的相应阀门,周期性地轮流计量所辖每口油井的产液量。单井计量时,油井产出物先通过套管换热器加热,以降低原油黏度、加快气体逸出速度,使采出物在双容积自动量油分离器中实现较好的气、液分离,分离出的伴生气一般作为本站燃料,分离出的液流进入双容积自动量油分离器的计量室,通过"单井计量自动控制仪"对三通电磁阀、齿轮油泵的工作过程控制,完成油井产液的自动计量。计量后的单井液通过齿轮泵增压汇入计量站其他油井采出物的集油管道中输至接转站或联合站。计量站还具有加破乳剂和接收井场出油管道所投清蜡球等功能。图 3-8 为采用双容积自动量油分离器计量技术的计量站工艺流程图。

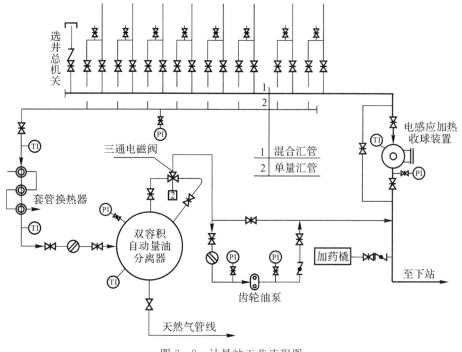

图 3-8　计量站工艺流程图

　　计量站的建设规模与其所管辖的采油井井数有关,所管辖的采油井井数与开发井网密度、油井产量计量周期、油井产量、集油半径等有关。一般情况下,一座计量站通常管辖 8～30 口油井。

　　随着功图法量油技术在鄂尔多斯盆地低渗透油田的成熟应用,传统的油井集中计量方式已经变革为油井分散计量方式,即油井产量计量直接在每口油井上进行,因而单纯的计量站在鄂尔多斯盆地内油田已不存在。

3. 接转站

当油井采出物依靠井口回压不能满足设计条件下集油系统的压力降要求时,一般需设置接转站增压输送至联合站,因此,接转站是为油井采出物增压输送的泵站,多采用气、液分输。随着气液混输工艺技术的不断成熟,可以简化接转站工艺流程、减少设备投资、节约占地、降低综合能耗等。

采用气液分输时,汇集于接转站的油井采出物先进行气液分离,液体通过输油泵增压输送至联合站,气体一般靠自压输送至联合站或处理厂,当自压能量不能满足时需设置压缩机;采用气液混输时,汇集于接转站的油井产出物就减少了气液分离环节,直接通过混输泵外输。

接转站是油气集输系统的骨架站场,其工艺流程与油田所采用的集油流程密切相关,如采用井口掺液双管或热水伴热三管集油流程时,接转站除完成液流增压输送外,还承担热水提供功能。接转站的工艺流程应在保证完成本站所承担的各项工艺任务的前提下,尽可能地实现密闭油气集输,降低油气损耗。

接转站接收就近井场及增压点所汇集的油井采出物,先经电感应加热收球装置后至加热炉升温,然后进入分离缓冲装置进行气、液分离及液流缓冲;分离出的天然气经分离缓冲装置上的空冷器、分气包进行冷凝及气液二次分离,冷凝液流返回分离缓冲装置,二次分离出的伴生气作为加热炉燃料,富余部分计量后外输;分离出的液体经输油泵增压、加热炉加热、流量计计量、含水在线分析后输至联合站。图 3-9 为油气分输接转站工艺流程图。

接转站的建设规模与油田开发条件、集油方式、油井产量、所处自然环境等因素有关,应在区域集输总体布局优化的基础上进行确定。接转站一般转输含水原油,因此,其建设规模指的就是转输液量的能力。转输能力应为所辖油井总产液量及上游站场来液量的最大量之和,低渗透油田接转站规模一般为 300~1 000 m³/d。

4. 联合站

联合站是对油田生产的原油、天然气和采出水进行集中处理的站场。通常将原油进行脱水、稳定等处理后的净化油量称为联合站的规模,一般根据所开发区块的产能规模确定,遵循"区域集中、就地处理、就地利用"的原则,目的是便于采出水就地利用、缩短集油中转站场至联合站的含水原油输送距离以节约输送能耗。

联合站的主要任务是将收集来的油井采出物集中进行综合性处理,从而

获得符合产品标准的原油、天然气、稳定轻烃、液化石油气和可回收利用的采
出水等,往往是某一油田的核心站场。其主要功能包括气液分离、原油处理
(包括脱水和稳定)、天然气处理(包括脱水及凝液回收)、原油储存及外输、油
田采出水处理与利用,以及供热、给排水、消防、供配电、通信、自动控制等生产
辅助功能。

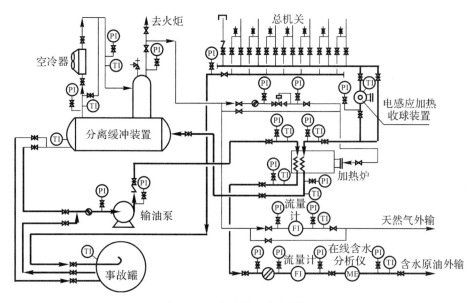

图 3-9　接转站工艺流程图

　　井场、增压点及接转站所集的油井产出物在联合站汇合后,进入加热炉升
温。正常生产状态下,进入三相分离器完成油、气、水分离,操作温度一般为
50~60 ℃;分离出的原油去稳定装置,从原油中脱出轻组分、降低原油蒸气
压,使原油在常温、常压下储存时蒸发损耗减少,稳定后的原油进入净化油罐,
经加压、加热、计量后外输;分离出的天然气进入气液分离器进行二次分离后,
一部分作为加热炉燃料,其余进入凝液回收系统或者外输,加热炉燃料也可利
用从凝液回收系统来的干气;分离出的采出水进入采出水处理系统。联合站
工艺流程如图 3-10 所示。

　　当油田生产条件改变影响三相分离器脱水效果时,可选择大罐溢流沉降
脱水,或实施三相分离器与大罐溢流沉降二级脱水生产流程,并辅以烃蒸气回
收(俗称大罐抽气)工艺,使流程的密闭性得到改善,有效利用油罐烃蒸气,减
少大气污染、改善环境、降低站场安全隐患。

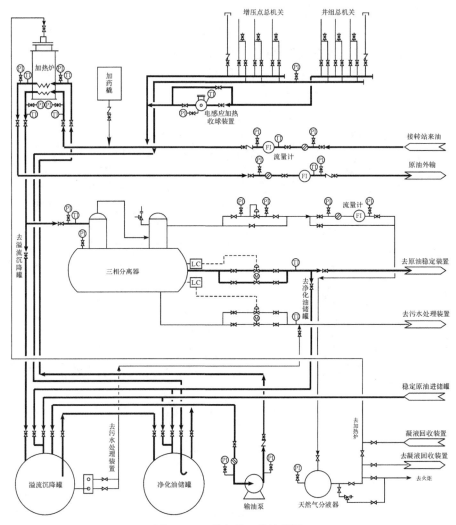

图 3-10 联合站工艺流程图

联合站工艺系统多，流程较复杂，其中气液分离与原油脱水是最主要的工艺内容，这些工艺应用效果好，就可以为后续如原油稳定、天然气处理、采出水处理等工艺的优化奠定良好条件，国内各油田联合站生产工艺流程的区别主要在于原油脱水工艺环节。

目前，我国各油田常用的脱水工艺主要为沉降脱水、电脱水、电化学联合脱水 3 种。在 2003 年前，鄂尔多斯盆地低渗透油田普遍采用简单、经济、实用的热化学沉降脱水工艺,脱水设备一般为溢流沉降罐。近几年,通过对三相分离器设备针对性地改进以及化学破乳技术的提高,三相分离器推广应用,流程得以密闭,联合站相关工艺设备相应减少。目前的联合站典型工艺突出了原油脱水工艺流程现场工况的适应能力,可单独实现三相分离器或大罐溢流沉降脱水,也可以实现三相分离器与大罐溢流二级沉降脱水。当采用三相分离器脱水时,溢流沉降罐可作为净化油储罐;当采用溢流沉降罐脱水时,三相分离器可作为备用。该工艺流程相对操作灵活,基本可较长时间适应低渗透油田生产条件改变时原油的达标脱水。

5. 增压点

增压点是鄂尔多斯盆地长庆油田独有的一种站场类型,主要解决偏远、地势较低以及地形起伏较大等困难条件下的井场集油问题,目的是使这些困难条件下的井场最大限度地能够实现流程化密闭集油。另外,利用增压点还可以降低井口回压、延长集油距离,进而优化集油系统布站方式、减少接转站等大站布站数量、减少集油系统综合投资。

增压点较接转站功能单一、占地少,是一种小型站点,一般依托丛式井井场建设,多采用气液混输,站内主要设备是分离缓冲装置和油气混输泵等。

各井组来的油井采出物流经总机关汇集后,经电感应收球装置,进入加热炉升温至 15～20 ℃,然后进入分离缓冲装置。正常状态下,分离缓冲装置的气液界面始终处于一种动平衡状态,在缓冲作用下,液流从气液界面附近均匀地进入气液进泵主管,分离出的气体一部分作为加热炉燃料,其余与液流一起通过气液进泵主管被吸入泵腔。当气流过大时,控制系统自动调节进液量调节阀为泵进口补液;当液位降低时,液位检测控制系统自动控制回流阀,回流罐中的液体回流至分离缓冲装置,恢复正常的操作液位,确保进液率满足螺杆泵的正常运行。最后气液混合物流通过混输泵增压进入加热炉升温输至接转站或联合站。采用油气混输工艺的增压点工艺流程如图 3-11 所示。

随着低渗透油田开发技术的快速迭代、发展,大量建设的增压点存在占地大、设备采购种类多、建设速度慢等诸多问题,一种集来油加热、变频混输、缓冲、分离、自动控制等基本功能为一体的油气混输一体化装置应运而生,增压点内单一的缓冲、加热、增压等设备被代替。

油气混输一体化装置主要由装置本体、混输泵、控制系统、阀门管道及橇座等组成,置集原油混合物加热、分离、缓冲、增压、自控等功能为一体,减少了中间环节,可实现无人值守,定期巡护,并且减小了征地面积及缩短了工程建设周期,为低渗透油田地面工程进一步优化工艺流程和实现一级半布站模式提供了条件,如图 3-12 所示。

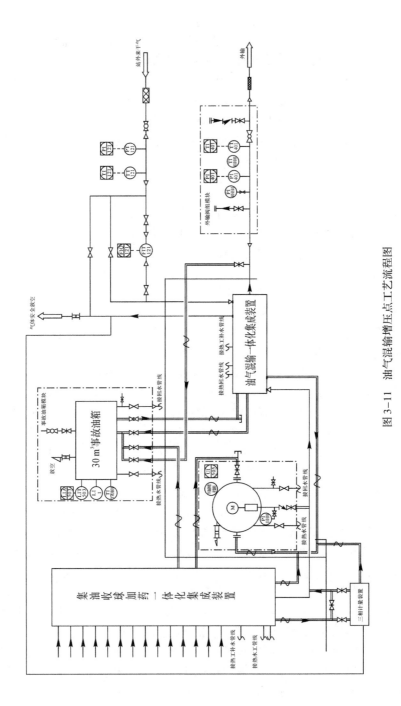

图 3-11 油气混输增压点工艺流程图

图 3-12　油气混输一体化装置外观图

第三节　低渗透气田及典型站场

一、气田基本情况

低渗透气藏几乎存在于所有的含油气区,最早于 1927 年发现于美国的圣胡安盆地,我国自 1971 年发现川西中坝气田之后,也逐步系统地开始了对低渗透气藏领域的研究。

中国已发现低渗透气藏主要分布于鄂尔多斯盆地、四川盆地和塔里木盆地等盆地,气藏类型多属于大面积岩性气藏,具有连通性差、非均质性强、井控储量少、单井产量低、压力下降快、稳产时间短、经济效益差的特点,开发难度较大。从 2000 年开始,随着鄂尔多斯盆地苏里格气田的发现,针对低渗透砂岩气藏的开发开展了一系列开发技术的攻关试验,探索适用于苏里格地质特点的多项开发配套技术,实现苏里格气田的规模有效开发,同时带动了鄂尔多斯盆地榆林和四川盆地须家河组等类似气藏的开发。

二、地质特征

(一)低渗透气藏储集层特征

相比常规气藏,低渗透气藏储集层具有以下特征:

(1)非均质性强。物性的各向异性非常明显,产层厚度和岩性都不稳定,很短距离内就会出现岩性、岩相变化甚至尖灭,以至在井间较难进行小层对比。

(2)低孔低渗。低渗致密砂岩受后生成岩作用影响明显,它以次生孔隙为主,并且往往伴随着大量的微孔隙,具有孔隙连通但喉道细小的特征,一般喉道小于 $2\ \mu m$。泥质含量高,并伴生大量自生黏土。

（3）含水饱和度高。低渗透气藏储层的毛细管压力高,从而导致地层状态下含水饱和度较高。含水饱和度增加导致气体相对渗透率大幅度下降,而水的相对渗透率也上不去,岩石一般为弱亲水到亲水。

（二）上古生界气藏和下古生界气藏地质特征

以鄂尔多斯盆地为例,盆地中下组合发育以苏里格气田为代表的上古生界气藏和以靖边气田为代表的下古生界气藏。

1.上古生界气藏地质特征

已探明的上古生界大型气藏属于岩性气藏,包括苏里格、榆林、子洲、神木等气田,其中苏里格气田是我国陆上第一大气田。上古生界气藏特征如下:
（1）烃源岩发育,成熟度高,广覆式生烃,就近运聚。
（2）储集空间大,砂岩分布叠加连片。
（3）生储盖配合条件好,发育自生自储、下生上储等多种组合类型气藏。
（4）沉积和成岩作用共同造成有效储层连通性差。
（5）在整体低渗透的背景下发育高渗富集区带。

2.下古生界气藏地质特征

下古生界气藏主要发育在中奥陶世沉积的海相碳酸盐岩中,特征如下:
（1）在纵向上构成蒸发岩与碳酸盐岩间互的旋回性沉积,即"三云三灰"。
（2）构造运动致使古岩溶作用发育,造就大型古地貌气藏。
（3）气藏富集区与奥陶系古沟槽展布密切相关。
（4）沉积环境决定储集层薄而展布稳定。
（5）在西倾大单斜的平缓构造背景上发育小幅度构造。
（6）小幅度构造高点区域往往是气井高产的有利区。

三、开发特点及主体技术

结合储集层特征,低渗透气藏开发需要掌握深度压裂和分层压裂改造技术、蒸汽吞吐技术、排水采气技术、多孔介质油气体系相态分析技术、裂缝识别和监测技术等关键技术,整个开发过程具有以下特点:
（1）单井控制储量和可采储量小,供气范围小,产量低,递减快,气井稳产条件差。

（2）气井的自然产能低，大多数气井需经加砂压裂和酸化才能获得较高的产量或接近工业气井的标准。投产后的递减率高。

（3）气藏内主力气层采气速度较大，采出程度较高，储量动用充分，非主力气层采气速度低，储量基本未动用，若为长井段多层合采，层间矛盾更加突出。

（4）一般不出现分离的气水接触面，储集层的含水饱和度一般为30%～70%，因此井筒积液严重，常给生产带来影响。

（5）气井生产压差大，采气指数小，生产压降大，井口压力低，可供利用的压力资源有限。

（6）由于孔隙结构特征差异大，毛管压力曲线都为细歪度型，细喉峰非常突出，喉道半径均值很小，使排驱压力很高，也存在着"启动压力"现象。

在我国低渗透砂岩气藏和海相碳酸盐岩低渗透气藏有效开发过程中，分别形成了各自的主体技术、特色技术和适用的配套技术体系，主要如下。

（一）低渗透砂岩气藏开发

（1）高精度二维地震技术；

（2）富集区筛选、井位优选技术；

（3）快速钻井及小井眼钻井技术；

（4）适度规模压裂技术；

（5）井下节流技术；

（6）排水采气技术；

（7）分压合采技术；

（8）地面不加热、低压集气、混相计量技术。

（二）海相碳酸盐岩低渗透气藏开发

（1）缝洞识别与刻画技术；

（2）超深井钻完井技术；

（3）水平井、侧钻水平井技术；

（4）碳酸盐岩注水替油技术；

（5）找、堵水工艺技术；

（6）超深井酸化压裂技术；

（7）超深井稠油举升技术。

四、典型站场

以鄂尔多斯盆地低渗透砂岩气藏和海相碳酸盐岩低渗透气藏开发过程为例,在地面集输工艺不断完善后形成的典型站场,主要包括集气站、处理厂和净化厂等。

(一)集气站

1.靖边气田

2020 年及以前,鄂尔多斯盆地靖边气田地面集气工艺以"高压集气,集中注醇,多井加热,间歇计量,小站脱水,集中净化"为技术核心,采用"三多、三简、两小、四集中"为特点的地面建设模式。由于靖边气田为含硫化氢气田,因此地面集输系统从井口、采气管线、集气站、集气支线、集气干线到净化厂等均应考虑采用抗硫措施。

从 2021 年开始,靖边气田采用了"井下节流、井口带液计量、井间串接、中压集气、常温分离、三甘醇橇装脱水、井口注醇"的中压集气工艺路线,站场全部采用数字化、橇装化模式建设。数字化集气站相对常规集气站,实现了"定期巡检、远程监视、紧急关断、人工恢复、智能安防"的功能,站内无常住人员,主要依托中心站人员进行监视管理。

靖边气田集气站也适用于其他区块含硫下古气藏区域高压集气工艺,如苏里格气田东区、苏里格气田南区等下古集气站建设模式。

靖边气田集气站的主要设备包括加热炉、计量分离器、生产分离器、含硫天然气集气一体化集成装置、采出液缓冲罐、甲醇罐、注醇泵、脱水橇、放空火炬和仪表风系统。

2.榆林气田

榆林气田从 2001 年开始试采,开发初期地面集气工艺充分借鉴了靖边气田的高压集气工艺,形成了独具榆林气田特色的"节流制冷、低温分离、高效聚结、精细控制"为主体的低温工艺技术。

从各气井开采出的高压天然气在井口注入甲醇,通过采气管线进入集气站。在集气站天然气节流后进入分离器,经过低温气液分离后进入气液聚结器精细分离,经过计量外输进入集气干线输往天然气处理厂。

开发中期随着地层压力能的降低,进站压力接近外输压力,集气站内按常温集输工艺进行生产,停用加热炉和站内节流功能,实现常温集输。

3.子洲气田、米脂气田老区

子洲气田、米脂气田老区地面集气工艺采用以"多井中压集气、多井集中注醇、多井加热节流、多井轮换计量、常温高效分离、湿气气相集输"为特点的地面建设模式。

从各气井开采出的高压天然气在井口注入甲醇,通过采气管线进入集气站。在集气站天然气节流至 6.2 MPa 进入分离器,集气管道湿气气相输送,天然气通过集气支线进入集气干线输往天然气处理厂,天然气在处理厂集中脱水、脱烃后进入外输管道。

4.苏里格气田、神木气田、宜川气田、米脂气田新区

苏里格气田、神木气田、宜川气田、米脂气田新区集气工艺采用"井下节流,井口不加热、不注醇,中低压集气,带液计量,井间串接,常温分离,二级增压,集中处理"为核心技术的地面建设模式。采用中低压橇装数字化集气站。

苏里格气田以中低压集气站场为主,从各气井开采出的天然气以串接形式通过采气干管接入集气站,在集气站首先经过分离器分离,冬季经过压缩机升压后经计量外输进入集气支干线,夏季不经过压缩机直接计量后进入集气支干线,天然气最后通过集气支线进入天然气处理厂。

(二) 净化(处理)厂

一般情况下,天然气处理厂是指对天然气进行脱水、凝液回收和产品分馏的工厂,净化厂则是指对天然气进行脱硫、脱水、硫黄回收、尾气处理的工厂。

天然气净化(处理)一般包括预处理单元、脱硫单元、脱水单元、硫黄回收单元、尾气处理单元等,辅助生产设施包括硫黄成型及装车设施、污水处理装置、火炬及放空系统、厂区办公楼、中央控制室、分析化验室、维修设施、库房及门卫等,公用工程包括给排水系统、消防系统、循环水系统、锅炉供热系统、供配电系统、通信系统、厂外供水及加压站系统、空气氮气站、燃料气系统、全厂工艺及热力系统管道等。

鄂尔多斯盆地低渗透气田天然气净化厂主要用于下古天然气的净化处理,基本采用醇胺法脱硫脱碳、三甘醇脱水工艺,配套建设了硫黄回收装置及其他辅助及公用设施;天然气处理厂主要用于上古天然气的净化处理,先增压后净化,净化采用丙烷制冷的低温分离工艺,同时控制天然气的水、烃露点,同时配套建设甲醇回收装置、凝析油稳定装置、储运设施及相应的配套系统。

典型天然气净化厂的主要工艺流程如图 3－13 所示。

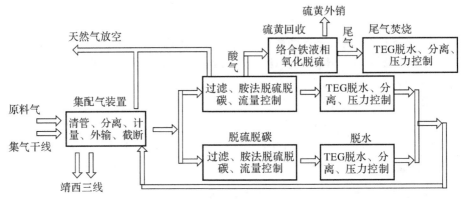

图 3 - 13　典型天然气净化厂工艺流程简图

注:TEG 为三甘醇。

第四节　低渗透油气田采出水处理系统

低渗透油田采出水中石油类是主要污染物,按照油组分在采出水中的状态可将其分为溶解状、分散状、乳化状和悬浮状。同时采出水中存在众多离子组分,主要包括 Ca^{2+}、Mg^{2+}、K^+、Na^+、Fe^{2+}、Cl^-、HCO_3^-、SO_4^{2-} 等离子。

一、采出水组成

油田采出水是一种含有固体杂质、液体杂质、溶解气体和溶解盐类的典型非均相流体,采出水水质随油气藏地质条件、原油特性等的不同不尽相同。

油田采出水中污染物可分为无机物、有机物和微生物。根据这些污染物质分散在采出水中杂质的基本颗粒尺寸可形成悬浮液、乳状液、微乳液、胶体溶液和真溶液 5 类。

(一)悬浮杂质

分散体微粒较大的一些胶体颗粒和悬浮颗粒统称为悬浮杂质,主要包括原油、悬浮机械杂质、微生物和有机物。

1.原油

原油以大小不同的油珠分散在采出水中。根据分散在水中的颗粒大小不同,可分为以下 4 种状态:

(1)浮油:粒径大于 100 μm 的油滴,此部分油组分很容易被去除,按斯托克斯公式计算,水中油珠粒径大于 100 μm 的油滴,上浮 200 mm 高度仅需要 1.4 min。

(2)分散油:粒径 10~100 μm 的油滴,此部分油在采出水中所占的比例一般为 40%~60%,比较容易被去除,而采出水中的分散油尚未形成水化膜,还有相互碰撞变大的可能,靠油、水相对密度差可以上浮去除。

(3)乳化油:粒径为 10^{-3}~10 μm 的油滴,此部分油在采出水中所占的比例一般为 10%~70%,变化范围比较大,与油站投加破乳剂的量有关。这部分油含量直接影响到除油设备的除油效率,仅仅靠自然沉降是不能完全去除的。

(4)溶解油:粒径小于 $10^{-3}\mu m$,不再以油滴形式存在,采出水中此部分油仅占总含油量的 1% 以下,不作为采出水处理的主要对象。

2.悬浮机械杂质

悬浮机械杂质采出水中分散体为机械杂质的悬浮物,常称为采出水中悬浮固体机械杂质。这些颗粒大部分构成水的浊度,少部分形成水的色度和臭味,其颗粒直径范围为 1~100 μm。悬浮机械杂质主要包括:

(1)泥沙:0.05~4 μm 的黏土、4~60 μm 的粉沙和大于 60 μm 的细沙等。

(2)腐蚀产物及垢:Fe_2O_3、CaO、MgO、FeS、$CaSO_4$、$CaCO_3$ 等。

3.微生物

采出水中常见的微生物是硫酸盐还原菌(SRB)、腐生菌(TGB)、铁细菌等,这些菌是由多数细菌连接而成单丝状,或具有短侧枝的丝状群体,称为丝状细菌。丝状菌一般宽度为 0.5~2 μm,长度因种类不同而异,硫酸盐还原菌(SRB)一般宽度为 5~10 μm,腐生菌(TGB)一般宽度为 10~30 μm。

4.有机物

油田采出水中存在的有机物组分复杂,水中原油就是各种烃类组成的有机化合物,如胶质、沥青质类和石蜡等重质油类。除此之外,有机物主要来源于油气集输、采油、井下作业工艺的需要,还以药剂形式向原油中投加各种有机物,如破乳剂、降黏剂、缓蚀剂、杀菌剂等。

5.色度

颗粒直径在 10^{-3}~1 μm 之间,在水中呈多种状态分布,主要由泥沙、腐蚀结垢产物和细菌有机物构成,物质组成与悬浮固体基本相似。这些物质主要构成水的色度。

(二)溶解杂质

溶解杂质是溶解于水中形成真溶液的低分子及离子物质,主要有溶解气体,阴、阳无机离子及有机物。

(1)无机盐类:基本上以阳离子和阴离子形式存在,其粒径都在 10^{-3} μm 以下,主要包括 Ca^{2+}、Mg^{2+}、K^+、Na^+、Fe^{2+}、Cl^-、HCO_3^-、SO_4^{2-} 等离子。

(2)溶解气体:如溶解氧、二氧化碳、硫化氢、烃类气体等,其粒径一般为 $3\times10^{-4}\sim5\times10^{-4}$ μm。

(3)有机物:如环烷酸类等。

二、采出水性质

(一)物理性质

1.密度

密度影响采出水密度的因素是水中溶解物质的含量、水的温度以及水所承受的压力,一般情况下随水温升高而降低,随含盐量的增多而升高。据相关数据,温度每变化 1 ℃,密度变化 0.000 2 g/mL;含盐量每变化 1 000 mg/L,密度变化 0.000 8 g/mL。

油珠自由浮升速度与油、水密度差成正比。在相同温度下,采出水所含溶解物愈多,水的密度愈大。在 20 ℃水温下,矿化度与水密度的关系见表 3-1。

表 3-1 采出水总矿化度与水密度关系表

总矿化度/(mg·L⁻¹)	密度/(kg·m⁻³)	总矿化度/(mg·L⁻¹)	密度/(kg·m⁻³)
27 500	1 020	83 700	1 060
41 400	1 030	93 400	1 070
55 400	1 040	113 200	1 080
80 400	1 050	128 300	1 090

如无实测数据,可按下式计算采出水的密度:

$$\rho_i = 1\,000 + 0.000\,8S - 0.000\,2(t-4) \tag{3-2}$$

式中：ρ_i——温度为 t、含盐量为 S 时采出水密度，kg/m^3；

　　S——采出水含盐量，1 000 mg/L；

　　t——采出水温度，$\geqslant 4 \, ℃$。

2.黏度

黏度是液体分子间的摩擦力，是液体层间相对运动时阻力大小的标志。黏度是导致水头损失的基本原因之一，受温度、溶解盐含量以及介质压力的影响。

（1）温度的影响。一般情况下，温度增高，黏度减小。某低渗透油田在不同温度下的采出水黏度见表 3-2。

表 3-2　不同温度的采出水黏度一览表

温度/℃	40	45	50	55	60	65
黏度/(mPa·s)	0.77	0.71	0.66	0.62	0.58	0.5

由于采出水水质的差异性，因此不同油田及区块其数值不同。低渗透油田采出水的黏度随着温度的升高，呈逐步缓慢下降的趋势。黏度越低，液体相对运动的阻力减小，有利于油水两相分离。

（2）溶解盐。一般情况下，溶解盐含量增高，黏度增大。某低渗透油田在不同含盐量下的采出水动力黏度见表 3-3。

表 3-3　不同含盐量下采出水的 20 ℃动力黏度一览表

含盐量(以 Cl^- 计)/(g·L^{-1})	0	4	8	12	16	20
20 ℃动力黏度/(mPa·s)	1.007	1.021	1.035	1.052	1.068	1.085

（3）压力。一般情况下：若压力增大，则分子间的距离减小，黏度增大；反之，若压力减小，则黏度减小。

3.表面张力和界面张力

两相间的交接处叫界面，有气相参与构成的界面称表面，界（表）面两侧由于分子作用力不同而形成界（表）面张力。油水表面张力是油田采出水十分重要的表面性质之一，是衡量采出水乳化程度的重要指标。张力越大，水中油粒越易于聚结。反之，越不易聚结。

低渗透油田采出水的表面张力，随水温升高而降低，随含盐量的增加而缓

慢增长。10～60 ℃范围内,采出水的表面张力为

$$f = 75.796 - 0.145t - 0.000\ 24t^2 \qquad (3-3)$$

式中:f——水的表面张力,mN/m;

t——采出水温度,℃。

(二)化学性质

自然界存在的水,化学性质极其稳定。水的这种稳定性和水有较大的偶极矩形成的极性,使它特别适于溶解许多物质。大多数矿物质溶于水,许多气体和有机物质也溶解于水。

1.各项物质的溶解度

(1)溶解气体。采出水中以溶解状态存在的主要气体有空气、氧、氮、二氧化碳、硫化氢、甲烷,1 个标准大气压下各种气体在水中的溶解度见表 3-4。

表 3-4　1 个标准大气压下各种气体在水中的溶解度

气体名称	溶解度/(mg·L^{-1})				
	30 ℃	40 ℃	50 ℃	60 ℃	70 ℃
空气	234	20.75	18.36	16.64	15.44
纯氧	33.61	28.79	26.05	22.84	20.81
纯氮	15.10	12.87	11.52	10.46	9.65
二氧化碳	1 184.90	919.32	730.36	591.67	502.01
硫化氢	2 792.21	2 203.56	1 789.35	1 483.29	1 236.64
甲烷	19.7	16.9	15.2	13.9	

同一气体在不同的温度、压力下,溶解度不同。压力不变时,温度越高,溶解度越小,沸点时多数气体在水中的溶解度为零;温度不变时,气体在水中的溶解度与该系统的压力成正比。水中含盐类的数量对气体的溶解度也有影响。一般是含盐量大时,气体的溶解度略有减小。

混合气体则同该气体的分压力成正比,气体在某温度下溶解度 S 与气体种类、分压 p_n 有关:

$$S = Kp_n \qquad (3-4)$$

式中:K——比例系数。

(2)溶解液体。由于水分子具有极性,故某种液体在水中的溶解度与其分

子的极性有关。如—OH 基(乙醇、糖类)、—SO$_3^-$ 和—NH$_2$ 的分子极性极强，很容易溶于水，而另一些非极性液体(碳氢化合物、四氯化碳、油、脂等)则很难溶解。

(3)溶解固体。固体在水中的溶解量一般随温度的升高而增加，但某些物质(如碳酸钙)则相反，碳酸钙在温度小于 38 ℃时，溶解量随温度升高而降低，高于 38 ℃时则相反。

2. 容度积

物质在水中没有绝对不溶解的，只是溶解度大小的差异。难溶物在水中溶解过程和沉淀过程是可逆平衡的。例如：

$$CaCO_3 \rightleftharpoons Ca^{2+} + CO_3^{2-} \tag{3-5}$$

$$Mg(OH)_2 \rightleftharpoons Mg^{2+} + 2OH^- \tag{3-6}$$

通式为

$$A_n B_m \rightleftharpoons n A^+ + m B^- \tag{3-7}$$

平衡时：

$$K = \frac{[A^+]^n [B^-]^m}{[A_n B_m]} \tag{3-8}$$

由于 $A_n B_m$ 是难溶化合物，它的浓度变化极微，可视为常量 K，得

$$K_{sp} = K [A_n B_m] = [A]^n [B]^m \tag{3-9}$$

K_{sp} 称为容度积。水溶液中离子实际的溶度积($[A]^n [B]^m$)大于 K_{sp} 则有沉淀产生；反之，则无沉淀产生。

(三)微生物特性

低渗透油田采出水除了具有水温较高、矿化度高等特点，还存在微生物，主要分为藻类、菌类和细菌。

低渗透油田原油集输、加工、采出水处理全过程一般都采用密闭工艺，因此藻类(含叶绿素)、菌类(不含叶绿素)通常不会对系统造成危害。造成采出水设备、管道及注水井的腐蚀与堵塞的微生物主要是细菌，如硫酸盐还原菌、铁细菌和黏液形成的细菌(如腐生菌)，严重影响油田的正常生产。

低渗透油田采出水微生物具有以下特性。

1. 分布广、种类多

在采出水系统中普遍存在，已知能降解烷烃类有机物的细菌有 200 多种。

2.繁殖快

微生物的繁殖速度快,通过充分接触并吸收养料,在短期内大量繁殖,并且能承受采出水水量、水质的变化。

3.易变异

大多数微生物都进行无性繁殖,容易发生变异,且具有一定的稳定性。

4.易培养

微生物在固体培养基上比其他生物长得快,在液体培养基中则更为明显。

5.生存受环境条件的制约

细菌的主要组成部分是蛋白质、核糖核酸,采出水水温过高或过低、绝氧或富氧、水质的变化等均会造成细菌蛋白质凝固,发生变性或沉淀。

三、采出水处置

(一)油田注水

国内外石油开采行业均认为注水能延长油田寿命,对油田开发具有重要意义。1924 年,第一个"五点井网注水"方案在宾夕法尼亚的布拉德(Bradford)油田实施。直到 20 世纪 50 年代,注水才得到广泛应用。

我国油田绝大部分采用注水开发,这对于低渗透油田尤其重要。陆上油田中,注水系统是生产系统的重要组成部分,它担负着稳油控水、增产高产、保持地层能量的重要任务。与国外相比,我国油田注水工艺较为落后,注水系统的平均效率也比较低。我国陆上油田用常规的注水方式开发,平均采收率只有 33% 左右,大约有 2/3 的储量仍留在地下,低渗透油田、断块油田、稠油油田等采收率更低。

1.注水的目的

油田可以只利用油层的天然能量进行开发,也可以采用保持压力的方法进行开发。一个油田在进行开发时,为了保持油田较长开发周期和原油产量的稳定,基本上都要采用保持地层压力开采的方法。为了提高油田采收率,世界上很多国家都在研究如何用人工的办法保持地层压力,向油层补充能量,使之达到多出油、出好油的目的。目前比较成熟的措施有注水、注气、注蒸汽及火烧油层等。

与其他物质相比,注入水具有无可比拟的优点:一方面水的来源比较易于解决,同时把水注入油层是比较经济的;另一方面,从一个油层中用补充能量的介质来驱油,水是十分理想的。从1954年开始在玉门油田首先采用注水以来,国内的各大主要油田先后都进行了注水开发,以使油田长期稳产高产。在世界范围内,注水保持压力开采方法已得到大面积使用。

2. 注水的作用

(1)提高采收率。油田依靠地层能量采油,除少数有边水补充能量外,一般采收率不到20%,而利用注水,采收率可达35%～50%。

(2)高产稳产。注水能保持或提高油层压力,保证油流在油层中有足够的能量,维持油田的合理开采速度,使其长期稳产高产。

(3)改善油井生产条件。对于高饱和压力的溶解气驱油田,使井下流动压力高于天然气溶解于原油中的饱和压力,使天然气在油井中的上升过程中携油上升,延长自喷期,方便生产管理。

3. 注水的意义

低渗透油田一般开发前期每生产1 t原油就需要注水2～3 t,后期的需水量更大。因此,需要大量稳定而合格的水源来满足油田注水的需要。另外,随着油田开发时间的延长,原油含水率不断上升,油田采出水水量越来越大,采出水的排放和处理成为一个日益严重的问题。

随着社会不断发展和人口数量激增,工业用水和生活用水量也随之增加,解决水资源缺乏的一个有效办法就是提高水的循环利用率。油田采出水处理后回注地层,既恢复了地层能量,又节约了水资源。如果油田采出水处理的回注率为100%,即不管原油含水率多高,从油层中采出的污水和地面处理、钻井、作业过程排出的污水全部处理回注,那么注水量中只需要补充由于采油造成地层亏空的水量就可以了,这可大大节省清水资源和取水设施的建设费用。

经处理合格的油田采出水回用于油田注水,与一般的清水注水相比有以下优点:

(1)油田采出水含有表面活性物质且温度较高(35～41 ℃),能提高洗油能力,具有提高驱油效率的作用。

(2)高矿化度水注入油层后,具有防止黏土膨胀的作用。

(3)水质稳定,与油层相混不产生沉淀。

(4)油田采出水达标回注,节省清水资源,可提高环境效益。

随着油田开发和石油储运技术的不断发展,含油采出水日益增多,将其处理后回注地下,既利于水驱采油,又充分节省了清水资源,还有效防止了环境污染,变废为宝,利国利民。

(二)其他处置方式

低渗透油田采出水处理后优先用作油藏注水水源,当不具备回注条件时,可深度处理后作工艺回用,或处理达到外排标准后外排环境。

1.工艺回用

由于部分采出水处理站场均位于边远山区、沙漠腹地、人迹罕至、水资源匮乏的地区,当采出水处理站场所处油藏区块不具备回注条件,同时站内无清水资源时,可将油田采出水处理后用作加药水源,进行配药溶药后进行投加,考虑到加药介质和油田采出液来源一致,投加后不存在结垢、不配伍等情况,效果较好。也可进行采出水除盐软化后回掺锅炉用水,节约清水软化水。一般采用离子交换技术、机械压缩蒸发技术、膜分离技术等进行深度处理,达到各项用途的回用水水质后进行工艺回用。

2.自然排放

部分油田站场采出水须外排至环境自然水体或市政排水系统,石油类及悬浮物处理与回注、回用一致,但需对 COD(化学需氧量)、BOD_5(BOD 为生化需氧量)、氨氮、总氮、总磷、大肠菌群等指标进行单独处理,达到相关环境标准后方可外排环境,必须符合污水综合排放标准,环境水体质量标准等国家、行业、地方规范。

四、采出水处理工艺

低渗透油田在不同的发展时期,为了适应各阶段建设形势和要求,采出水处理工艺也经历了连续的演变。

以鄂尔多斯盆地低渗透油田为例,2008 年前多采用"两级除油+两级过滤",2009—2010 年多采用"两级除油+一级过滤",2011—2015 年形成了"一级沉降除油"的采出水处理工艺。2016 年以来,研究试验应用了"沉降除油+气浮除油+过滤""沉降除油+生化除油+过滤"等工艺,最终优化定型为目前低渗透油田采出水处理主体工艺。

采出水处理工艺流程一般由主流程、辅助流程和水质稳定处理流程三部分组成。其中:主流程主要包括水质净化工艺流程、水质生化工艺流程;辅助流程主要包括原油回收流程、自用水回收流程、污泥处理流程;水质稳定处理流程主要控制采出水对金属腐蚀、结垢和微生物等的危害,包括系统密闭工艺流程、真空脱氧工艺流程、pH 调节工艺流程、投加水质处理剂工艺流程。

(一)"两级除油+两级过滤"处理工艺

两级除油包括一级自然沉降除油串接一级混凝沉降除油,两级过滤为一级核桃壳串接一级纤维球或石英砂过滤设备。其工艺流程如图 3-14 所示。

"两级除油+两级过滤"采出水处理工艺基本满足了低渗透油田采出水处理的要求,但其工艺设施多、占地大、流程长、系统能耗高、过滤系统复杂、运行维护不便。随着运行时间的延长,处理工艺流程长,导致水质呈逐渐恶化的趋势。此外,该工艺滤料的抗冲击能力较弱,较易受污染,反冲洗频率较高。

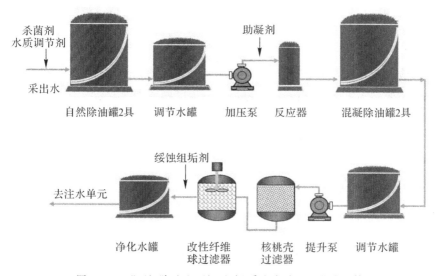

图 3-14　"两级除油+两级过滤"采出水处理工艺流程简图

(二)"两级除油+一级过滤"处理工艺

"自然沉降除油+混凝沉降除油+一级过滤",采出水首先进入除油沉降罐,通过重力自然沉降,去除大颗粒的悬浮物(直径不小于 20 μm)和 100 μm以上的粗粒径浮油、细分散油,减少絮凝剂投加量,减少污泥、浮渣量,提高污油回收率。自然沉降罐出水加压经混凝反应后进入混凝沉降罐,在罐底部穿过污泥层截流大部分悬浮物,在罐中部上行穿过斜管层悬浮物与水高效分离,水中油在斜管壁聚结上浮;污泥在底部与水分离;斜管沉降表面负荷小易分离；罐内有布水、分离、集水、收油等功能分区；溢流偃收油；罐出水高度出水靠自然水头直接进入重力式过滤器。其工艺流程如图 3-15 所示。

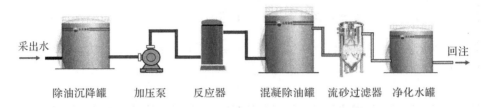

除油沉降罐　加压泵　反应器　混凝除油罐　流砂过滤器　净化水罐

图 3-15 "两级除油＋一级过滤"采出水处理工艺流程简图

"两级除油＋一级过滤"工艺主流程突出提高自然沉降除油、混凝沉降效率，降低过滤环节压力，系统一次提升后重力流运行，处理效果稳定，管理方便，能耗低。该工艺采用两段除油，工艺药品投加种类多，加药顺序依次为水质调节剂、混凝剂、助凝剂，在日常生产运行中还需根据药剂性质、工艺要求，严格的分先后加入水中各加药点并调节，运行维护难度大。

（三）"一级沉降除油"处理工艺

在原"二级除油＋过滤"工艺基础上，按照"前端扩大，中间缩短，后端减小"的思路，通过扩大前端除油罐容积，增加自然沉降时间、提高除油效果，形成了"一级沉降除油"处理工艺。其工艺流程如图 3-16 所示。

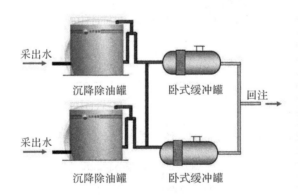

图 3-16 "一级沉降除油"采出水处理工艺流程简图

"一级沉降除油"采出水处理工艺拥有流程简化、建设成本低、占地面积小、管理方便、能耗低等优势，基本满足了油田采出水回注要求，但水处理效果不稳定,同时采出水处理设施仅有除油罐一种,考虑到检修等因素,除油罐需设双罐。

(四)"沉降除油+生化除油/气浮除油+过滤"处理工艺

沉降除油同"一级沉降除油"处理工艺。二级除油生化工艺核心为从受石油污染的土壤中筛选本源高效嗜油菌群,通过微生物的作用完成有机物的分解,将有机污染物转变成 CO_2、水以及少量污泥;二级除油气浮工艺,在含油污水中通入氮气或空气使水中产生微细气泡,同时依托涡旋流等作用,使污水中的乳化油和悬浮颗粒黏附在气泡上,最后通过上浮或离心去除;后端过滤结合油藏情况选择过滤介质,一般为改性纤维束/纤维球、无烟煤、金刚砂、石英砂、磁铁矿、核桃壳等滤料。

"沉降除油+生化除油+过滤"工艺,三相分离器来水进入沉降除油罐经过沉降除油后进入微生物处理区。来水进入不加药气浮预处理区,对浮油和细分散油的去除和回收。气浮处理后出水进入微生物反应池,在生物反应池中投加培养好的高效优势生物菌群,通过细菌的代谢完成对水中有机物及油类的降解。生物反应池出水自流进入沉淀池,通过重力沉淀作用去除水中的悬浮颗粒,沉淀池底部污泥定期外排。沉淀池上清液自流进入中间水池,然后用泵提升至两级过滤器,通过具有孔隙的装置或通过由某种颗粒介质组成的过滤层,有油珠截留、筛分、惯性碰撞等作用,使水中的悬浮物和油分等得以去除。过滤器出水进入缓冲水罐,然后进行回注。"沉降除油+生化除油+过滤"工艺示意图如图 3-17 所示。

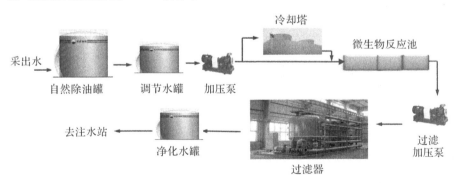

图 3-17 "沉降除油+生化除油+过滤"采出水处理工艺流程简图

"沉降除油+气浮除油+过滤"工艺,三相分离器来水进入沉降除油罐经过沉降除油后进入一体化油田水处理装置。装置前段设置缓冲水箱,除油罐出水进入缓冲水箱,经提升泵提升加压后进入分离罐。再在分离罐进口的管线上进行溶气,沿切线进入分离罐内产生涡流旋转,通过涡流旋转产生离心力将油向内圆移移,同时将水中悬浮的小颗粒混凝成大颗粒、片状颗粒混凝成球形颗粒;油在内圆聚集后在浮力作用下油上浮至罐顶,并从罐体顶部的收油口排出;同时离心分离后的水和悬浮在水中固体颗粒改向,向下运移,依靠惯性和流速骤减将矾花大颗粒沉降到罐底从罐底排污口排出。分离罐出水进入两级过滤罐,通过向心气浮除油,微涡旋除污降油和过滤作用进行深层次处理,达到防除垢、缓蚀杀菌处理后进入缓冲水罐回注。"沉降除油+气浮除油+过滤"工艺示意如图 3-18 所示。

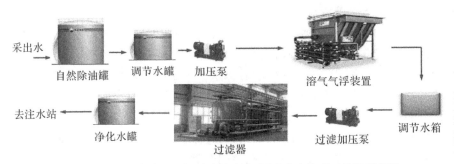

图 3-18 "沉降除油+气浮除油+过滤"采出水处理工艺流程简图

五、典型采出水处理站场及主要设施

低渗透油田水处理系统主要包含 3 类典型站场,分别为采出水处理站、措施返排液处理系统和油泥处理站。

(一)采出水处理站

目前,典型的采出水处理站主要采用"气浮+过滤"或"生化+过滤"工艺。"气浮+过滤"采出水处理工艺流程如图 3-19 所示,"生化+过滤"采出水处理工艺流程如图 3-20 所示。

(二)措施返排液处理站

目前,典型的措施返排液处理站主要采用"预处理+固液分离+过滤"工艺。"预处理+固液分离+过滤"工艺流程如图 3-21 所示。

(三)油泥处理站

目前,典型油泥处理站主要采用"油泥热洗筛分处理、加药调节均质沉降＋机械脱水"工艺(见图3-22)。

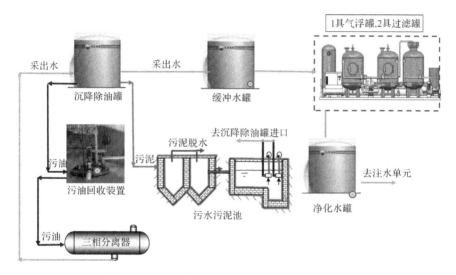

图3-19　"气浮＋过滤"采出水处理工艺流程图

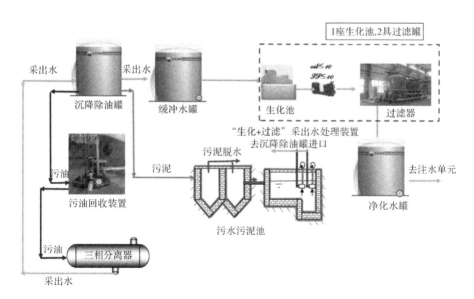

图3-20　"生化＋过滤"采出水处理工艺流程图

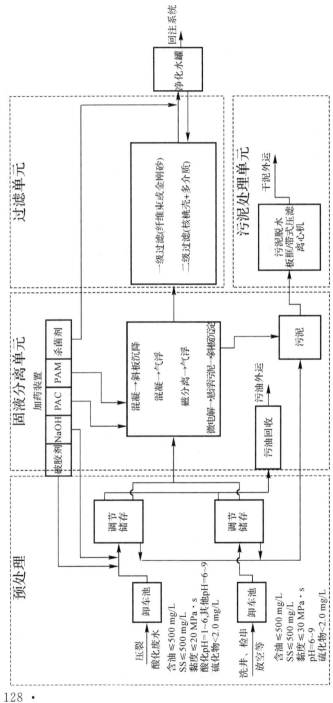

图 3-21　"预处理+固液分离+过滤"工艺流程图

注：PAC 为聚合氯化铝；PAM 为聚丙烯酰胺；SS 为水中的悬浮物。

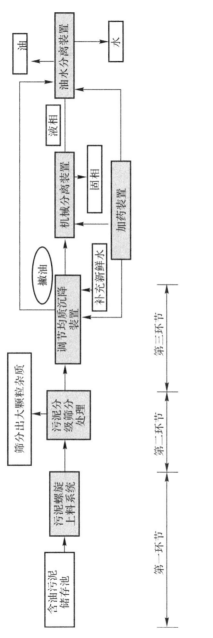

图 3-22　油泥处理工艺流程图

(四)主要设施

1. 沉降除油罐

其结构形式为立式钢制拱顶,附带内部沉降及除油附件,主要是利用油水密度差对污水中的浮油和悬浮物进行分离沉降,采用水力负压排泥器定期排泥,连续溢流堰收油。

2. 调节水罐

其结构形式为立式钢制拱顶,主要用于储存沉降除油后的采出水。

3. 净化水罐

其结构形式为立式钢制拱顶,主要用于储存油田采出水处理集成装置(气浮＋过滤)处理后采出水,接收注水泵橇采出水高压回流来水,为油田采出水处理集成装置(气浮＋过滤)反洗供水。

4. 污水污泥池

污水污泥池为钢砼结构,分污泥池及污水池两部分。污水池的主要功能为:调节水量,收集污泥池上顶部上清液、采出水处理装置反洗排污及站内水罐溢流放空水;污泥池接收沉降除油罐罐底污泥及站内溢流沉降罐、三相分离器区排放污水,自然沉降后上清液自流到污水池。

单座污水池配套污水提升泵 2 台,互为备用,可同时启动,附防爆电机;单座污泥池配备污泥提升泵 3 台,冷备用 1 台,附防爆电机。

5. 污油回收装置

污油回收装置接收储存沉降除油罐收集的污油,污油经泵返回到集输系统。

污油回收装置一般自带控制柜,液位就地显示,高低液位自动启停污油泵。罐内设置加热盘管,加热热媒为热水,从站内热力管网引接。

第四章　排放量核算及排放源特征分析

第一节　典型站场检测情况

一、基本情况

为摸清某油气田典型站场 VOCs 排放情况，在油区范围内 6 个地级市的 15 个采油采气输油单位、48 座典型站场，针对储油罐、净化油罐、沉降罐、采出水罐、甲醇罐、原料罐、污油回收装置、油水分离装置等油气田地面生产设备设施，采用人工现场取样，实验室检测化验和分析并出具检测结果报告的方式，组织开展介质组分分析、真实蒸气压检测、非甲烷总烃浓度检测。

二、检测方法及执行标准

(一)固定污染源非甲烷总烃检测

执行标准为《固定污染源废气总烃、甲烷和非甲烷总烃(见图 4 - 1)的测定气相色谱法》(HJ 38—2017)。使用设备为 GC 气相色谱仪，检出限值为 0.07 mg/m³ 非甲烷总烃检测。

试验方法如下：

(1)低浓度样品直接进样(小于 800×10^{-6})：气袋样品通过定量环进样，经过阀切换分别进入两个不同进样口经过升温流入色谱柱，通过色谱柱极性分离不同的组分，进入检测器，电脑系统通过信号值与不同浓度建立标准曲线，检测样品根据不同信号值计算出相应浓度值。

(2)高浓度样品需要稀释：样品上机检测得出大致浓度，取干净的玻璃注射器，充入 90 mL 除烃空气，取气体样品 10 mL 充入玻璃注射器中，混匀样品稀释 10 倍，继续稀释至曲线范围内浓度，混匀上机检测。

图 4-1　非甲烷总烃检测

(二)敞开液面非甲烷总烃检测

执行标准为《泄露和敞开液面排放的挥发性有机物检测技术导则》(HJ 733—2014)。

试验方法:采用便携式挥发性有机气体分析仪,选择均匀分布的 4 个采样测试点,圆形设施测试点按周边 90°间隔均匀分布,矩形设施测试点设在 4 条边的中心,检测仪器采样探头顶端距离池壁 300 mm,距液面 100 mm。实施检测时,用风速仪测定记录距离池面高度 500 mm 处的风速,当风速小于 1.5 m/s 时,逸散排放相对稳定的情况下,使用检测仪器对各采样点进行检测。按确定的采样点位置顺序检测 3 个轮次。仪器在采样点先停留0.5 min,排空换采样探头道内原有的气体后开始检测。每个点位检测时间 3 min,记录 3 min 内仪器最大读数,作为该次检测的报告值,并以各点位中测得的最大值为该排放源的报告值。

(三)真实蒸气压检测

执行标准为《原油蒸气压的测定 膨胀法》(GB/T 11059—2022)或《石油产品蒸气压的测定 雷德法》(GB/T 8017—2012)。

取样步骤:

步骤 1:将样品充分搅拌均匀,量取 200 mL 样品至容器中。

步骤 2:在室温下,将样品从浮式活塞柱中转移至测量室。

步骤 3:压力传感器每 6 个月校准一次,对传感器用零点和环境大气压这两个点进行校准。

步骤 4：将校准电子真空仪接上与测量室相连的真空系统，启动真空系统，当真空测量仪的读数小于 0.1 kPa 时，调节传感器至零。

步骤 5：打开测量室，使其处于大气压力状态，观察传感器上的压力读数，确保仪器指示的是总的压力。将其以校准用压力表的读数为参考标准进行校准，压力校准期间，校准用压力表所测得的压力应为实验室内仪器相同海拔下的当地大气压。如果仪器在超出压力范围使用时，应进行负荷平衡校准。

步骤 6：重复步骤 4 和步骤 5 的操作，直到零压力和大气压的读数准确无误。

步骤 7：用于监控测量室温度的铂电阻温度计每 6 个月校准一次。

步骤 8：测量前，采用甲苯或丙酮冲洗测量室，通过用活塞吸入冲洗溶剂，再推出到废液容器中的方式进行冲洗，为了避免被上次的试样或溶剂污染，用待测试样至少冲洗测量室 3 次。每次冲洗时，在测量室中至少装一半的试样，冲洗后立即进行测量。

步骤 9：设定测量室的进样温度在 20～37.8 ℃之间，设定气液比。拨动容器，确保得到均匀试样。

步骤 10：将试样导入测量室，试样体积保证在测量室中膨胀至其最终体积时达到设定的气液比。

步骤 11：关闭进样阀后，使测量室的体积膨胀到最终体积。

步骤 12：打开振荡器，在整个测量过程中保持打开状态。调整测量室的温度至测量温度 37.8 ℃，等到测量室与试样间温度达到平衡后，每隔（30±5）s观测一次总压力，当连续 3 次的总压力读数相差均在 0.3 kPa 以内时，记录此时的蒸气压，即为原油蒸气压。

步骤 13：结果的表示，原油蒸气压以 VPCR(t) 表示，单位为 kPa，结果精确到 0.1 kPa。

试验方法（膨胀法）：将耐压取样系统中（带有浮式活塞柱型容器）的原油样品转移至内部带有移动活塞且温度为 20 ℃（或更高）的可控温测量室中。密封后移动活塞扩大测量室的体积，达到所需的气液比。然后将测量室的温度调节到测量温度，振荡测量室 5～30 min，在温度和压力达到平衡后，测得的压力记为样品的原油蒸气压（VPCR）。真实蒸气压检测如图 4-2 所示。

(四)全组分分析

执行标准参照《石油和沉积有机质烃类气相色谱分析方法》(SY/T 5779—2008)。

试验方法:对样品经过溶解性等测试,确定样品基本理化性能,原样经过萃取、烘干、灰分等进行分离,经过 FTIR、GCMS、TGA 等仪器分析,经人工综合解析谱图后得到最终数据。全组分分析检测如图 4-3 所示。

图 4-2　真实蒸气压检测

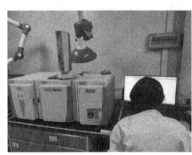

图 4-3　全组分分析检测

三、检测结果

(一)非甲烷总烃浓度检测

非甲烷总烃浓度检测数据汇总表见表 4-1。

敞开液面非甲烷总烃浓度直接读取式数据汇总表见表 4-2。

(二)非甲烷总烃浓度检测数据分析

按照《陆上石油天然气开采工业大气污染物排放标准》(GB 39728—2020)关于 VOCs 有组织排放控制要求,生产装置和设施有组织排放废气应符合以下内容。

表4-1 非甲烷总烃浓度检测数据汇总表

序号	站场名称	类型	罐体名称	平均值 mg·m⁻³	平行数据		
					平行数据1	平行数据2	平行数据3
1	某联合站	油田站场	200 m³ 沉降罐	73.9	69.5	76.7	75.4
2	某联合站	油田站场	300 m³ 沉降罐	75.8	76	76.5	75
3	某联合站	油田站场	200 m³ 净化罐	60.5	60.8	60.4	60.2
4	某处理厂一	气田站场	净化水罐	5.40×10^4	5.41×10^4	5.43×10^4	5.35×10^4
5	某处理厂一	气田站场	2#调节水罐	630	645	646	600
6	某处理厂一	气田站场	1#调节水罐	8.96×10^4	9.01×10^4	8.94×10^4	8.92×10^4
7	某处理厂一	气田站场	1#稳定凝析油罐	1.24×10^6	1.24×10^6	1.24×10^6	1.24×10^6
8	某处理厂一	气田站场	2#稳定凝析油罐	1.45×10^6	1.45×10^6	1.45×10^6	1.45×10^6
9	某处理厂一	气田站场	1#原油罐	3.55×10^1	3.58×10^1	3.54×10^1	3.54×10^1
10	某处理厂二	气田站场	2#原油罐	2.13×10^5	2.12×10^5	2.13×10^5	2.15×10^5
11	某处理厂二	气田站场	1#采出水罐	8.05×10^3	8.03×10^3	8.03×10^3	8.10×10^3
12	某处理厂二	气田站场	2#采出水罐	6.94×10^4	7.00×10^4	6.96×10^4	6.86×10^4
13	某处理厂二	气田站场	1#原料罐	18.7	18.6	18.6	18.9
14	某处理厂二	气田站场	2#原料罐	13.4	13.4	13.2	13.5
15	某处理厂二	气田站场	3#原料罐	1.55×10^3	1.56×10^3	1.54×10^3	1.54×10^3

续表

序号	站场名称	类型	罐体名称	平均值 $\dfrac{\text{mg} \cdot \text{m}^{-3}}{}$	平行数据		
					平行数据 1	平行数据 2	平行数据 3
16	某处理厂二	气田站场	4#原料罐	2.06×10^4	2.06×10^4	2.06×10^4	2.06×10^4
17	某处理厂二	气田站场	5#原料罐	5.86×10^4	5.83×10^4	5.95×10^4	5.80×10^4
18	某处理厂二	气田站场	小凝析罐	180	180	180	179
19	某处理厂二	气田站场	1#凝析罐（内浮顶）	22.5	22.7	23	21.8
20	某处理厂二	气田站场	2#凝析罐（内浮顶）	7.90×10^3	7.94×10^3	7.87×10^3	7.88×10^3
21	某处理厂三	气田站场	1#污油储罐	1.76×10^3	1.76×10^3	1.76×10^3	1.77×10^3
22	某处理厂三	气田站场	2#污油储罐	1.04×10^4	1.03×10^4	1.05×10^4	1.04×10^4
23	某处理厂三	气田站场	1#凝析油储罐	1.60×10^5	1.61×10^5	1.60×10^5	1.60×10^5
24	某处理厂三	气田站场	2#凝析油储罐	3.42×10^5	3.43×10^5	3.42×10^5	3.40×10^5
25	某处理厂三	气田站场	200 m³ 调节水罐	573	556	582	582
26	某处理厂三	气田站场	40 m³ 缓冲水罐	89.5	89.1	91.4	88
27	某处理厂三	气田站场	1#40 m³ 净化水罐	4.40×10^3	4.47×10^3	4.47×10^3	4.25×10^3
28	某处理厂三	气田站场	2#40 m³ 净化水罐	1.32×10^4	1.31×10^4	1.32×10^4	1.32×10^4
29	某处理厂三	气田站场	2#2 000 m³ 调节水罐	446	459	433	445
30	某联合站一	油田站场	200 m³ 沉降罐	73.9	69.5	76.7	75.4
31	某联合站一	油田站场	300 m³ 沉降罐	75.8	76	76.5	75

续表

序号	站场名称	类型	罐体名称	平均值 mg·m⁻³	平行数据		
					平行数据 1	平行数据 2	平行数据 3
32	某联合站一	油田站场	200 m³ 净化罐	60.5	60.8	60.4	60.2
33	某采出水处理站一	油田站场	1#污水罐	$2.08×10^4$	$2.09×10^4$	$2.09×10^4$	$2.07×10^4$
34	某采出水处理站一	油田站场	2#污水罐	$1.04×10^3$	$1.06×10^3$	$1.03×10^3$	$1.04×10^3$
35	某采出水处理站一	油田站场	净化水罐	646	647	647	644
36	某储备库	油田站场	1#储油库	69.8	69.8	69.7	69.8
37	某储备库	油田站场	2#储油库	298	299	297	298
38	某储备库	油田站场	3#储油库	107	108	107	107
39	某储备库	油田站场	4#储油库	87.3	88.2	86.9	86.9
40	某储备库	油田站场	5#储油库	$1.91×10^4$	$1.91×10^4$	$1.91×10^4$	$1.91×10^4$
41	某储备库	油田站场	6#储油库	1852	1930	1810	1815
42	某输油站一	油田站场	1#储油罐	$3.20×10^3$	$3.21×10^3$	$3.18×10^3$	$3.21×10^3$
43	某输油站一	油田站场	2#储油罐	$8.50×10^5$	$8.52×10^5$	$8.35×10^5$	$8.62×10^5$
44	某输油站二	油田站场	10 000 m³ 储油罐	$2.68×10^5$	$2.60×10^5$	$2.67×10^5$	$2.78×10^5$
45	某净化厂一	气田站场	D1203B 缓冲水罐	30.2	31.1	28.9	30.6
46	某净化厂一	气田站场	D1203A 缓冲水罐	44.1	45.6	46	40.7
47	某净化厂一	气田站场	D1202 调节水罐	12.9	12.6	13.6	12.6

续表

序号	站场名称	类型	罐体名称	平均值 mg·m⁻³	平行数据		
					平行数据 1	平行数据 2	平行数据 3
48	某净化厂一	气田站场	D1201B沉降除油罐	125	124	125	126
49	某净化厂一	气田站场	V1502A原料水罐	1.27×10^3	1.23×10^3	1.24×10^3	1.33×10^3
50	某净化厂一	气田站场	V1502B原料水罐	243	251	237	242
51	某净化厂一	气田站场	V1502C原料水罐	4.85×10^3	4.76×10^3	5.03×10^3	4.77×10^3
52	某净化厂一	气田站场	V1503A甲醇罐	78	82.7	74	77.2
53	某净化厂一	气田站场	V1503B甲醇罐	674	682	669	671
54	某净化厂一	气田站场	V1501A采出水罐	2.00×10^4	2.04×10^4	1.97×10^4	2.00×10^4
55	某净化厂一	气田站场	V1501B采出水罐	152	155	148	152
56	某净化厂二	气田站场	D 01-2检修水罐	69.2	67.8	70.6	69.1
57	某净化厂二	气田站场	D 1-1生产水罐	21.4	21.7	21.3	21.2
58	某净化厂二	气田站场	D-2采出水罐	1.51×10^3	1.51×10^3	1.51×10^3	1.51×10^3
59	某净化厂二	气田站场	D4甲醇罐	121	120	122	122
60	某净化厂二	气田站场	D5-1回注水罐	314	312	315	316
61	某净化厂二	气田站场	D5-2回注水罐	303	304	301	305
62	某净化厂二	气田站场	D3采出水罐	407	390	407	424
63	某处理厂四	气田站场	1#凝析油罐	86.3	86.6	86.2	86.2

续表

序号	站场名称	类型	罐体名称	平均值 $\mathrm{mg\cdot m^{-3}}$	平行数据1	平行数据2	平行数据3
64	某处理厂四	气田站场	2#凝析油罐	6.28	6.36	6.06	6.41
65	某处理厂四	气田站场	1#含油污水罐	4.76×10^3	4.72×10^3	4.77×10^3	4.78×10^3
66	某处理厂四	气田站场	2#含油污水罐	495	514	487	485
67	某接转站	油田站场	污油回收装置	1.70×10^3	1.69×10^3	1.70×10^3	1.71×10^3
68	某处理厂五	气田站场	1#含油污水罐	5.99×10^5	5.96×10^5	5.92×10^5	6.08×10^5
69	某处理厂五	气田站场	2#含油污水罐	902	896	906	903
70	某处理厂五	气田站场	1#轻烃油污水罐	175	170	175	181
71	某处理厂五	气田站场	2#轻烃油污水罐	2.96×10^3	2.95×10^3	2.95×10^3	2.98×10^3
72	某处理厂五	气田站场	1#轻烃油产品罐	1.27×10^5	1.26×10^5	1.28×10^5	1.28×10^5
73	某处理厂五	气田站场	2#轻烃油产品罐	1.70×10^4	1.70×10^4	1.68×10^4	1.71×10^4
74	某储备库二	油田站场	1#储油罐	915	919	910	917
75	某储备库二	油田站场	2#储油罐	1.10×10^3	1.09×10^3	1.12×10^3	1.10×10^3
76	某储备库二	油田站场	3#储油罐	1.90×10^3	1.89×10^3	1.91×10^3	1.90×10^3
77	某储备库二	油田站场	4#储油罐	1.18×10^3	1.18×10^3	1.18×10^3	1.17×10^3
78	某储备库二	油田站场	5#储油罐	1.31×10^4	1.29×10^4	1.32×10^4	1.31×10^4
79	某储备库二	油田站场	6#储油罐	2.67×10^4	2.61×10^4	2.62×10^4	2.78×10^4

续表

序号	站场名称	类型	罐体名称	平均值 $\mathrm{mg \cdot m^{-3}}$	平行数据		
					平行数据 1	平行数据 2	平行数据 3
80	某储备库二	油田站场	7#储油罐	123	119	126	123
81	某输油站三	油田站场	1#储油罐	1.17×10^3	1.17×10^3	1.17×10^3	1.16×10^3
82	某输油站三	油田站场	2#储油罐	879	887	869	880
83	某输油站三	油田站场	3#储油罐	1.14×10^3	1.14×10^3	1.15×10^3	1.12×10^3
84	某输油站三	油田站场	4#储油罐	183	183	181	185
85	某输油站三	油田站场	6#储油罐	2.23×10^3	2.22×10^3	2.22×10^3	2.24×10^3
86	某输油站三	油田站场	污油池	1.13×10^3	1.15×10^3	1.12×10^3	1.13×10^3
87	某输油站四	油田站场	1#储油罐	6.28×10^4	6.30×10^4	6.24×10^4	6.29×10^4
88	某输油站四	油田站场	2#储油罐	5.59×10^4	5.47×10^4	5.70×10^4	5.60×10^4
89	某输油站四	油田站场	污油池	554	578	538	547
90	某输油站五	油田站场	1#储油罐	1.78×10^3	1.79×10^3	1.75×10^3	1.80×10^3
91	某输油站五	油田站场	2#储油罐	7.31×10^4	7.27×10^4	7.32×10^4	7.35×10^4
92	某卸油台	油田站场	2#储罐	2.49×10^4	2.48×10^4	2.50×10^4	2.49×10^4
93	某集气站	气田站场	采出水罐	2.24×10^3	2.24×10^3	2.24×10^3	2.23×10^3
94	某采出水处理站二	气田站场	1#缓冲水罐	395	386	401	397
95	某采出水处理站二	气田站场	2#缓冲水罐	1.81×10^4	1.77×10^4	1.82×10^4	1.84×10^4

续表

序号	站场名称	类型	罐体名称	平均值 mg·m^{-3}	平行数据		
					平行数据1	平行数据2	平行数据3
96	某采出水处理站二	气田站场	2#沉降除油罐	1.77×10^3	1.78×10^3	1.76×10^3	1.77×10^3
97	某采出水处理站三	油田站场	2#自然除油罐	2.60×10^4	2.55×10^4	2.64×10^4	2.62×10^4
98	某净化厂三	气田站场	D1304A 含醇地层水	38.8	36	40.6	39.7
99	某净化厂三	气田站场	D1304B 含醇地层水	24.3	23.3	25.1	24.6
100	某净化厂三	气田站场	产品甲醇 D1306B	95.1	95.3	94.9	95
101	某净化厂四	气田站场	D2903 转水罐	2.65×10^3	2.40×10^3	2.31×10^3	3.25×10^3
102	某净化厂四	气田站场	D292 2号甲醇装置甲醇储罐	6.37×10^3	6.89×10^3	6.05×10^3	6.18×10^3
103	某净化厂四	气田站场	D3801 1号调节罐	1.23×10^5	1.13×10^5	1.27×10^5	1.30×10^5
104	某净化厂四	气田站场	D3802 2号调节罐	2.74×10^4	3.01×10^4	2.73×10^4	2.49×10^4
105	某净化厂四	气田站场	D3803 3号调节罐生活污水罐	2.83×10^4	2.99×10^4	2.73×10^4	2.76×10^4
106	某净化厂四	气田站场	D2602A 1号检修污水储罐	2.52×10^3	2.47×10^3	2.36×10^3	2.74×10^3
107	某净化厂四	气田站场	D2602B 2号检修污水储罐	7.94×10^3	7.65×10^3	8.01×10^3	8.17×10^3
108	某净化厂四	气田站场	D2802A1号甲醇装置甲醇储罐 A	1.97×10^7	2.60×10^7	1.65×10^7	1.67×10^7
109	某净化厂四	气田站场	D2801A 含醇污水溶液槽 A	1.22×10^6	1.01×10^6	1.12×10^6	1.54×10^6
110	某净化厂四	气田站场	D2801B 含醇污水溶液槽 B	6.64×10^5	5.81×10^5	7.39×10^5	6.72×10^5

续表

序号	站场名称	类型	罐体名称	平均值/mg·m⁻³	平行数据		
				平均值 $\dfrac{}{\text{mg·m}^{-3}}$	平行数据 1	平行数据 2	平行数据 3
111	某净化厂五	气田站场	V1501 甲醇污水接收罐	1.06×10^{6}	1.39×10^{6}	8.68×10^{5}	9.09×10^{5}
112	某净化厂五	气田站场	V1502A 原料甲醇污水罐	4.83×10^{5}	5.18×10^{5}	3.93×10^{5}	5.38×10^{5}
113	某净化厂五	气田站场	V1502B 原料甲醇污水罐	1.34×10^{5}	1.28×10^{5}	1.45×10^{5}	1.28×10^{5}
114	某净化厂五	气田站场	V1502C 原料甲醇污水罐	7.41×10^{5}	6.12×10^{5}	5.70×10^{5}	1.04×10^{6}
115	某净化厂五	气田站场	V1503A 产品甲醇罐	9.44×10^{4}	1.08×10^{5}	8.57×10^{4}	8.96×10^{4}
116	某净化厂五	气田站场	V1503B 产品甲醇罐	1.73×10^{5}	1.49×10^{5}	1.77×10^{5}	1.92×10^{5}
117	某净化厂五	气田站场	D1201(1)原料甲醇接收罐	276	249	267	312
118	某净化厂五	气田站场	D1201(2)原料甲醇接收罐	792	787	743	846
119	某净化厂五	气田站场	D1202(1)原料甲醇接收罐	2.81×10^{3}	2.99×10^{3}	2.86×10^{3}	2.57×10^{3}
120	某净化厂五	气田站场	D1202(2)产品甲醇罐	51.0	48.0	50.0	55.0
121	某净化厂五	气田站场	D1203 产品甲醇罐	882	896	880	870
122	某处理厂六	气田站场	V101/1 污油罐	8.41×10^{5}	7.52×10^{5}	8.27×10^{5}	9.44×10^{5}
123	某处理厂六	气田站场	V101/2 污油罐	1.34×10^{6}	1.23×10^{6}	1.28×10^{6}	1.52×10^{6}
124	某处理厂六	气田站场	V601/1 含油污水罐	1.14×10^{6}	8.99×10^{5}	1.16×10^{6}	1.37×10^{6}
125	某处理厂六	气田站场	V601/2 含油污水罐	1.40×10^{6}	1.12×10^{6}	1.56×10^{6}	1.51×10^{6}
126	某处理厂六	气田站场	V603/1 凝析油罐	2.07×10^{7}	1.80×10^{7}	2.05×10^{7}	2.35×10^{7}

续表

序号	站场名称	类型	罐体名称	平均值 $\mathrm{mg \cdot m^{-3}}$	平行数据		
					平行数据 1	平行数据 2	平行数据 3
127	某处理厂六	气田站场	V603/2 凝析油罐	1.22×10^{7}	1.10×10^{7}	1.16×10^{7}	1.41×10^{7}
128	某处理厂七	气田站场	T1601/1 含油污水罐	9.78×10^{5}	1.02×10^{6}	1.12×10^{6}	7.93×10^{5}
129	某处理厂七	气田站场	T1601/2 含油污水罐	4.54×10^{5}	5.10×10^{5}	4.60×10^{5}	3.91×10^{5}
130	某处理厂七	气田站场	T1601/3 含油污水罐	3.87×10^{5}	4.32×10^{5}	3.79×10^{5}	3.49×10^{5}
131	某处理厂七	气田站场	T1601/4 含油污水罐	1.52×10^{5}	2.08×10^{5}	1.27×10^{5}	1.20×10^{5}
132	某处理厂七	气田站场	T0404/A 凝析油罐	1.17×10^{7}	1.09×10^{7}	1.24×10^{7}	1.18×10^{7}
133	某处理厂七	气田站场	T0404/B 凝析油罐	1.06×10^{7}	1.03×10^{7}	1.21×10^{7}	9.28×10^{6}
134	某处理厂七	气田站场	T0405/A 污油罐	6.82×10^{6}	7.38×10^{6}	6.76×10^{6}	6.31×10^{6}
135	某处理厂七	气田站场	T0405/B 污油罐	3.98×10^{6}	4.39×10^{6}	4.17×10^{6}	3.38×10^{6}
136	某集气站三	气田站场	1号罐	1.09×10^{6}	1.05×10^{6}	1.08×10^{6}	1.13×10^{6}
137	某集气站三	气田站场	2号罐	1.74×10^{6}	1.67×10^{6}	1.74×10^{6}	1.82×10^{6}
138	某集气站三	气田站场	1号罐	8.00×10^{6}	8.48×10^{6}	7.09×10^{6}	8.43×10^{6}
139	某集气站三	气田站场	2号罐	1.51×10^{7}	1.42×10^{7}	1.49×10^{7}	1.62×10^{7}
140	某集气站三	气田站场	3号罐	1.49×10^{7}	1.42×10^{7}	1.53×10^{7}	1.51×10^{7}
141	某处理厂八	气田站场	V0904/A 凝析油罐	4.19×10^{3}	4.71×10^{3}	3.83×10^{3}	4.04×10^{3}
142	某处理厂八	气田站场	V0904/B 凝析油罐	3.84×10^{3}	4.32×10^{3}	3.84×10^{3}	3.37×10^{3}

续表

序号	站场名称	类型	罐体名称	平均值 mg·m⁻³	平行数据 平行数据1	平行数据2	平行数据3
143	某处理厂八	气田站场	T2002/1 含油污水罐	$1.59×10^4$	$1.61×10^4$	$1.66×10^4$	$1.50×10^4$
144	某处理厂八	气田站场	T2002/2 含油污水罐	$7.72×10^3$	$8.45×10^3$	$7.51×10^3$	$7.19×10^3$
145	某处理厂九	气田站场	V0405 污油罐	$3.53×10^5$	$3.82×10^5$	$3.93×10^5$	$3.25×10^5$
146	某处理厂九	气田站场	V0404A 凝析油罐	$2.56×10^6$	$2.30×10^6$	$2.48×10^6$	$2.89×10^6$
147	某处理厂九	气田站场	V0404B 凝析油罐	$3.22×10^5$	$3.10×10^5$	$3.08×10^5$	$3.49×10^5$
148	某处理厂九	气田站场	V0405A 凝析油罐	$1.31×10^6$	$1.22×10^6$	$1.32×10^6$	$1.39×10^6$
149	某处理厂九	气田站场	V0405B 凝析油罐	$3.53×10^5$	$3.71×10^5$	$3.63×10^5$	$3.25×10^5$
150	某处理厂九	气田站场	含醇污水接收罐 1 号罐	$2.02×10^3$	$2.02×10^3$	$1.60×10^3$	$2.43×10^3$
151	某处理厂九	气田站场	含醇污水接收罐 2 罐	$2.15×10^3$	$2.01×10^3$	$2.24×10^3$	$2.19×10^3$
152	某处理厂九	气田站场	含醇污水接收罐 3 罐	$2.11×10^3$	$2.02×10^3$	$2.27×10^3$	$2.04×10^3$
153	某处理厂九	气田站场	含醇污水接收罐 4 罐	$1.25×10^4$	$1.27×10^4$	$1.25×10^4$	$1.23×10^4$
154	某处理厂九	气田站场	含醇污水接收罐 5 罐	$4.50×10^3$	$4.57×10^3$	$4.68×10^3$	$4.24×10^3$
155	某处理厂十	气田站场	V0904/A 凝析油罐	$6.17×10^4$	$5.55×10^4$	$6.11×10^4$	$6.86×10^4$
156	某处理厂十	气田站场	V0904/B 凝析油罐	$1.19×10^5$	$1.08×10^5$	$1.15×10^5$	$1.33×10^5$
157	某处理厂十	气田站场	V0905/A 凝析油罐	$1.93×10^7$	$1.87×10^7$	$1.83×10^7$	$2.10×10^7$
158	某处理厂十	气田站场	V0905/B 凝析油罐	$2.00×10^7$	$1.76×10^7$	$2.06×10^7$	$2.19×10^7$

续表

序号	站场名称	类型	罐体名称	平均值 mg·m⁻³	平行数据		
					平行数据 1	平行数据 2	平行数据 3
159	某处理厂十	气田站场	V0902/A 含油污水罐	3.38×10^5	3.63×10^5	3.09×10^5	3.43×10^5
160	某处理厂十	气田站场	V0902/B 含油污水罐	3.96×10^5	3.85×10^5	4.15×10^5	3.88×10^5
161	某处理厂十	气田站场	V0902/C 含油污水罐	1.98×10^5	1.43×10^5	2.04×10^5	2.47×10^5
162	某采出水处理站三	油田站场	1#油水分离装置	7.77×10^4	7.81×10^4	7.59×10^4	7.92×10^4
163	某采出水处理站三	油田站场	C 调节均质沉降装置	3.72×10^3	3.60×10^3	3.73×10^3	3.82×10^3
164	某采出水处理站三	油田站场	2#机械分离装置	871	845	783	986
165	某采出水处理站四	油田站场	净化水罐	283	273	262	314
166	某采出水处理站四	油田站场	调节水罐	181	173	179	192
167	某采出水处理站五	油田站场	破胶罐	248	311	222	211
168	某采出水处理站五	油田站场	预处理装置	94.3	113	76.3	93.5
169	某采出水处理站五	油田站场	净化水罐	216	215	212	222
170	某拉油点	油田站场	西 11 拉储油箱	5.42×10^3	5.58×10^3	5.34×10^3	5.33×10^3
171	某卸油台一	油田站场	1#卸油罐	9.65×10^3	9.59×10^3	9.73×10^3	9.62×10^3
172	某卸油台一	油田站场	4#储油罐	1.92×10^4	1.86×10^4	1.92×10^4	1.97×10^4
173	某联合站二	油田站场	污油回收装置	178	177	177	179
174	某联合站二	油田站场	3#储罐	319	369	292	295

续表

序号	站场名称	类型	罐体名称	平均值 mg·m⁻³	平行数据		
					平行数据 1	平行数据 2	平行数据 3
175	某接转站二	油田站场	1#事故罐	$2.44×10^3$	$2.12×10^3$	$2.70×10^3$	$2.49×10^3$
176	某接转站二	油田站场	1#污油回收装置	$8.13×10^3$	$8.23×10^3$	$8.06×10^3$	$8.10×10^3$
177	某接转站二	油田站场	放空管	$1.19×10^4$	$1.10×10^4$	$1.20×10^4$	$1.27×10^4$
178	某储备库三	油田站场	$3×10^3$ 1#罐	14.3	12.3	15.0	15.6
179	某储备库三	油田站场	$3×10^3$ 2#罐	9.76	9.95	9.40	9.92
180	某储备库三	油田站场	$3×10^3$ 3#罐	9.09	9.49	8.68	9.11
181	某储备库三	油田站场	$10×10^3$ 1#罐	7.24	7.12	7.22	7.39
182	某储备库三	油田站场	$10×10^3$ 2#罐	6.87	7.21	6.91	6.5
183	某储备库三	油田站场	$10×10^3$ 3#罐	6.28	6.84	5.96	6.05
184	某储备库三	油田站场	$10×10^3$ 4#罐	565	562	573	559
185	某储备库三	油田站场	$10×10^3$ 5#罐	8.37	8.19	8.34	8.57
186	某储备库三	油田站场	$10×10^3$ 6#罐	10.9	10.4	10.8	11.4
187	某储备库三	油田站场	$10×10^3$ 7#罐	6.95	6.73	6.98	7.14
188	某储备库三	油田站场	$10×10^3$ 8#罐	6.54	6.78	6.08	6.75
189	某储备库三	油田站场	$10×10^3$ 9#罐	57.1	57.6	56.7	57.1
190	某储备库三	油田站场	$10×10^3$ 10#罐	79.5	79.0	79.8	79.8

续表

序号	站场名称	类型	罐体名称	平均值 $mg \cdot m^{-3}$	平行数据		
					平行数据1	平行数据2	平行数据3
191	某储备库三	油田站场	10×10^3 11#罐	22.0	22.5	22.3	21.1
192	某储备库三	油田站场	10×10^3 12#罐	15.8	17.0	16.2	14.1
193	某接转站三	油田站场	沉降罐	3.36×10^3	3.36×10^3	3.37×10^3	3.36×10^3
194	某接转站三	油田站场	净化罐	4.95×10^3	4.94×10^3	4.96×10^3	4.96×10^3
195	某接转站三	油田站场	净水罐	4.25×10^4	3.97×10^4	4.33×10^4	4.46×10^4
196	某接转站三	油田站场	污油回收装置	6.57×10^3	6.23×10^3	6.64×10^3	6.84×10^3
197	某联合站三	油田站场	1#净化罐	14.3	15	14	14
198	某联合站三	油田站场	2#净化罐	28.9	29	28.9	28.9
199	某联合站三	油田站场	3#净化罐	7.11×10^4	7.27×10^4	7.06×10^4	7.01×10^4
200	某联合站三	油田站场	7#净化罐	5.38×10^5	5.46×10^5	5.32×10^5	5.36×10^5
201	某联合站三	油田站场	8#净化罐	6.44×10^5	6.19×10^5	6.53×10^5	6.61×10^5
202	某联合站三	油田站场	9#净化罐	2.41×10^3	2.42×10^3	2.38×10^3	2.44×10^3
203	某联合站三	油田站场	10#净化罐	2.38×10^3	2.42×10^3	2.35×10^3	2.37×10^3
204	某联合站三	油田站场	11#净化罐	842	866	810	849
205	某联合站三	油田站场	12#净化罐	491	483	470	519
206	某接转站四	油田站场	储罐 1#	248	239	252	254

续表

序号	站场名称	类型	罐体名称	平均值 mg·m⁻³	平行数据		
					平行数据 1	平行数据 2	平行数据 3
207	某接转站四	油田站场	储罐 3#	8.83×10^5	8.30×10^5	9.02×10^5	9.17×10^5
208	某接转站四	油田站场	储罐 4#	4.37×10^4	4.33×10^4	4.31×10^4	4.46×10^4
209	某接转站四	油田站场	储罐 5#	3.62×10^3	3.68×10^3	3.61×10^3	3.58×10^3
210	某卸油台二	油田站场	卸油台 1#	3.94×10^5	3.69×10^5	3.95×10^5	4.19×10^5
211	某卸油台二	油田站场	卸油台 2#	1.46×10^3	1.38×10^3	1.49×10^3	1.51×10^3
212	某卸油台二	油田站场	卸油台 3#	740	737	744	740

表 4 - 2 敞开液面非甲烷总烃浓度直接读取式数据汇总表

序号	站场名称	罐体名称	点位	实测值/10⁻⁶
1	某采出水处理站一	含油污泥储存池	东侧 1#	143
			南侧 2#	153
			西侧 3#	345
			北侧 4#	34.1
2	某采出水处理站二	污水污泥池	1# 点（液面上方）	970
3	某采出水处理站三	污水污泥池	1# 点（液面上方）	186

（1）非甲烷总烃排放浓度不超过 120 mg/m³；

（2）生产装置和设施排气中非甲烷总烃初始排放速率不小于 3 kg/h 的，废气处理设施非甲烷总烃去除效率不低于 80%。重点地区生产装置和设施排气中非甲烷总烃初始排放速率不小于 2 kg/h 的，废气处理设施非甲烷总烃去除效率不低于 80%。

根据上述站场非甲烷总烃浓度检测结果汇总可以得到：气田站场低于 120 mg/m³ 的站场储罐数量为 18 个，120 mg/m³ 的站场储罐数量为 113 个；油田站场低于 120 mg/m³ 的站场储罐数量为 24 个，不低于 120 mg/m³ 的站场储罐数量为 57 个。部分同种储罐非甲烷总烃浓度检测数据相差较大，根据实地勘察和检测结果分析有以下几种情况：

（1）储罐大小呼吸时，呼吸阀动作状态将罐内气体呼出，此时储罐检测出的非甲烷总烃浓度数据较高；

（2）储罐内介质储存越多，罐体内液面越高，挥发的气体在狭小的空间聚集，此种情况取到的气体样品检测出的非甲烷总烃浓度较高，而罐体内介质储存较少时，挥发出的气体较为分散，此种情况呼吸阀口取到的气体样品非甲烷总烃浓度一般较低。

（3）介质为水的储罐整体检测出的非甲烷总烃浓度都相对较低。

（4）稳定原油储罐非甲烷总烃浓度检测结果较低，如宁夏石油商业储备库，在取样的 15 个油罐中仅 1 个罐非甲烷总烃浓度超过 120 mg/m³，其余 14 个罐的非甲数据均低于 60 mg/m³。

按照油田与气田站场不同存储设备设施进行归类，将非甲烷总烃浓度检测结果低于 120 mg/m³ 的设备设施统计见表 4-3。

表 4-3 非甲烷总烃浓度检测结果低于 120 mg/m³ 罐体明细表

气田站场	罐体数量	低于 120 mg/m³	油田站场	罐体数量	低于 120 mg/m³
净化水罐	3	0	沉降罐	3+1	2
原油罐	2	0	净化罐	2+1+9	2+2
储油罐	13	0	净化水罐	3+1	0
沉降罐	2	2	污水罐	2	0
沉降除油罐	2	0	储油罐	38+4	17
凝析油罐	23	3	污油池	2	0

续表

气田站场	罐体数量	低于 120 mg/m³	油田站场	罐体数量	低于 120 mg/m³
原料罐	5	2	污油回收装置	2+1	0
原料水罐	3	0	卸油箱	1+3	0
甲醇污水罐	4	0	调节水罐	1	0
采出水罐	7	0	除油水罐	1	0
污油罐	8	0	油水分离装置	1	0
缓冲水罐	5	3	机械分离装置	1	0
产品甲醇罐	10	3	破胶罐	1	0
原料甲醇接收罐	3	0	预处理装置	1	1
检修水罐	3	0	放空管	1	0
生产水罐	1	1	事故罐	1	0
生活污水罐	1	1			
回注水罐	2	0			
含油污水罐	17	0			
含醇污水罐	7	0			
调节水罐	7	1			
转水罐	1	0			
含醇地层水	2	2			

(三)真实蒸气压检测

真实蒸气压数据汇总见表 4-4。

表 4-4 真实蒸气压数据汇总表

序号	站场名称	类型	罐体名称	真实蒸气压/kPa
1	某净化厂一	气田站场	转水罐 D-2903	39.0
2	某净化厂一	气田站场	2#甲醇装置甲醇储罐 D-2902	35.3

续表

序号	站场名称	类型	罐体名称	真实蒸气压/kPa
3	某净化厂一	气田站场	1♯调节罐D-3801	30.6
4	某净化厂一	气田站场	含醇污水溶液槽D-2801A	11.8
5	某净化厂一	气田站场	含醇污水溶液槽D-2801B	13.2
6	某净化厂一	气田站场	含醇污水溶液槽D-2801C	28.4
7	某净化厂一	气田站场	含醇污水溶液槽D-2801D	26.7
8	某净化厂二	气田站场	甲醇污水接收罐V-1501A	10.9
9	某净化厂二	气田站场	产品甲醇罐V-1503A	34.2
10	某处理厂一	气田站场	产品甲醇罐V0403A	34.6
11	某处理厂一	气田站场	产品甲醇罐V0403B	34.7
12	某处理厂二	气田站场	原料罐V-0901A	65.1
13	某处理厂二	气田站场	原料罐V-0901B	52.7
14	某处理厂二	气田站场	产品甲醇罐V-0902A	41.1
15	某处理厂二	气田站场	产品甲醇罐V-0902B	40.5
16	某采出水处理站一	气田站场	溢流沉降罐1♯	9.7
17	某采出水处理站一	气田站场	溢流沉降罐2♯	10.4
18	某采出水处理站一	气田站场	溢流沉降罐5♯	11.6
19	某采出水处理站一	气田站场	溢流沉降罐6♯	11.6
20	某处理厂三	气田站场	原料罐V-0404A	76.8
21	某处理厂三	气田站场	原料罐V-0404B	76.8
22	某处理厂三	气田站场	污油储罐V-0405B	47.9
23	某处理厂三	气田站场	凝析油储罐V-0405A	78.0
24	某采出水处理站二	气田站场	污油罐3♯	18.4
25	某输油站一	油田站场	1♯储油罐	29.3
26	某输油站一	油田站场	2♯储油罐	34.2
27	某输油站一	油田站场	4♯储油罐	29.8
28	某输油站一	油田站场	3♯储油罐	31.3

续表

序号	站场名称	类型	罐体名称	真实蒸气压/kPa
29	某输油站二	油田站场	1#来油罐	30.4
30	某输油站二	油田站场	来油储罐4#	29.0
31	某输油站二	油田站场	净化油罐	46.5
32	某输油站二	油田站场	净化油罐	47.8
33	某输油站二	油田站场	沉降罐	50.1
34	某联合站一	油田站场	6#净化罐	29.3
35	某联合站一	油田站场	5#沉降罐	30.2
36	某净化厂三	气田站场	含醇地层水罐1#	16.3
37	某净化厂三	气田站场	产品甲醇罐2#	35.0
38	某净化厂四	气田站场	缓冲水罐D-1203-B	14.7
39	某净化厂四	气田站场	原料罐V1502-A	16.3
40	某净化厂四	气田站场	采出水罐V1501-A	15.5
41	某净化厂四	气田站场	原料罐V1502-C	17.3
42	某净化厂四	气田站场	调节水罐D1202	16.9
43	某净化厂四	气田站场	甲醇罐V1503-A	35.2
44	某脱水站一	气田站场	污油回收装置	9.0
45	某脱水站一	气田站场	储油罐	22.8
46	某脱水站一	气田站场	污油回收装置	14.3
47	某脱水站一	气田站场	储油罐	21.5
48	某联合站二	气田站场	污油回收装置	13.3
49	某联合站二	气田站场	污油回收装置	12.0
50	某联合站二	气田站场	沉降罐	38.9
51	某联合站二	气田站场	2#净化油罐	35.9
52	某联合站二	气田站场	1#净化罐	17.1
53	某卸油台一	气田站场	3#储油罐	31.0
54	某卸油台一	气田站场	2#储油罐	30.6

续表

序号	站场名称	类型	罐体名称	真实蒸气压/kPa
55	某净化厂五	气田站场	回水注罐 D-5/1	15.7
56	某净化厂五	气田站场	甲醇罐 D-4	37.7
57	某净化厂五	气田站场	检修污水罐 D01-2	24.1
58	某净化厂五	气田站场	采出水罐 D-2	18.9
59	某净化厂五	气田站场	生产污水罐 D1-1	9.8
60	某处理厂四	气田站场	2#凝析油罐	34.1
61	某处理厂四	气田站场	1#原料罐	26.7
62	某处理厂四	气田站场	1#凝析油	35.1
63	某处理厂四	气田站场	2#原料罐	24.4
64	某处理厂四	气田站场	甲醇罐	32.1
65	某处理厂四	气田站场	1#污油罐	7.0
66	某处理厂四	气田站场	2#污油罐	18.2
67	某处理厂五	气田站场	1#凝析油罐(未稳定)	26.5
68	某处理厂五	气田站场	2#凝析油罐(稳定)	34.5
69	某处理厂五	气田站场	1#凝析油罐(稳定)	28.9
70	某处理厂五	气田站场	1#原料罐	12.2
71	某处理厂五	气田站场	3#甲醇罐	66.3
72	某处理厂五	气田站场	1#甲醇罐	32.2
73	某处理厂五	气田站场	2#甲醇罐	61.1
74	某处理厂五	气田站场	2#原料罐	17.5
75	某采出水处理站三	气田站场	含醇污水接收罐	14.4
76	某采出水处理站三	气田站场	含醇污水接收罐	18.9
77	某采出水处理站三	气田站场	1#含醇污水罐	22.1
78	某采出水处理站三	气田站场	2#含醇污水罐	16.1
79	某卸油台一	气田站场	4#储油罐	29.8
80	某卸油台一	气田站场	5#储油罐	28.6

续表

序号	站场名称	类型	罐体名称	真实蒸气压/kPa
81	某联合站三	气田站场	沉降罐 1 号	13.5
82	某联合站三	气田站场	净化油罐	43.2
83	某联合站三	气田站场	沉降罐 2 号	15.7
84	某联合站三	气田站场	污油回收装置	11.6
85	某输油站三	气田站场	4♯净化油罐	38.4
86	某输油站三	气田站场	4♯来油储罐	30.2
87	某接转站一	油田站场	沉降罐	31.2
88	某接转站一	油田站场	净化罐	27.7
89	某接转站一	油田站场	污油回收装置	13.5
90	某联合站四	油田站场	3♯净化罐	20.7
91	某联合站四	油田站场	12♯净化罐	19.1
92	某联合站四	油田站场	7♯沉降罐	27.9
93	某联合站四	油田站场	1♯净化罐	<25
94	某联合站四	油田站场	2♯净化罐	<25
95	某联合站四	油田站场	9♯净化罐	<25
96	某联合站四	油田站场	8♯净化罐	<25
97	某联合站四	油田站场	11♯净化罐	<25
98	某接转站二	油田站场	1♯储罐	28.6
99	某接转站二	油田站场	2♯储罐	26.3
100	某接转站二	油田站场	3♯储罐	30.2
101	某接转站二	油田站场	4♯储罐	26.6
102	某接转站二	油田站场	6♯储罐	27.1
103	某接转站二	油田站场	5♯储罐	25.5
104	某卸油台二	油田站场	1♯卸油台	30.3
105	某卸油台二	油田站场	2♯卸油台	29.1
106	某卸油台二	油田站场	3♯卸油台	27.1

(四)真实蒸气压检测数据分析

真实蒸气压数值绝大多数集中在 66.7 kPa 以内。

(1)真实蒸气压数值低于 27.6 kPa 的罐体数量为 53 个,此部分储罐按照 GB 39728—2020 要求无须进行 VOCs 治理。

(2)真实蒸气压数值介于 27.6～66.7 kPa 的罐体数量为 50 个,此部分罐体可以参考 GB 39728—2020,根据罐体容积选择性进行治理。

(3)真实蒸气压数值大于 66.7 kPa 的罐体数量为 3 个,为凝析油罐和原料罐,属于标准要求的应采取控制排放措施进行 VOCs 治理的存储设施。

(五)介质组分分析

某站场一 储油罐组分分析数据汇总见表 4-5。

表 4-5　某站场一 储油罐组分分析数据汇总表

序号	成分名称	成分含量/(%)	CAS#	分子式
1	水分	0.054 2		
2	正己烷	1.98	110-54-3	C_6H_{14}
3	甲基环戊烷	2.06	96-37-7	C_6H_{12}
4	环己烷	2.09	110-82-7	C_6H_{12}
5	顺-1,3-二甲基环戊烷	2.06	2532-58-3	C_7H_{14}
6	正庚烷	2.06	142-82-5	C_7H_{16}
7	甲基环己烷	3.40	108-87-2	C_7H_{14}
8	2-甲基庚烷	2.41	592-27-8	$CH_3(CH_2)_4CH(CH_3)_2$
9	顺-1,3-二甲基环己烷	3.43	638-04-0	C_8H_{16}
10	正辛烷	4.50	111-65-9	C_8H_{18}
11	1,1,3-三甲基环己烷	4.37	3073-66-3	C_9H_{18}
12	1,10-癸二醇	2.10	3074-71-3	C_9H_{20}
13	1,2,4-三甲基环己烷	2.31	2234-75-5	C_9H_{18}
14	正壬烷	3.26	111-84-2	C_9H_{20}
15	对二甲苯	3.27	106-42-3	C_8H_{10}

续表

序号	成分名称	成分含量/(%)	CAS#	分子式
16	2,6-二甲基辛烷	2.31	2051-30-1	$C_{10}H_{22}$
17	4-甲基壬烷	2.29	17301-94-9	$C_{10}H_{22}$
18	癸烷	2.19	124-18-5	$C_{10}H_{22}$
19	十一烷	2.32	1120-21-4	$C_{11}H_{24}$
20	十二烷	2.31	112-40-3	$C_{12}H_{26}$
21	顺式-1,2-二甲基环戊烷	0.60	1192-18-3	C_7H_{11}
22	(1R,3R)-1,2,3-三甲基环戊烷	0.26	15890-40-1	C_8H_{16}
23	甲苯	1.46	108-88-3	C_7H_8
24	2-甲基辛烷	0.29	3221-61-2	C_9H_{20}
25	乙基环己烷	0.36	1678-91-7	C_8H_{16}
26	2,3,5-三甲基己烷	0.26	1069-53-0	C_9H_{20}
27	3-乙基-2-甲基乙烷	0.38	14676-29-0	$C_{10}H_{22}$
28	2,3-二甲基辛烷	0.27	7146-60-3	$C_{10}H_{22}$
29	1,2,4-三甲基苯	0.41	95-63-6	C_9H_{12}
30	4-甲基-癸烷	0.65	2847-72-5	$C_{11}H_{24}$
31	1,2,4,5-四甲苯	0.27	95-93-2	$C_{10}H_{14}$
32	2,6-二甲基十一烷	0.43	17301-23-4	$C_{13}H_{28}$
33	十三烷	1.61	629-50-5	$C_{13}H_{28}$
34	2,6,10-三甲基十二烷	0.76	3891-98-3	$C_{15}H_{32}$
35	十四烷	1.58	629-59-4	$C_{14}H_{30}$
36	正十六烷	1.55	544-76-3	$C_{16}H_{34}$
37	正十九烷	5.48	629-92-5	$C_{19}H_{40}$
38	2,6,10-三甲基十五烷	0.35	3892-00-0	$C_{18}H_{38}$
39	正二十七烷	1.51	593-49-7	$C_{27}H_{56}$
40	正三十一烷	0.55	630-04-6	

续表

序号	成分名称	成分含量/(%)	CAS#	分子式
41	1-十九碳烯	0.14	18435-45-5	$C_{19}H_{38}$
42	1-十六烷醇	0.12	36653-82-4	$C_{16}H_{34}O$
43	正十七烷	6.78	629-78-7	$C_{17}H_{36}$
44	9-己基十七烷	0.24	55124-79-3	
45	正十八烷	3.57	593-45-3	$C_{18}H_{38}$
46	植烷	3.31	638-36-8	$C_{20}H_{42}$
47	2-甲基十八烷	0.35	1560-88-9	$C_{19}H_{40}$
48	3-甲基十八烷	0.52	6561-44-0	$C_{19}H_{40}$
49	2-甲基十九烷	0.64	1560-86-7	$C_{20}H_{42}$
50	正二十一烷	7.48	629-94-7	$C_{21}H_{44}$
51	正二十烷	5.10	112-95-8	$C_{20}H_{42}$
52	(Z)-三十五碳-17-烯	1.62	6971-40-0	$C_{35}H_{70}$
53	二十五烷	0.19	629-99-2	$C_{25}H_{52}$
54	正二十四烷	0.13	646-31-1	$C_{24}H_{50}$
55	氧化铁*	0.2～0.3	1332-37-2	
56	氯化物*	0.3～0.4		

注:
①以上各物质含量为面积归一化所得;
②＊为根据数据推测成分;
③本结果仅反映样品宏观理论分析结果;
④CAS#为化学文摘社编号。

某站场一 沉降罐组分分析汇总见表4-6。

表4-6　某站场一 沉降罐组分分析汇总表

序号	成分名称	成分含量/(%)	CAS#	分子式
1	水分	0.0299		
2	正己烷	1.66	110-54-3	C_6H_{14}
3	甲基环戊烷	1.61	96-37-7	C_6H_{12}

续表

序号	成分名称	成分含量/(%)	CAS#	分子式
4	环己烷	1.42	110-82-7	C_6H_{12}
5	顺-1,3-二甲基环戊烷	1.67	2532-58-3	C_7H_{14}
6	正庚烷	1.59	142-82-5	C_7H_{16}
7	甲基环己烷	2.38	108-87-2	C_7H_{14}
8	2-甲基庚烷	1.49	592-27-8	$CH_3(CH_2)_4CH(CH_3)_2$
9	反式-1,3-二甲基环己烷	2.18	2207-03-6	C_8H_{16}
10	正辛烷	3.23	111-65-9	C_8H_{18}
11	1,1,3-三甲基环己烷	2.75	3073-66-3	C_9H_{18}
12	4-甲基辛烷	2.09	2216-34-4	C_9H_{20}
13	1,2,4-三甲基环己烷	1.39	7667-60-9	
14	正壬烷	2.24	111-84-2	C_9H_{20}
15	对二甲苯	2.43	106-42-3	C_8H_{10}
16	2,6-二甲基辛烷	1.35	2051-30-1	$C_{10}H_{22}$
17	4-甲基壬烷	1.28	17301-94-9	$C_{10}H_{22}$
18	癸烷	1.51	124-18-5	$C_{10}H_{22}$
19	十一烷	1.63	1120-21-4	$C_{11}H_2$
20	十二烷	1.67	112-40-3	$C_{12}H_{26}$
21	十三烷	1.42	629-50-5	$C_{13}H_{28}$
22	顺式-1,2-二甲基环戊烷	0.70	1192-18-3	C_7H_{14}
23	1,4-二氧六环	0.85	123-91-1	$C_4H_8O_2$
24	1,2,3-三甲基环戊烷	0.42	2815-57-8	C_8H_{16}
25	甲苯	5.17	108-88-3	C_7H_8
26	顺-1,3-二甲基环己烷	0.88	638-04-0	C_8H_{16}
27	2,3,5-三甲基己烷	0.23	1069-53-0	C_9H_{20}
28	3-乙基-2-甲基庚烷	0.38	14676-29-0	$C_{10}H_{22}$
29	1,2,4-三甲基苯	0.33	95-63-6	C_9H_{12}
30	5-乙基-2-甲基庚烷	0.46	13475-78-0	$C_{10}H_{22}$
31	1,2-二甲基-3-乙基苯	0.25	933-98-2	$C_{10}H_{14}$

续表

序号	成分名称	成分含量/(%)	CAS#	分子式
32	2,6-二甲基十一烷	0.50	17301-23-4	$C_{13}H_{28}$
33	2,6,10-三甲基十二烷	1.09	3891-98-3	$C_{15}H_{32}$
34	十四烷	2.10	629-59-4	$C_{14}H_{30}$
35	2,6,10-三甲基十三烷	0.35	3891-99-4	
36	正十五烷	2.03	629-62-9	C15H32
37	正十六烷	1.69	544-76-3	C16H34
38	正十九烷	5.58	629-92-5	C19H40
39	正二十四烷	2.23	646-31-1	C24H50
40	二十八烷	2.31	630-02-4	C28H58
41	2-甲基十八烷	1.01	1560-88-9	C19H40
42	四十四烷	0.82	7098-22-8	$C_{44}H_{90}$
43	2,3-二甲基-1,4-己二烯	0.24	18669-52-8	C_8H_{14}
44	1-十二烯	1.07	112-41-4	$C_{12}H_{24}$
45	十二醇	0.34	112-53-8	$C_{12}H_{26}O$
46	2,6,10-三甲基十五烷	0.31	3892-00-0	$C_{18}H_{38}$
47	正十七烷	2.26	629-78-7	$C_{17}H_{36}$
48	(Z)-三十五碳-17-烯	0.23	6971-40-0	$C_{35}H_{70}$
49	正十八烷	2.75	593-45-3	$C_{18}H_{38}$
50	植烷	1.67	638-36-8	$C_{20}H_{42}$
51	正二十一烷	23.16	629-94-7	$C_{21}H_{44}$
52	2-甲基十九烷	0.40	1560-86-7	$C_{20}H_{42}$
53	2-甲基二十烷	0.34	1560-84-5	$C_{21}H_{44}$
54	正二十九烷	0.83	630-03-5	$C_{29}H_{60}$

注:
①以上各物质含量为面积归一化所得;
②本结果仅反映样品宏观理论分析结果。

某站场二 储油罐组分分析数据汇总见表4-7。
某站场二 储油罐组分分析数据汇总见表4-8。

表 4 - 7 某站场二 储油罐组分分析数据汇总表

序号	成分名称	成分含量/(%)	CAS#	分子式
1	水分	0.065 8		
2	正己烷	1.33	110 - 54 - 3	C_6H_{11}
3	甲基环戊烷	1.40	96 - 37 - 7	C_6H_{12}
4	环己烷	1.22	110 - 82 - 7	C_6H_{12}
.5	顺 - 1,3 - 二甲基环戊烷	1.51	2532 - 58 - 3	C_7H_{14}
6	正庚烷	1.37	142 - 82 - 5	C_7H_{16}
7	甲基环己烷	2.21	108 - 87 - 2	C_7H_{14}
8	2 - 甲基庚烷	1.44	592 - 27 - 8	$CH_3(CH_2)_4CH(CH_3)_2$
9	顺 - 1,3 - 二甲基环己烷	2.12	638 - 04 - 0	C_8H_{16}
10	正辛烷	3.10	111 - 65 - 9	C_8H_{18}
11	1,1,3 - 三甲基环己烷	2.70	3073 - 66 - 3	C_9H_{18}
12	壬烯	1.36	124 - 11 - 8	C_9H_{18}
13	1,2,4 - 三甲基环己烷	1.38	7667 - 60 - 9	
14	正壬烷	2.20	111 - 84 - 2	C_9H_{20}
15	对二甲苯	1.96	106 - 42 - 3	C_8H_{10}
16	2,6 - 二甲基辛烷	1.33	2051 - 30 - 1	$C_{10}H_{22}$
17	4 - 甲基壬烷	1.27	17301 - 94 - 9	$C_{10}H_{22}$
18	癸烷	1.47	124 - 18 - 5	$C_{10}H_{22}$
19	十一烷	1.57	1120 - 21 - 4	$C_{11}H_{24}$
20	十二烷	1.59	112 - 40 - 3	$C_{12}H_{26}$
21	十三烷	1.41	629 - 50 - 5	$C_{13}H_{28}$
22	1,3 - 二甲基环戊烷	0.15	2453 - 00 - 1	C_7H_{14}
23	3,5 - 二甲基 - 1 - 己烯	0.17	7423 - 69 - 0	C_8H_{16}
24	顺式 - 1,2 - 二甲基环戊烷	0.33	1192 - 18 - 3	C_7H_{14}
25	1,4 - 二氧六环	0.85	123 - 91 - 1	$C_4H_8O_2$
26	1,2,4 - 三甲基环己烷	4.61	108 - 88 - 3	C_7H_8

续表

序号	成分名称	成分含量/(%)	CAS#	分子式
27	3-乙基-2-甲基庚烷	0.42	14676-29-0	$C_{10}H_{22}$
28	1,2,4-三甲基苯	0.26	95-63-6	C_9H_{12}
29	4-甲基-癸烷	0.37	2847-72-5	$C_{11}H_{24}$
30	十四烷	6.50	629-59-4	$C_{14}H_{30}$
31	4-甲基壬烷	0.47	17301-23-4	$C_{13}H_{28}$
32	2,6,10-三甲基十二烷	0.18	3891-98-3	$C_{15}H_{32}$
33	正十五烷	1.74	629-62-9	$C_{15}H_{32}$
34	正十九烷	7.34	629-92-5	$C_{19}H_{40}$
35	正二十四烷	1.00	646-31-1	$C_{24}H_{50}$
36	二十八烷	0.88	630-02-4	$C_{28}H_{58}$
37	四十四烷	2.67	7098-22-8	$C_{44}H_{90}$
38	正十六烷	1.02	544-76-3	$C_{16}H_{34}$
39	2,6,10-三甲基十五烷	0.53	3892-00-0	$C_{18}H_{38}$
40	正十七烷	3.58	629-78-7	$C_{17}H_{36}$
41	2-甲基十七烷	0.22	1560-89-0	$C_{18}H_{38}$
42	正二十一烷	26.11	629-94-7	$C_{21}H_{44}$
43	2-甲基十八烷	0.26	1560-88-9	$C_{19}H_{40}$
44	3-甲基十八烷	0.22	6561-44-0	$C_{19}H_{40}$
45	植烷	0.81	638-36-8	$C_{20}H_{42}$
46	2-甲基二十烷	0.26	1560-84-5	$C_{21}H_{44}$
47	(Z)-三十五碳-17-烯	0.16	6971-40-0	$C_{35}H_{70}$
48	二十五烷	3.87	629-99-2	$C_{25}H_{52}$
49	正二十九烷	0.15	630-03-5	$C_{29}H_{60}$
50	正二十七烷	0.86	593-49-7	$C_{27}H_{56}$

注：

①以上各物质含量为面积归一化所得；

②本结果仅反映样品宏观理论分析结果。

表 4-8　某站场二　储油罐组分分析数据汇总表

序号	成分名称	成分含量/(%)	CAS#	分子式
1	水分	0.065 8		
2	正己烷	1.38	110-54-3	C_6H_{11}
3	环己烷	1.48	110-82-7	C_6H_{12}
4	顺-1,3-二甲基环戊烷	1.41	2532-58-3	C_7H_{11}
5	正庚烷	1.55	142-82-5	C_7H_{16}
6	甲基环己烷	2.52	108-87-2	C_7H_{11}
7	2-甲基庚烷	1.65	592-27-8	$CH_3(CH_2)_4CH(CH_3)_2$
8	反式-1,3-二甲基环己烷	2.48	2207-03-6	C_8H_{16}
9	正辛烷	3.31	111-65-9	C_8H_{18}
10	1,1,3-三甲基环己烷	3.12	3073-66-3	C_9H_{18}
11	1,10-癸二醇	1.54	3074-71-3	C_9H_{20}
12	顺式,反式,反式-1,2,4-三甲基环己烷	1.71	7667-60-9	
13	正壬烷	2.42	111-84-2	C_9H_{20}
14	对二甲苯	3.02	106-42-3	C_8H_{10}
15	2,6-二甲基辛烷	1.74	2051-30-1	$C_{10}H_{22}$
16	4-甲基壬烷	1.77	17301-94-9	$C_{10}H_{22}$
17	癸烷	1.54	124-18-5	$C_{10}H_{22}$
18	2,6-二甲基-壬烷	1.35	17302-28-2	$C_{11}H_{24}$
19	2-甲基癸烷	1.58	6975-98-0	$C_{11}H_{24}$
20	十一烷	1.60	1120-21-4	$C_{11}H_{24}$
21	十二烷	1.59	112-40-3	$C_{12}H_{26}$
22	4-甲基-癸烷	0.42	2847-72-5	$C_{11}H_{24}$
23	1,2,4-三甲基苯	0.13	95-63-6	C_9H_{12}
24	十四烷	4.18	629-59-4	$C_{14}H_{30}$
25	2,6-二甲基十一烷	0.46	17301-23-4	$C_{13}H_{28}$

续 表

序号	成分名称	成分含量/(%)	CAS#	分子式
26	2,3-二甲基十一烷	0.18	17312-77-5	$C_{13}H_{28}$
27	十三烷	2.15	629-50-5	$C_{13}H_{28}$
28	庚基环己烷	0.13	5617-41-4	$C_{13}H_{26}$
29	2,9-二甲基十一烷	0.21	17301-26-7	$C_{13}H_{28}$
30	2,6,10-三甲基十二烷	0.42	3891-98-3	$C_{15}H_{32}$
31	1,7-二甲基萘	0.36	575-37-1	$C_{12}H_{12}$
32	1,4-二甲基萘	0.22	571-58-4	$C_{12}H_{12}$
33	2,6,10-三甲基三帖烷	0.80	3891-99-4	
34	正十六烷	2.58	544-76-3	$C_{16}H_{34}$
35	2,3,6-三甲基萘	0.16	829-26-5	$C_{13}H_{14}$
36	正十九烷	7.34	629-92-5	$C_{19}H_{40}$
37	2,6,10-三甲基十五烷	0.65	3892-00-0	$C_{18}H_{38}$
38	正十八烷	3.39	593-45-3	$C_{18}H_{38}$
39	9-己基十七烷	0.10	55124-79-3	
40	正二十一烷	8.83	629-94-7	$C_{21}H_{44}$
41	正二十七烷	1.67	593-49-7	$C_{27}H_{56}$
42	正二十六烷	1.50	630-01-3	$C_{26}H_{54}$
43	二十八烷	1.18	630-02-4	$C_{28}H_{58}$
44	正三十一烷	1.63	630-04-6	
45	四十四烷	0.20	7098-22-8	$C_{44}H_{90}$
46	十二醇	0.80	112-53-8	$C_{12}H_{26}O$
47	正十七烷	0.64	629-78-7	$C_{17}H_{36}$
48	植烷	0.51	638-36-8	$C_{20}H_{42}$
49	1-十六烷醇	2.03	36653-82-4	$C_{16}H_{34}O$
50	正二十烷	3.99	112-95-8	$C_{20}H_{42}$
51	9(E)-十六碳烯醇	7.97	64437-47-4	

续表

序号	成分名称	成分含量/(%)	CAS#	分子式
52	(Z)-三十五碳-17-烯	2.16	6971-40-0	$C_{35}H_{70}$
53	正二十四烷	1.65	646-31-1	$C_{24}H_{50}$
54	二十五烷	1.79	629-99-2	$C_{25}H_{52}$
55	正二十九烷	0.74	630-03-5	$C_{29}H_{60}$

注：

①以上各物质含量为面积归一化所得；

②本结果仅反映样品宏观理论分析结果。

通过油气田典型场站 VOCs 检测结果可以得知，主要排放源为储罐损失、敞开液面及设备泄漏。对场站内各设备设施进行非甲烷总烃浓度检测和组分分析，结果表明：场站内产生 VOCs 的主要区域为净化罐区域、干化池区域；产生的 VOCs 组分主要为高浓度的烷烃类化合物。油气田开采过程中 VOCs 的烷烃类化合物中浓度最高的为正己烷、环己烷，其次是正庚烷、甲基环己烷、正辛烷等化合物。通过对油田各生产区域场站 VOCs 的检测分析，了解了其主要来源与成分，对于后期开展 VOCs 控制排放与收集治理、制定管控措施与方案提供了基础数据支撑，为油气田站场满足环保标准要求，改善环境空气质量提供了数据支撑。

第二节　典型站场排放量核算

一、油气田站场 VOCs 和甲烷排放

自"十三五"规划以来，国家打赢蓝天保卫战、大气环境污染防治主要从末端治理入手，未来实现"双碳"目标则需要从前端供给侧调整优化能源结构入手。每年全球约 7% 的天然气产量在生产过程中泄漏到大气中，对环境和经济造成双重负面影响。联合国政府间气候变化专门委员会（IPCC）在 2018 年 10 月发布的《IPCC 全球升温 1.5 ℃ 特别报告》中指出，若要将全球变暖目标控制在 1.5 ℃，需要大幅削减甲烷排放。甲烷排放的实测值要比 EPA（化学物质信息）数据库的估算值高出约 60%。与 EPA 数据库估计的全产业链 1.4% 排放量相比，实测的甲烷排放量为 2.3%，相当于每年排放 1 300 万 t 的天然气。也就是说，真实的情况可能比统计数据更为严峻。由于需要管控的

是整个天然气供应链,从钻井生产到集输、长输、储存、城镇燃气,管控链条长、管控对象多,对于甲烷逃逸量相对较大的上游生产采集和集输储存环节,有必要构建基础数据全、动态数据传输及时、智能化程度高的信息系统,以支撑有效管控工作。

二、油气田站场 VOCs 和甲烷排放逻辑关系

油气田站场中的 VOCs 和甲烷排放之间存在一定的逻辑关系。这是因为在油气开采、运输和处理过程中,VOCs 和甲烷都是常见的有害气体排放源。首先,VOCs 是指易挥发的有机化合物,包括苯、甲醛、二甲苯等。它们主要来自油气田站场的各种活动,如钻井、抽取、储存和运输等。这些活动会导致 VOCs 的释放和扩散到大气中。然后,甲烷是天然气的主要成分,也是一种强效温室气体。在油气田站场中,甲烷排放主要来自泄漏、未完全燃烧的天然气以及油气生产与处理过程中的不完全利用。这些因素导致甲烷从油气设备、管道和储存设施中逸出到大气中。因此,可以看出 VOCs 和甲烷的排放在油气田站场中具有一定的关联性。实际上,许多 VOCs 也是甲烷的前体物,它们可以通过化学反应最终转化为甲烷。甲烷(CH_4)是一种主要的温室气体,对全球气候变化具有重要影响。VOCs 可以通过不完全燃烧、工业过程和天然来源等途径释放到大气中,并在特定条件下转化为甲烷。

一些常见的 VOCs,例如乙烯(C_2H_4)、正丁烷(C_4H_{10}),在大气中与氧气反应生成甲基自由基($CH_3 \cdot$),进而与其他 VOCs 或甲烷反应形成甲烷分子。这个过程称为甲烷生成。因此,VOCs 的排放和控制对于减少甲烷的产生和排放至关重要。在油气田站场中,热解和裂解是一种重要的甲烷生成过程。这个过程通常发生在高温和高压的地下环境中,涉及碳氢化合物(如石油和天然气中的烃类)的热解和裂解反应。在热解过程中,随着温度的升高,碳氢化合物会经历热分解反应,分解为较小的碳氢分子,其中包括甲烷(CH_4)。热解可以由两个主要的反应途径进行,一是烷烃的裂解,长链烷烃(如石油中的石蜡)在高温条件下发生裂解反应,产生低碳烷烃和甲烷。例如,较长的烷烃分子[如十六烷($C_{16}H_{34}$)]可能通过裂解反应分解为较小的烷烃分子[如丁烷(C_4H_{10})],最终生成甲烷。

$$C_{16}H_{34} \longrightarrow C_4H_{10} + CH_4 \uparrow \qquad\qquad (4-1)$$

这些热解和裂解反应通常发生在油气田地下的高温岩石层中,受到地质条件、压力和温度等因素的影响。此外,热解和裂解过程也与油气田中的碳氢化合物组成和含量有关。因此在 VOCs 生产过程中可能会协同甲烷排放。

在油气产业中,包括油田、天然气开采、石油精炼和化工等环节中,存在许多 VOCs 的源头。这些 VOCs 可以通过泄漏、溢出、燃烧不完全等方式释放到大气中,并在适当条件下转化为甲烷。同时,油气站场中的操作和设备管理措施,例如泄漏监测和控制系统,也可能同时减少 VOCs 和甲烷的排放。在油气站场中,存在一些地方同时存在 VOCs 和甲烷的情况。有几个可能存在这两种污染物的区域,像液体储罐,石油、天然气和化学品等液体储罐是常见的 VOCs 和甲烷排放源。由于储罐密封性的限制或操作不当,因此 VOCs 和甲烷可以从液体表面蒸发或泄漏。气体压缩和分离设施,在压缩和分离过程中,气体中的 VOCs 和甲烷可以被释放出来。这些设施通常涉及气体加压和冷却操作,造成 VOCs 从气体中蒸发并与甲烷混合。燃烧设备、天然气加工和发电等燃烧设备是甲烷的主要释放源,同时也可以产生 VOCs。不完全燃烧和不合理的燃烧条件可能导致 VOCs 和甲烷排放的增加。泄漏点、管道、阀门和连接部件等存在泄漏的地方,可能导致 VOCs 和甲烷的逃逸。这些泄漏点需要及时修复,以减小环境污染和安全风险。废气处理设施,如果废气处理设施效果不理想或操作不当,可能无法有效去除 VOCs 和甲烷,从而导致排放超标。在油气产业中,除了关注 VOCs 本身的排放控制,还需要密切关注甲烷的排放,采取相应的措施来减少温室气体的释放。

三、油气田站场 VOCs 排放和甲烷逃逸环节

在油气田站场中,会存在一些环节导致 VOCs 的逃逸。下面是一些可能的环节:

(1)生产过程中包括采油、压缩、分离、净化等过程中,未能完全捕获和处理 VOCs。储存和运输中在储罐、容器和管道中,由于泄漏、溢出或操作不当而导致 VOCs 的释放。废气处理设施中如果废气处理设施不完善,未能有效去除 VOCs,那么排放的废气中可能含有 VOCs。操作和维护中不正确的操作和维护程序可能导致泄漏和 VOCs 的逃逸。泄漏监测和修复中如果未能及时检测和修复泄漏源,就会导致 VOCs 的持续逃逸。

(2)油田联合站是石油开采过程中的一个重要环节,涉及多个设备和操作步骤。在这个环节中,VOCs 和甲烷逃逸是常见的问题。下面是一些可能存在 VOCs 和甲烷逃逸的环节:油气处理装置是排放源之一,在油田联合站中,存在各种油气处理装置,如分离器、压缩机、脱硫装置等。这些装置可能会产生 VOCs 和甲烷逃逸,尤其是在设备泄漏或排放控制不完善的情况下。油田联合站通常有大量的储罐和管道用于存储和输送原油、天然气和其他液体,这

些系统中的泄漏、挥发和释放等都有可能导致 VOCs 和甲烷的逃逸。为了回收利用或处理废气,油田联合站通常会设置气体采集与收集系统,在操作和维护过程中,若出现泄漏或设备损坏,VOCs 和甲烷就可能从这些系统中逃逸。

(3)在油田转接站中,以下环节可能导致 VOCs 和甲烷的逃逸:一是采油过程,VOCs 和甲烷可以从油井和开采设备中逸出。二是储存和处理,在油田转接站中,原油、天然气和其他液体产品需要储存和处理。不完全密封的储罐、管道接口、阀门和泄漏点都可能导致 VOCs 和甲烷的泄露。三是输送和运输,输送管道和设备是 VOCs 和甲烷逃逸的主要来源之一。管道接头、泵站和压缩机站的泄漏以及管道或设备的损坏都可能导致气体的泄漏。四是气体处理和净化,在油田转接站中,对天然气进行处理和净化是常见的。该过程中使用的设备(如分离器、吸附剂和脱硫装置)也可能造成 VOCs 和甲烷的逃逸。五是废弃物处理,废水、废气和固体废物的处理也可能导致 VOCs 和甲烷的排放。例如,废水处理过程中产生的气体可能包含大量的 VOCs。

(4)在油田增压点中,以下环节可能导致 VOCs 和甲烷的逃逸:压缩机站,增压点通常设有多个压缩机,用于将气体压缩并推动流体。压缩机的泄漏、密封不良或设备损坏可能导致 VOCs 和甲烷的逃逸。输送系统中的管道和阀门是气体逃逸的主要来源之一。管道接头、阀门和连接件的泄漏或密封不良都可能导致 VOCs 和甲烷的泄露。气体处理设备,增压点通常需要对气体进行处理和净化,例如去除杂质或调整气体成分。在这些处理设备中,如果发生泄漏、损坏或操作不当,可能会导致 VOCs 和甲烷的逃逸、废气排放,增压点产生的废气也可能含有 VOCs 和甲烷。如果废气处理设施不完善或操作不当,废气中的气体可能会逸出到大气中。检修和维护过程,在增压点进行检修和维护时,可能需要打开设备或管道以进行维修。这个过程中,如果没有适当的控制措施,也可能导致 VOCs 和甲烷的泄漏。

(5)在气田处理(净化)厂中,以下环节可能导致 VOCs 和甲烷的逃逸:气体分离和脱水,在气田处理厂中,常会进行气体分离和脱水操作,以去除水分和杂质。这些过程可能涉及泄漏、设备损坏或操作不当,从而导致 VOCs 和甲烷的逃逸。硫化氢(H_2S)处理,气田处理厂通常也需要处理含有硫化氢的气体。处理过程中,如果没有适当的控制措施,硫化氢和其他 VOCs 可能泄漏到大气中。吸附剂和催化剂更换,气田处理厂中使用吸附剂和催化剂来去除污染物。更换这些吸附剂和催化剂时,可能会产生 VOCs 和甲烷的逃逸。泵站和压缩机站,在气田处理厂中,泵和压缩机用于增加气体压力和流动。泵站和压缩机站可能存在泄漏问题,导致 VOCs 和甲烷的逃逸。废气排放,在气田处理厂中,处理过程可能产生废气。如果废气处理设施不完善或操作不当,废气中的 VOCs 和甲烷可能会逸出到大气中。

(6)在气田集气站中,以下环节可能导致 VOCs 和甲烷的逸逸:气体收集和输送管道,气田集气站通过管道将天然气从不同井口或采气设施收集起来。这些管道系统可能存在泄漏点,导致 VOCs 和甲烷的逸逸。集气罐和储罐,气田集气站通常有集气罐和储罐用于存储天然气。如果这些罐体密封不良或存在损坏,就会发生 VOCs 和甲烷的泄漏。压缩机站,集气站常设有压缩机站,用于增加气体压力和流动。如果压缩机存在泄漏、密封不良或设备损坏,就会导致 VOCs 和甲烷的逸逸。废气处理和排放,气田集气站产生的废气需要进行处理和排放。如果废气处理设施不完善或操作不当,VOCs 和甲烷可能会从废气中逸出。泄漏监测与修复(LDAR)措施,集气站应配备泄漏监测系统,并进行定期检查和维护。如果泄漏监测系统不完善或维护不到位,就可能无法及时发现和修复泄漏点,导致 VOCs 和甲烷的逸逸。

(7)在气田采出水处理站中,以下环节可能导致 VOCs 和甲烷的逸逸:气体分离和释放,气田采出水中可能含有溶解的 VOCs 和甲烷气体。在采出水处理过程中,这些气体需要被分离出来并进行适当的处理或释放。如果分离装置存在泄漏或操作不当,VOCs 和甲烷可能会从中逸出。储存和处理设备,气田采出水处理站通常包括储存罐、沉淀池、过滤器等设备用于处理和储存采出水。这些设备如果密封不良或存在损坏,就可能导致 VOCs 和甲烷的泄漏。废气排放,在气田采出水的处理过程中,产生的废气需要进行处理和排放。如果废气处理设施不完善或操作不当,废气中的 VOCs 和甲烷可能会逸出到大气中。泵站和压缩机站,在气田采出水处理站中,常需要使用泵站和压缩机站来增加水的压力和流动。这些设备可能存在泄漏问题,从而导致 VOCs 和甲烷的逸逸。检修和维护过程,在气田采出水处理站进行检修和维护时,可能需要打开设备或管道以进行维修。这个过程中,如果没有适当的控制措施,也可能导致 VOCs 和甲烷的泄漏。

四、核算方式研究

(一)排放源核算方式分析

目前,我国关于石油石化行业 VOCs 的排放源解析已经引起了广泛关注。对于 VOCs 的排放源解析是指通过监测和分析技术,确定 VOCs 来自哪些具体的污染源。在石油石化行业中,可能存在多个 VOCs 排放源,例如输送管道、储罐、装卸操作、生产过程等。针对这些排放源,研究人员使用不同的方法进行解析。常见的方法包括实地采样和分析、模型模拟、遥感技术等。实地采样和分析是一种常用的方法,通过在石油石化企业周边采集空气样品,并对样品中的 VOCs 成分进行分析,可以确定不同来源的 VOCs 排放贡献比例。此外,模型模拟也可以用来解析 VOCs 的排放源,基于石油石化企业的运营数据和排放因素,建立数学模型来模拟不同排放源的贡献。遥感技术也被广泛应用于 VOCs 排放源解析。通过利用遥感仪器获取石油石化企业周边的红外辐射数据,结合气象条件和地面观测数据,可以对排放源进行定位和识别。石油石化行业 VOCs 的排放源解析是一个复杂而重要的课题,需要多学科的合作和综合利用不同的监测和分析技术。相关研究正在不断深入进行,以帮助制定相应的减排措施和政策。

我国关于石油石化行业 VOCs 的排放量核算已经得到了广泛的重视和研究。VOCs 的排放量核算是指通过对石油石化企业的 VOCs 排放进行监测、测量和统计,来确定其实际排放的数量。在石油石化行业中,VOCs 的排放量核算一般采用两种主要方法:直接测量法和间接推算法。直接测量法是通过安装合适的监测设备,对石油石化企业的排放口进行实时监测或定期采样,然后通过分析测得的样品来确定 VOCs 的排放量。这种方法具有准确性高的优点,但需要投入较大的物力和人力成本。间接推算法是基于石油石化企业的运营数据、生产工艺和排放因素等信息,利用数学模型和统计方法进行计算和推算。这种方法相对较为简便,但可能存在一定的估计误差。此外,为了提高排放量核算的准确度,还需要对不同类型的 VOCs 进行分类和区分,并考虑它们的挥发性和毒性特征。同时,还需要结合监测数据和实际情况,对石油石化企业的排放源进行准确划分和权衡。

在直接测量法中,常用的监测设备包括气相色谱仪(GC)、质谱仪(MS)和连续排放监测系统(CEMS)等。这些设备能够对空气中的 VOCs 进行准确的定量分析,并将结果转化为排放量数据。具体操作时,监测设备会根据预先设定的监测方案,在排放口位置采集空气样品,并将样品中的 VOCs 成分进行定量分析。通过测量时间、流量和 VOCs 浓度等参数,可以计算出 VOCs 的排放量。为了保证测量结果的准确性,需要注意如下几个方面:选择合适的监测点位,要根据排放源的特点和工艺条件,在合适的位置设置监测装置;校准和质控,定期进行监测设备的校准和质量控制,确保测量结果的准确性和可靠性;数据处理和记录,对监测到的数据进行整理、处理和记录,以便后续分析和汇总。直接测量法具有准确性高的优点,可以提供实时或定期的排放数据。

但它也存在一些限制,如设备成本较高、监测点位选择的复杂性以及操作维护的要求等。总之,直接测量法是石油石化行业 VOCs 排放量核算中常用的方法之一,通过设置监测设备并对样品进行定量分析,可以得到准确的排放量数据,为环境管理和减排工作提供科学依据。

石油石化行业 VOCs 的排放量核算中,直接测量法具有以下优点和劣势:准确性高,直接测量法能够在实时或定期采样的基础上进行准确的定量分析,提供较为准确的排放量数据;实时监测,直接测量法可以实时监测 VOCs 的排放情况,及时发现与处理异常情况,有助于及时采取控制措施;可信度高,直接测量法能够提供可靠的数据作为依据,有助于评估环境影响、制定减排政策和合规要求;数据全面,通过直接测量法获取的数据可以包括不同类型的 VOCs 成分和其排放量,有助于对不同 VOCs 来源进行区分。但其设备成本高,直接测量法所需的监测设备和仪器价格较高,需要一定的投资成本;运维复杂,直接测量法需要进行设备的安装、校准和质量控制等操作,需要专业技术人员的支持和维护;空间限制大,在某些情况下,排放口的设置可能受限于设备安装和操作的条件,需要考虑到实际布局和空间约束;采样误差大,由于气象条件、采样时间等因素的影响,直接测量法可能存在一定的采样误差。

间接推算法通过利用石油石化企业的运营数据、生产工艺和排放因素等信息,使用数学模型和统计方法进行计算和推算,来估计 VOCs 的排放量。在间接推算法中,常用的方法包括质量平衡法、流程模拟法和统计分析法等。质量平衡法:通过分析石油石化企业的原料消耗和产品产出情况,结合 VOCs 含量和利用率等参数,推算出 VOCs 的排放量。这种方法基于物质质量守恒定律,适用于具备较为完整原料和产品数据的情况。流程模拟法:通过建立石油石化生产过程的数学模型,模拟不同环节和设备中 VOCs 的生成和释放情况,从而推算出排放量。这种方法需要考虑生产工艺的细节和参数设置,通常适用于对特定工艺或装置进行排放量评估。统计分析法:通过收集石油石化行业的相关数据,如产量、消耗和排放因素等,进行统计分析和回归分析,建立数学模型来推算 VOCs 的排放量。这种方法通过大规模数据的分析和处理,可以获取整个行业的排放情况。

间接推算法具有一定的优势:相对简便,相比直接测量法,间接推算法不需要安装监测设备,操作和维护成本较低;数据利用率高,通过利用石油石化企业的运营数据和生产工艺信息,能够充分利用现有数据进行排放量核算;可扩展性强,间接推算法可以应用于整个行业或特定类型的工艺,可以适用于大范围的排放量评估。但其数据准确性依赖,间接推算法所得到的结果依赖于输入数据的准确性和可靠性,如果数据不准确或缺乏,可能会导致估计误差;间接推算法通常基于一些假设和简化,可能无法考虑到所有的排放因素和变化情况,因此存在一定的估计误差。此外,一些行业标准和规范也在逐步完善,以促使石油石化企业更加重视 VOCs 排放的控制和减排工作。这些研究和努力有助于推动我国石油石化行业的可持续发展,保护环境和改善空气质量。

(二)VOCs 及甲烷核算方法对比

甲烷管控需要从顶层明确减排目标。在国家层面,2020 年后,我国必须统一采用《IPCC2006 年国家温室气体清单指南　2019 修订版》编制温室气体排放清单。天然气系统甲烷排放清单的编制涉及勘探、生产、加工、运输储存、配送、加气站、废弃气井等环节,甲烷泄漏排放包括 3 种类型:排气、火炬燃烧和设备泄漏。IPCC 提供了 3 个层级的方法核算天然气系统产生的甲烷排放量。第一层级方法是基于代表性的活动数据(A)和 IPCC 推荐的缺省排放因子(EF)估算天然气供应链各环节的年度排放量(E),其计算公式为 $E = A \times EF$;第二层级方法与第一层级计算公式相同,采用的活动数据相似,但是所选取的排放因子是特定国家的排放因子而非缺省值;第三层级是严格采用自底向上的方法计算天然气供应链各环节的设备级排放源排放、火炬燃烧、泄漏等甲烷泄漏总量。

下面是一些常见的 VOCs 核算方法。

(1)综合排放因子法:该方法通过收集相关行业的实际排放数据,结合国内外的排放因子,计算出特定 VOCs 的排放量。

(2)源清单法:这种方法通过建立源清单,详细列出可能产生 VOCs 排放的工艺过程、设备和原料,然后根据相应的排放因子进行核算。

(3)质量平衡法:该方法基于质量守恒原理,利用输入和输出数据的质量差异来估计 VOCs 的排放量。这些数据包括原料消耗情况、产品产量和废弃物处理等。

(4)监测与模拟法:这种方法利用现场监测和数学模型来估算 VOCs 的排放量。通过安装监测设备获取实时数据,并使用模型对排放进行估算。

这些常见的 VOCs 核算法存在一些优势和劣势。

优势:简单易用,VOCs 核算综合排放因子法相对简单,不需要复杂的测量设备和实验条件。节省成本,由于不需要进行实时监测或采样分析,使用这种方法可以节约经济成本。快速估算,该方法可以快速估算 VOCs 的排放量,对于快速了解和监测企业或其他来源的排放情况具有一定的实用性。

劣势:缺乏准确性,VOCs 核算综合排放因子法仅基于一般化的排放因子,不能提供高精度的排放数据。不适用于特殊情况,该方法在特殊工艺、复杂混合物或低浓度排放等情况下可能不适用,并且无法区分不同组分的排放贡献。依赖排放因子,结果的准确性受到所选取的排放因子的影响,如果排放因子不准确或过时,估算结果可能存在偏差。

VOCs 核算综合源清单法是一种用于估算 VOCs 排放量的方法。与核算综合排放因子法相比,源清单法更加详细和准确,但也存在一些优势和劣势。

优势:更准确的数据,VOCs 核算综合源清单法通过详细记录企业或其他来源的污染源,包括设备、工艺和材料使用等,从而提供更准确的 VOCs 排放数据。适应不同情况,这种方法可以根据实际情况对不同的污染源进行分类和归类,并更精确地确定其排放量,使得估算结果更具代表性和可信度。监测与管理,基于源清单的数据,能够帮助监测和管理 VOCs 排放,并为环境保护部门提供信息支持,以制定有效的控制和管理政策。

劣势:数据收集和更新成本高,VOCs 核算综合源清单法需要收集大量的数据,包括设备和过程参数、排放因子等,这可能需要投入较高的人力和时间成本。此外,源清单需要定期更新以反映现场变化,这也需要一定的资源。需要专业知识,源清单法需要对不同行业和工艺有一定的了解,以便正确识别和量化污染源。这涉及专业知识和技能的需求。某些排放难以确定,对于某些复杂的污染源或难以量化的排放来源,如漏气和扬尘等,使用源清单法可能存在一定的挑战。

VOCs 核算质量平衡法是一种用于估算 VOCs 排放量的方法。该方法基于对质量守恒原理的应用,通过测量和计算进出口过程中 VOCs 的质量差异,来估算排放量。下面是该方法的一些优势和劣势:

优势:准确度较高,VOCs 核算质量平衡法基于实际测量数据,准确地计算进出口过程中 VOCs 的质量差异,因此可以提供相对准确的排放量估算结果。全面性,该方法适用于各种类型的污染源,包括点源、面源以及移动源等,能够全面考虑各个环节的 VOCs 排放情况。可追溯性,VOCs 核算质量平衡法的结果可以被追溯到具体的进出口过程,便于监测、管理和控制 VOCs 排放。

劣势:数据需求较多,该方法需要获取大量的进出口数据,包括 VOCs 浓度、流量等参数,这可能需要一定的技术和资源投入。实施复杂度高,采用VOCs 核算质量平衡法需要进行详细的实地测量和数据处理,涉及一定的专业知识和技术要求。时间和资源成本较高,相对于其他简化方法,VOCs核算质量平衡法需要更多的时间和资源投入,包括设备、人力和实验室分析等。

VOCs核算监测与模拟法是一种用于估算VOCs排放量的方法。该方法结合实地监测和数值模拟技术,将两者结合起来进行VOCs排放量的估算。下面是该方法的一些优势和劣势:

优势:准确性较高,通过实地监测VOCs排放源的实际情况,可以获得准确的数据作为依据。同时,利用数值模拟技术对未监测点进行模拟计算,提高了估算的准确性。可定制性,该方法能够根据具体情况进行定制,可以灵活地选择监测点、采样时间和模拟参数等,以满足研究或监管的需要。能够考虑空间分布,通过数值模拟技术,可以推广监测数据到更大范围,包括在未监测区域进行VOCs排放量的估算,从而全面考虑空间分布情况。

劣势:数据需求较多,该方法需要获取大量的监测数据和模型输入参数,并且需要保证数据的准确性和代表性,这可能需要一定的技术和资源投入。实施复杂度高,实地监测和数值模拟都需要一定的技术支持,包括设备、专业知识和软件等,因此实施该方法的复杂度较高。模型不确定性,使用数值模拟进行未监测点的估算时,模型的参数选择和假设可能会引入一定的不确定性,从而影响估算结果的准确性。

第三节　典型站场排放源特征分析

一、典型站场 VOCs 主要排放源

(一)联合站

1.概述

选取某采油厂某联合站作为联合站典型站场,通过流程图简要分析联合站涉VOCs排放源,主要有厂区内设备动静密封点泄漏、4座1 000 m³储罐以及厂区内的敞开液面。

联合站的储罐共4座,包括2座自然除油罐、2座净化罐,4座1 000 m³储罐均为立式固定顶储罐。其中2座净化罐存储介质为原油,2座自然除油罐存储介质为含油污水,上部存在浮油层,气相空间内充满油气,按照油罐进行计算。

设备动静密封点并未发生太大改动,动静密封点泄漏依据提供联合站VOCs总量核算数据。

2. 源项

(1)设备动静密封点泄漏VOCs排查与核算。

1)核算方法。对于常规检测的密封点,采用相关方程法对泄漏量进行核算,具体见表4-9。

表4-9 密封点泄漏速率相关方程

单位:kg/(h·排放源)

装置类别	设备类型	默认零值排放速率	限定排放速率大于 50 000 $\mu mol \cdot mol^{-1}$	相关方程
石油炼制	泵	2.4×10^{-5}	0.16	$5.03 \times 10^{-5} \times SV0.610$
	压缩机	4.0×10^{-6}	0.11	$1.36 \times 10^{-5} \times SV0.589$
	搅拌器	4.0×10^{-6}	0.11	$1.36 \times 10^{-5} \times SV0.589$
	阀门	7.8×10^{-6}	0.14	$2.29 \times 10^{-6} \times SV0.746$
	泄压设备	4.0×10^{-6}	0.11	$1.36 \times 10^{-5} \times SV0.589$
	连接件	7.5×10^{-6}	0.030	$1.53 \times 10^{-6} \times SV0.735$
	法兰	3.1×10^{-7}	0.084	$4.61 \times 10^{-6} \times SV0.703$
	开口阀或管线	2.0×10^{-6}	0.079	$2.20 \times 10^{-6} \times SV0.704$
	其他	4.0×10^{-6}	0.11	$1.36 \times 10^{-5} \times SV0.589$
石油化工	轻液体泵	7.5×10^{-6}	0.62	$1.90 \times 10^{-5} \times SV0.824$
	重液体泵	7.5×10^{-6}	0.62	$1.90 \times 10^{-5} \times SV0.824$
	压缩机	7.5×10^{-6}	0.62	$1.90 \times 10^{-5} \times SV0.824$
	搅拌器	7.5×10^{-6}	0.62	$1.90 \times 10^{-5} \times SV0.824$
	泄压设备	7.5×10^{-6}	0.62	$1.90 \times 10^{-5} \times SV0.824$
	气体阀门	6.6×10^{-7}	0.11	$1.87 \times 10^{-6} \times SV0.873$
	液体阀门	4.9×10^{-7}	0.15	$6.41 \times 10^{-6} \times SV0.797$
	法兰或连接件	6.1×10^{-7}	0.22	$3.05 \times 10^{-6} \times SV0.885$

注:SV是检测设备测得的净检测值(单位为 $\mu mol/mol$)。

非常规检测的密封点中法兰或连接件的VOCs泄漏量采用筛选范围法

进行核算,非常规检测的密封点中除法兰或连接件以外的密封点,采用平均排放系数法进行核算。筛选范围排放系数见表 4 - 10,各类组件平均排放系数见表 4 - 11。

表 4 - 10　筛选范围排放系数

设备类型	介质	排放系数			
		石油炼制系数/(μmol·mol^{-1})		石油化工系数/(μmol·mol^{-1})	
		≥10 000	<10 000	≥10 000	<10 000
法兰或连接件	所有介质	0.037 5	0.000 06	0.113	0.000 081

表 4 - 11　石油炼制和石油化工平均组件排放系数

设备类型	介质	石油炼制排放系数 kg·(h·排放源)$^{-1}$	石油化工排放系数 kg·(h·排放源)$^{-1}$
阀门	气体	0.026 8	0.005 97
	轻液体	0.010 9	0.004 03
	重液体	0.000 23	0.000 23
泵	轻液体	0.114	0.019 9
	重液体	0.021	0.008 62
压缩机	气体	0.636	0.228
搅拌器	轻液体	0.114	0.019 9
泄压设备	气体	0.16	0.104
法兰、连接件	所有介质	0.000 25	0.001 83
开口阀或开口管线	所有介质	0.002 3	0.001 7
取样连接系统	所有介质	0.015 0	0.015 0
其他设备	所有介质	0.026 8	0.005 97

2)核算结果。某采油厂某联合站 VOCs 检测与核算项目工作范围内可达密封点年的 VOCs 排放量为 0.754 81 t,不可达点 VOCs 排放量为 0 t,联合站工作范围内年含不可达点 VOCs 排放量为 0.754 81 t。通过实施本项目对泄漏密封点进行维修,实现减排量为 0.748 5 t/年。

(2)储罐 VOCs 排查与核算。

1)基本信息。选取某采油厂某联合站作为联合站典型站场,通过流程图简要分析联合站涉 VOCs 排放源主要有厂区内设备动静密封点泄漏、4 座 1 000 m³ 储罐以及厂区内的敞开液面。

联合站的储罐共 4 座,包括 2 座自然除油罐、2 座净化罐 4 座 1 000 m³ 储罐均为立式固定顶储罐。其中 2 座净化罐存储介质为原油;2 座自然除油罐存储介质为含油污水,上部存在浮油层,气相空间内充满油气,按照油罐进行计算。

相关参数见表 4-12。

表 4-12 立式固定顶罐相关参数一览表

罐区	1 000 m³ 罐区			
储罐位号	1#	2#	3#	4#
储存介质	油水混合	油水混合	原油	原油
储罐直径/m	10.6	10.6	10.6	10.6
储罐高度/m	11.32	11.315	11.272	11.26
公称容积/m³	1 000	1 000	1 000	1 000
最大液体高度/m	9.1	9.1	9.1	9.1
平均液体高度/m	9	9	9	9
通气口压力值/kPa	1.5	1.5	1.5	1.5
通气口真空值/kPa	−0.3	−0.3	−0.3	−0.3
储存温度/℃	30	30	30	42
罐壳颜色	铝色	铝色	铝色	铝色
罐壳条件	好	好	好	好
罐顶颜色	铝色	铝色	铝色	铝色
罐顶条件	好	好	好	好
年周转量/m³	45 565	45 565	45 565	46 674
是否回收气体	否	否	否	否

2)核算方法。立式固定顶罐采用公式法核算。参考《石化行业挥发性有机物污染源排查工作指南》中推荐的公式法进行核算,储罐直径、高度、储存温度等相关参数来自企业调查。

3)核算结果。各储罐排放量见表 4-13。

表 4-13 立式固定顶罐排放量表

序号	罐区	罐号	排放量/(t·年⁻¹)
1		1♯自然除油罐	27.45
2	1 000 m³ 罐区	2♯自然除油罐	27.45
3		3♯净化罐	27.43
4		4♯净化罐	27.54
5	合 计		109.87

(3)其他 VOCs 逸散排查与核算。某联合站的三相分离器和沉降罐等设备定期排出油泥沙,产生的油泥沙暂存在联合站的污泥池,定期外委处理。油泥沙在联合站内暂存过程中,污泥池有加盖,油气部分挥发排放,由于排放量较小,忽略不计。

(二)接转站

1.概述

接转站选取某采油厂1 000 m³/d 作为典型转接站,采用多台原油接转一体化集成装置组合建设,1 台 400 m³/d 和 1 台 600 m³/d 组合形成 1 000 m³/d 接转站。转接站主要包括原油升温、油气分离、原油外输,采出水处理及回注等功能。

转接站的事故储罐一座,200 m³ 储罐为立式固定顶储罐。其中:事故罐存储介质为原油;上部存在浮油层,气相空间内充满油气,按照油罐进行计算。

2.源项

(1)储罐 VOCs 排查与核算。

立式固定顶罐相关参数见表 4-14。

表 4-14 立式固定顶罐相关参数一览表

罐区	200 m³
储罐位号	1♯
储存介质	原油

续 表

罐区	200 m³
储罐直径/m	5.2
储罐高度/m	10.3
公称容积/m³	200
最大液体高度/m	0
平均液体高度/m	0
通气口压力值/kPa	1.5
通气口真空值/kPa	−0.3
储存温度/℃	30
罐壳颜色	铝色
罐壳条件	好
罐顶颜色	铝色
罐顶条件	好
年周转量/m³	0
是否回收气体	否

1)核算方法。立式固定顶罐采用公式法核算。参考《石化行业挥发性有机物污染源排查工作指南》中推荐的公式法进行核算,储罐直径、高度、储存温度等相关参数来自企业调查。

2)核算结果。各储罐排放量见表 4-15。

表 4-15　立式固定顶罐排放量表

序号	罐区	罐号	排放量/(t·年⁻¹)
1	200 m³ 罐区	1#事故罐	2.69
2	合计		2.69

(2)其他 VOCs 排查与核算。转接站的外输泵检修或泵排污污油,伴生气分液器中油气超压泄放或凝析液排放,缓冲罐中油气超压泄放或正常泄放,为密闭流程,检修、事故泄放。由于排放量较小,故可忽略不计。

(三)增压点

1. 概述

选取某采油厂 120 m³/d 增压点站内设置 1 座 30 m³ 事故油箱。

站场用设备模块见表 4-16。

表 4-16 站场用设备模块

序号	名称	规格/文件号	数量
装置			
1	集油收球加药一体化集成装置		1 座
2	油气分输一体化集成装置		1 座
模块设备			
1	事故油箱-30		1 座
2	无泄漏防爆污油污水回收装置-2.0-I		1 套
3	外输阀组-0-100		1 套
4	流量计(外输)-2.5-80/50		1 套

2. 源项

(1)储罐 VOCs 排查与核算。

1)基本信息。

立式固定顶罐相关参数见表 4-17。

表 4-17 立式固定顶罐相关参数一览表

罐区	30 m³
储罐位号	1#
储存介质	原油
储罐直径/m	
储罐高度/m	
公称容积/m³	30
最大液体高度/m	0

续 表

罐区	30 m³
平均液体高度/m	0
通气口压力值/kPa	1.5
通气口真空值/kPa	−0.3
储存温度/℃	30
罐壳颜色	铝色
罐壳条件	好
罐顶颜色	铝色
罐顶条件	好
年周转量/m³	
是否回收气体	否

2)核算方法。立式固定顶罐采用公式法核算。参考《石化行业挥发性有机物污染源排查工作指南》中推荐的公式法进行核算,储罐直径、高度、储存温度等相关参数来自企业调查。

3)核算结果。各储罐排放量见表 4-18。

表 4-18　立式固定顶罐排放量表

序号	罐区	罐号	排放量/(t·年⁻¹)
1	1 000 m³ 罐区	1♯自然除油罐	86.29
2	合计		86.29

(2)其他 VOCs 逸散排查与核算。增压点的无泄漏防爆污油污水回收装置、外输阀组、流量计。由于排放量较小,故可忽略不计。

(四)输油站

1.概述

选取某输油站作为典型站场,通过流程图简要分析涉 VOCs 排放源主要有厂区内设备动静密封点泄漏、4 座 5 000 m³ 储罐。

输油站的储罐共 4 座,包括 4 座原油罐 5 000 m³ 储罐均为立式固定顶储罐。设备动静密封点并未发生太大改动,动静密封点泄漏依据提供联合站 VOCs 总量核算数据。

2.设备动静密封点泄漏 VOCs 排查与核算

(1)核算方法。对于常规检测的密封点,采用相关方程法对泄漏量进行核算,具体见表 4-10。

非常规检测的密封点中法兰或连接件的 VOCs 泄漏量采用筛选范围法进行核算,非常规检测的密封点中除法兰或连接件以外的密封点,采用平均排放系数法进行核算。筛选范围排放系数见表 4-11,各类组件平均排放系数见表 4-12。

(2)核算结果。某输油站 VOCs 检测与核算项目工作范围内可达密封点 2022 年的 VOCs 排放量为 0.038 8 t,不可达点 VOCs 排放量为 0 t,输油站工作范围内 2022 年含不可达点 VOCs 排放量为 0.038 8 t。

3.储罐 VOCs 排查与核算

选取某建设 4 具 5 000 m³ 储罐的输油站作为典型输油站场,输油站的储罐共 4 座 5 000 m³ 储罐均为立式固定顶储罐。其中 4 座净化罐存储介质为原油。

相关参数见表 4-19。

表 4-19　立式固定顶罐相关参数一览表

罐区	5 000 m³ 罐区			
储罐位号	1#	2#	3#	4#
储存介质	原油	原油	原油	原油
储罐直径/m	22	22	22	22
储罐高度/m	13.19	13.16	13.215	13.03
公称容积/m³	5 000	5 000	5 000	5 000
最大液体高度/m	10.6	6	6	6
平均液体高度/m	6	6	6	6
通气口压力值/kPa	1.5	1.5	1.5	1.5
通气口真空值/kPa	−0.3	−0.3	−0.3	−0.3

续表

罐区	5 000 m³ 罐区			
储存温度/℃	42	42	42	42
罐壳颜色	铝色	铝色	铝色	铝色
罐壳条件	好	好	好	好
罐顶颜色	铝色	铝色	铝色	铝色
罐顶条件	好	好	好	好
年周转量/m³	46 674	46 674	46 674	46 674
是否回收气体	否	否	否	否

(1)核算方法。立式固定顶罐采用公式法核算。参考《石化行业挥发性有机物污染源排查工作指南》中推荐的公式法进行核算,储罐直径、高度、储存温度等相关参数来自企业调查。

(2)核算结果。各储罐排放量见表 4 - 20。

表 4 - 20 立式固定顶罐排放量表

序号	罐区	罐号	排放量/(t·年⁻¹)
1	5 000 m³ 罐区	1# 自然除油罐	67.05
2		2# 自然除油罐	67.04
3		3# 净化罐	67.06
4		4# 净化罐	66.98
5	合计		268.13

4.其他 VOCs 逸散排查与核算

输油站的三相分离器和沉降罐等设备定期排出油泥沙,产生的油泥沙暂存在输油站的污泥池,定期外委处理。油泥沙在联合站内暂存过程中,污泥池有加盖,油气部分挥发排放,由于排放量较小,忽略不计。

(五)储备库

1.概述

选取某输油处某储备库作为典型储备库,通过流程图简要分析储备库涉

VOCs 排放源主要有厂区内设备动静密封点泄漏、6 具 10 万 m³ 外浮顶罐以及污油回收系统。

2.源项

(1)设备动静密封点泄漏 VOCs 排查与核算。

1)核算方法。对于常规检测的密封点,采用相关方程法对泄漏量进行核算,具体见表 4-10。

非常规检测的密封点中法兰或连接件的 VOCs 泄漏量采用筛选范围法进行核算,非常规检测的密封点中除法兰或连接件以外的密封点,采用平均排放系数法进行核算。筛选范围排放系数见表 4-11,各类组件平均排放系数见表 4-12。

2)核算结果。某储备库 VOCs 检测与核算项目工作范围内可达密封点 2022 年的 VOCs 排放量为 1.337 8 t,不可达点 VOCs 排放量为 0 t,联合站工作范围内 2022 年含不可达点 VOCs 排放量为 1.337 8 t。

(2)储罐 VOCs 排查与核算。相关参数见表 4-21。

表 4-21　储罐相关参数一览表

罐区	10 000³ 罐区					
储罐位号	1♯	2♯	3♯	4♯	5♯	6♯
储存介质	原油	原油	原油	原油	原油	原油
储罐直径/m	80	80	80	80	80	80
储罐高度/m	21.8	21.8	21.8	21.8	21.8	21.8
公称容积/m³	100 000	100 000	100 000	100 000	100 000	100 000
一级密封	机械密封	机械密封	机械密封	机械密封	机械密封	机械密封
储存温度/℃	30	30	30	30	30	30
罐壳颜色	铝色	铝色	铝色	铝色	铝色	铝色
罐壳条件	好	好	好	好	好	好
罐顶颜色	铝色	铝色	铝色	铝色	铝色	铝色
罐顶条件	好	好	好	好	好	好
2019 年周转量/m³	250 000	250 000	250 000	250 000	250 000	250 000
是否回收气体	否	否	否	否	否	否

1)核算方法。立式固定顶罐采用公式法核算。参考《石化行业挥发有机物污染源排查工作指南》中推荐的公式法进行核算,储罐直径、高度、储存温度等相关参数来自企业调查。

2)核算结果。各储罐排放量见表 4 - 22。

表 4 - 22　立式固定顶罐排放量表

序号	罐区	罐号	排放量/(t・年⁻¹)
1		1♯储罐	32.99
2		2♯储罐	32.99
3	100 000 m³ 罐区	3♯储罐	32.99
4		4♯储罐	32.99
5		储罐	32.99
6		储罐	32.99
7	合计		197.94

(3)其他 VOCs 逸散排查与核算。储备库的其他排放源,由于排放量较小,忽略不计。

(六)集气站

1.基本信息

典型集气站,通过流程图简要分析涉 VOCs 排放源主要有 1 座 50 m³ 采出水罐、燃烧火炬排放。相关参数见表 4 - 23。

表 4 - 23　立式固定顶罐相关参数一览表

罐区	50 m³
储罐位号	1♯
储存介质	原油
储罐直径/m	2.8
储罐高度/m	7.5
公称容积/m³	50
最大液体高度/m	7

续表

罐区	50 m³
平均液体高度/m	6
通气口压力值/kPa	1.5
通气口真空值/kPa	−0.3
储存温度/℃	30
罐壳颜色	铝色
罐壳条件	好
罐顶颜色	铝色
罐顶条件	好
年周转量/m³	1 622
是否回收气体	否

集气站排放源分析详见表 4-24 和表 4-25。

表 4-24　下古集气站排放源分析表

工艺设备	排放源	排放时间	VOCs排放形式	排放量限值	超限改进措施
甲醇罐	储罐挥发气	连续	无组织	≤50 mg·m⁻³	与空气隔离
采出水罐	储罐挥发气	连续	无组织	≤120 mg·m⁻³	与空气隔离
脱水橇	再生尾气、天然气做脱水橇仪表风释放	连续	有组织	≤120 mg·m⁻³	回收或燃烧
闪蒸分液罐	设备正常生产放空	连续	有组织	≤120 mg·m⁻³	回收或燃烧
放空火炬	放空气	连续	有组织	≤120 mg·m⁻³	回收或燃烧
液体装载	甲醇卸车、采出水装车	装卸车	无组织	年装载量≥2 500 m³	与空气隔离、废气处理
所有工艺设备	开停工及检维修过程中由于泄压和吹扫产生的放空气	偶尔	有组织	≤120 mg·m⁻³	焚烧或回收

续表

工艺设备	排放源	排放时间	VOCs排放形式	排放量限值	超限改进措施
阀门管件	密封不严泄漏	偶尔	无组织	$\leqslant 2\,000\ \mu mol/mol$	定期检测，不合格更换

表 4-25 上古集气站排放源分析表

工艺设备	排放源	排放时间	VOCs排放形式	排放量限值	超限改进措施
采出水罐	储罐挥发气	连续	无组织	$\leqslant 120\ mg \cdot m^{-3}$	与空气隔离
闪蒸分液罐	设备正常生产放空	连续	有组织	$\leqslant 120\ mg \cdot m^{-3}$	回收或燃烧
放空火炬	放空气	连续	有组织	$\leqslant 120\ mg \cdot m^{-3}$	焚烧
所有工艺设备	开停工及检维修过程中由于泄压和吹扫产生的放空气	偶尔	有组织	$\leqslant 120\ mg \cdot m^{-3}$	与空气隔离、废气处理
液体装载	采出水装车	装车	无组织	年装载量$\geqslant 500\ m^3$	与空气隔离、废气处理
阀门管件	密封不严泄漏	偶尔	无组织	$\leqslant 2\,000\ \mu mol \cdot mol^{-1}$	定期检测，不合格更换

2.源项

（1）核算方法。立式固定顶罐采用公式法核算。参考《石化行业挥发性有机物污染源排查工作指南》中推荐的公式法进行核算，储罐直径、高度、储存温度等相关参数来自企业调查。

（2）核算结果。各储罐排放量见表 4-26。

表 4-26 立式固定顶罐排放量表

序号	罐区	罐号	排放量/($t \cdot 年^{-1}$)
1	$50\ m^3$ 罐区	1#采出水罐	1.7
2	合计		1.7

(七)净化(处理)厂

1.概述

某采气厂某净化厂涉 VOCs 排放量核算有动静密封点、储罐、装卸、废水、工艺有组织。涉及的储罐共 9 座,包括污水处理储油罐、甲醇储罐、5 m³ 反应罐、甲醇回收储油罐 4 座立式固定顶储罐;5 m³ 回流罐、7 m³ 回流罐 2 座卧式固定顶储罐;1♯原料水罐、2♯原料水罐、3♯原料水罐 3 座内浮顶储罐。

处理厂的主要排放源为采出水罐、未稳定凝析油罐、凝析油罐等储罐挥发气,闪蒸分液罐的闪蒸气放空等,主要排放源分析见表 4－27。

表 4－27 处理厂排放源分析表

工艺设备	排放源	排放时间	VOCs排放形式	排放量限值	超限改进措施
采出水罐、未稳定凝析油罐、凝析油罐等	储罐挥发气	连续	无组织	≤120 mg·m⁻³	密闭改造
闪蒸分液罐的闪蒸气放空	设备正常生产放空	连续	有组织	≤120 mg·m⁻³	焚烧或收集处理
取样口	采样过程逸散气体	偶尔	无组织	≤120 mg·m⁻³	密闭改造
所有工艺设备	开停工及检维修过程中由于泄压和吹扫产生的放空气	偶尔	有组织	≤120 mg·m⁻³	焚烧或收集处理
阀门管件	密封不严泄漏	偶尔	无组织	≤120 mg·m⁻³	定期检测,不合格更换

净化厂排放源主要为硫黄回收装置的二氧化硫尾气,含醇采出水罐、甲醇罐等储罐的挥发气,闪蒸分液罐、胺液闪蒸罐、三甘醇闪蒸罐等设备闪蒸气放空等,主要排放源分析见表 4－28。

表 4－28 净化厂排放源分析表

工艺设备	排放源	排放时间	VOCs排放形式	排放量限值	超限改进措施
硫黄回收装置	二氧化硫尾气	连续	有组织	≤800 mg·m⁻³	收集处理

续表

工艺设备	排放源	排放时间	VOCs排放形式	排放量限值	超限改进措施
含醇采出水罐、甲醇罐等储罐	储罐挥发气	连续	无组织	$\leqslant 120 \ mg \cdot m^{-3}$	密闭改造
闪蒸分液罐、胺液闪蒸罐、三甘醇闪蒸罐等设备闪蒸气放空	设备正常生产放空	连续	有组织	$\leqslant 120 \ mg \cdot m^{-3}$	燃烧或收集处理
脱水装置	再生尾气	连续	无组织	$\leqslant 120 \ mg \cdot m^{-3}$	焚烧或密闭改造
取样口	采样过程逸散气体	偶尔	无组织	$\leqslant 120 \ mg \cdot m^{-3}$	密闭改造
所有工艺设备	开停工及检维修过程中由于泄压和吹扫产生的放空气	偶尔	有组织	$\leqslant 120 \ mg \cdot m^{-3}$	燃烧或收集处理
阀门管件	密封不严泄漏	偶尔	无组织	$\leqslant 120 \ mg \cdot m^{-3}$	定检,不合格更换

2.源项

(1)设备动静密封点泄漏 VOCs 排查与核算。

1)核算方法。对于常规检测的密封点,采用相关方程法对泄漏量进行核算,具体见表 4-10。

非常规检测的密封点中法兰或连接件的 VOCs 泄漏量采用筛选范围法进行核算,非常规检测的密封点中除法兰或连接件以外的密封点,采用平均排放系数法进行核算。筛选范围排放系数见表 4-11,各类组件平均排放系数见表 4-12。

2)核算结果。某净化厂 VOCs 检测与核算项目工作范围内可达密封点2020 年的 VOCs 排放量为 2.52 t,不可达点 VOCs 排放量为 0.84 t,工作范围内 2020 年含不可达点 VOCs 排放量为 3.36 t。通过实施本项目对泄漏密封点进行维修,实现等效减排量为 0.13 t/年。

(2)储罐 VOCs 排查与核算。

1)基本信息。某净化厂涉 VOCs 排放量核算的储罐共 9 座,包括污水处理储油罐、甲醇储罐、5 m³ 反应罐、甲醇回收储油罐 4 座立式固定顶储罐；
5 m³ 回流罐、7 m³ 回流罐 2 座卧式固定顶储罐；1♯ 原料水罐、2♯ 原料水罐、
3♯ 原料水罐 3 座内浮顶储罐。

储罐相关参数见表 4－29。

表 4－29　储罐相关参数一览表

罐型	立式固定顶储罐				卧式固定顶储罐		内浮顶储罐		
储罐名称	污水处理储油罐	甲醇储罐	5 m³ 反应罐	甲醇回收储油罐	5 m³ 回流罐	7 m³ 回流罐	1♯ 原料水罐	2♯ 原料水罐	3♯ 原料水罐
储存介质	污油	甲醇	甲醇	污油	甲醇	甲醇	甲醇	甲醇	甲醇
储罐直径/m	3	4	1.5	2.5	1.5	1.8	9	9	9
储罐高度/m	3	6	2	2	2	3	11	11	11
公称容积/m³	10	200	5	10	5	7	700	700	700
最大液体高度（一级密封）/m	2.5	5.5	1.7	1.5	1.2	1.5	机械靴式密封	机械靴式密封	机械靴式密封
平均液体高度（二级密封）/m	8	5	1.5	1.3	1.2	1.5	无	无	无
通气口压力值（浮盘结构）/kPa	1.5	1.5	1.5	1.5	1.5	1.5	浮筒式	浮筒式	浮筒式
通气口真空值（浮盘类型）/kPa	−0.3	−0.3	−0.3	−0.3	−0.3	−0.3	螺栓	螺栓	螺栓
储存温度/℃	20	20	20	20	35	35	20	20	20
罐壳颜色	浅灰	浅灰	中灰	浅灰	铝色	铝色	浅灰	浅灰	浅灰
罐壳条件	好	好	好	好	好	好	好	好	好
罐顶颜色	浅灰	浅灰	中灰	浅灰	铝色	铝色	浅灰	浅灰	浅灰
罐顶条件	好	好	好	好	好	好	好	好	好
2019 年周转量/m³	0.5	12	0.9	0.5	1.3	1.5	3.6	3.6	3.6
是否回收气体	否	否	否	否	否	否	否	否	否

2)核算方法。储罐采用公式法核算。参考《石化行业挥发性有机物污染源排查工作指南》中推荐的公式法进行核算,储罐直径、高度、储存温度等相关参数来自企业调查。

3)核算结果。各储罐排放量见表 4-30。

表 4-30　储罐排放量一览表

序号	罐区	罐号	排放量/(t·年$^{-1}$)
1	立式固定顶储罐	污水处理储油罐	1.63
2		甲醇储罐	0.10
3		5 m³ 反应罐	0.01
4		甲醇回收储油罐	0.50
5	卧式固定顶储罐	5 m³ 回流罐	0.003
6		7 m³ 回流罐	0.005
7	内浮顶储罐	1♯原料水罐	0.48
8		2♯原料水罐	0.48
9		3♯原料水罐	0.48
10	合计		3.69

(3)装卸 VOCs 排查与核算。

1)基本信息。某净化厂建有两个甲醇回收装卸栈台,采用底部/液下装载的方式进行装车。

2)核算方法。装车按照公式法计算 VOCs 排放量,其中压力变化闪蒸量未计入。

装卸过程中 VOCs 排放量可采用美国环保署(EPA)发布的污染物排放因子文件(AP-42)中的公式法估算:

$$E_{装卸} = \frac{L_L N}{1\ 000} \times (1 - F_{eff}) \qquad (4-2)$$

式中:$E_{装卸}$——装载过程 VOCs 排放量,t/年;

$\quad L_L$——装载损耗排放因子,kg/m³;

$\quad N$——周转量,m³/年;

$\quad F_{eff}$——设蒸气平衡/处理系统时的控制效率(收集效率×处理效率),
　　　　　不设置该系统则取 0。

公式计算过程中需要输入的数据包括装载损耗排放因子、年周转量以及设蒸气平衡/处理系统时的控制效率考虑。其中,装载损耗排放因子的确定,需要的参数包括装载设备、装载方式、操作方式、油品蒸气压、相对分子质量、温度、饱和因子等。

公路装载过程损耗排放因子为

$$L_L = 1.20 \times 10^{-4} \times \frac{P_T S M}{T + 273.15} \tag{4-3}$$

式中:　S——饱和因子(见表4-31),代表排出的蒸气接近饱和的程度;

　　　　P_T——温度 T 时装载油品的真实蒸气压,Pa;

　　　　M——蒸气的相对分子质量,g/mol;

　　　　T——装载液体的温度,℃;

表4-31　公路装载过程损耗饱和因子表

操作方式		饱和因子 S
底部/液下装载	新罐车或清洗后的罐车	0.5
	正常工况(普通)	0.6
	设有蒸气平衡/处理系统	1.0
喷溅式装载	新罐车或清洗后的罐车	1.45
	正常工况(普通)	1.45
	设有蒸气平衡/处理系统	1.00

3)核算结果。具体核算参数和结果见表4-32。

表4-32　某净化厂装车排放量表

装卸站	化学品名称	装车方式	装卸车温度/℃	年周转量/m³	排放量/t
甲醇回收	甲醇	底部/液下装载(新罐车或清洗后的罐车)	20	75	0.006 3
甲醇回收	污水(甲醇含量30%)	底部/液下装载(新罐车或清洗后的罐车)	20	52.5	0.004 4
合计					0.01

(4)废水集输、储存、处理处置过程逸散 VOCs 排查与核算。

1)基本信息。某净化厂建有甲醇回收污水处理和污水处理间两套污水处理设施,甲醇回收污水处理方式为常压蒸馏,年污水处理量为13 000 m³;污水处理间污水处理方式为生化处理,年污水处理量为8 000 m³。

2)核算方法。参考《石化行业挥发性有机物污染源排查工作指南》采用系数法进行核算,污水收集及处理量来自企业调查,具体排放系数见表4-33。

表4-33　废水处理设施VOCs逸散量排放系数

适用范围	单位排放强度 kg·m⁻³	备注
废水收集系统及油水分离	0.6	排放量/kg＝排放系数×废水处理量/m³
废水处理系统	0.005	排放量/kg＝排放系数×废水处理量/m³

3)核算结果。按照系数法计算,某净化厂污水处理系统年VOCs排放量为

$$VOCs排放量=(13\ 000\ m^3+8\ 000\ m^3)\times$$
$$(0.6\ kg/m^3+0.005\ kg/m^3)\times10^{-3}=12.71\ t$$

(5)工艺有组织排放VOCs排查与核算。

1)基本信息。某净化厂的工艺废气包含污泥焚烧炉尾气、硫黄回收装置尾气、甲醇回收装置尾气以及清管气。其中污泥焚烧炉停工;硫黄回收装置尾气、甲醇回收装置尾气均送入火炬系统燃烧处理,其排放量在火炬中计算,本小节只计算清管气的排放量。

井场与联合站间的输油气管道需要定期清管。某净化厂设有收球筒,清管收球过程中会产生清管气。

2)核算方法。清管收球产生的清管气采用物料衡算法进行计算。基础数据来自企业调查。

3)核算结果。具体核算参数和结果见表4-34。

表4-34　某净化厂清管气排放量

序号	清管区位置	清管区名称	收球筒管径 mm	收球筒长度 mm	收球排放量 kg·m⁻³	年清管次数	排放量/t
1	集配气总站	集配气总站清管区	325	8 418	100	2	0.14
2	集配气总站	集配气总站清管区	450	8 500	200	2	0.54
3	集配气总站	集配气总站清管区	325	8 418	30	2	0.04

续表

序号	清管区位置	清管区名称	收球筒管径 mm	收球筒长度 mm	收球排放量 kg·m⁻³	年清管次数	排放量/t
4	集配气总站	集配气总站清管区	450	8 500	100	2	0.27
5	集配气总站	集配气总站清管区	450	8 414	150	2	0.40
6	集配气总站	集配气总站清管区	350	11 012	70	2	0.15
7	集配气总站	集配气总站清管区	400	6 500	50	2	0.08
8	集配气总站	集配气总站清管区	650	7 200	200	2	0.96
9	某末站	某末站清管区	508	4 870	300	0	0
10	某末站	某末站清管区	600	6 200	250	0	0
11	某工业园	某工业园清管区	325	4 350	100	0	0
12	某工业园	某工业园清管区	325	4 350	100	0	0
13	某工业园	某工业园清管区	325	4 350	100	0	0
14	某工业园	某工业园清管区	325	4 350	100	0	0
15	合计						2.58

（6）燃烧烟气 VOCs 排查与核算。

1）基本信息。某净化厂涉 VOCs 排放量核算的燃烧烟气共有 6 个,分别为 1♯酸气焚烧炉、6♯锅炉、7♯锅炉、8♯锅炉、9♯锅炉、10♯锅炉,燃料均为天然气。

2）核算方法。参考《美国炼油厂排放估算协议》,采用排放系数法计算燃烧烟气的排放量。排放系数法是基于单位质量或体积的燃料燃烧排放单位质量 VOCs 的排放系数的估算方法。燃料种类、消耗量来自企业调查,具体排放系数见表 4-35。

表 4-35　天然气燃烧 VOCs 排放系数

VOCs 排放系数/[(kg·(m³ 天然气)⁻¹]
1.762×10^{-4}

3）核算结果。燃烧烟气排放量见表 4-36。

表 4-36　燃烧烟气排放量表

序号	排放源	燃料种类	年燃料消耗量/m³	VOCs 排放系数/(kg·m⁻³)	排放量/(t·年⁻¹)
1	1♯酸气焚烧炉	天然气	766 800	1.762×10^4	0.14
2	6♯锅炉	天然气	3 600 000	1.762×10^4	0.63
3	7♯锅炉	天然气	3 600 000	1.762×10^4	0.63
4	8♯锅炉	天然气	3 600 000	1.762×10^4	0.63
5	9♯锅炉	天然气	800 000	1.762×10^4	0.14
6	10♯锅炉	天然气	800 000	1.762×10^4	0.14
7	合计				2.32

(7)采样过程排放 VOCs 排查与核算。某净化厂所有开口采样点的成分均不含 VOCs,不涉及采样排放量。

(8)火炬排放 VOCs 排查与核算。

1)基本信息。火炬排放指用于热氧化处理、处置区域内生产设备所排放的各类具有一定热值气体的焚烧净化装置,火炬气通过焚烧可去除大部分的烃类,但其排放废气中仍包括未燃烧的 VOCs。

某净化厂建有两个火炬,分别为 1♯放空火炬、2♯放空火炬。

2)核算方法。物料衡算法是基于火炬气 VOCs 的进入量及火炬燃烧效率的一种方法。需要对进入火炬的气体的流量、组成进行连续监测(或在间歇排放事件中火炬燃烧时至少每 3 h 进行 1 次人工采样的组成分析)。火炬的燃烧效率可以是测试数据,也可以是假设的默认燃烧效率。

$$E_{\text{火炬},i} = \sum_{n=1}^{N} \left[Q_n \times t_n \times C_n \times \frac{M_n}{22.4} \times (1 - E_{\text{eff}}) \times 10^{-3} \right] \quad (4-4)$$

式中： $E_{\text{火炬},i}$——火炬 i 的 VOCs 排放量,t/年或 t/次;

n——测量序数,第 n 次测量;

N——年测量次数或火炬每次工作时的测量次数;

Q_n——第 n 次测量时火炬气的流量,m³/h;

t_n——第 n 次测量时火炬的工作时间,h;

C_n——第 n 次测量时 VOCs 的体积分数;

M_n——第 n 次测量时 VOCs 的相对分子质量,kg/kmol;

22.4——摩尔体积转换系数,m³/kmol;

F_{eff}——火炬的燃烧效率,%。

基础信息来自企业调查,火炬气成分分析见表4-37。

表4-37　某净化厂火炬气成分分析表

采样时间	样品名称	分析项目	物质体积百分比	其中VOCs占比	物质相对分子质量	平均相对分子质量
2020-09-05	某净化厂火炬气	CH_4	96.546 1			
		C_2H_6	0.752 2	0.752 2	30	22.57
		C_3H_8	0.062 1	0.062 1	44	2.73
		iC_4H_{10}	0.001 3	0.001 3	58	0.08
		nC_4H_{10}	0.010 4	0.010 4	58	0.60
		iC_5H_{12}	0.004 4	0.004 4	84	0.37
		nC_5H_{12}	0.004 7	0.004 7	84	0.39
		C_6 及以上	0.000 7	0.000 7	84	0.06
		He	0.020 6			
		H_2	0.001 3			
		O_2	0			
		N_2	0.551 3			
		CO_2	2.029 9			
		H_2S	2.97			
		H_2O	210			

3)核算结果。某净化厂年火炬排放量计算结果详见表4-38。

表4-38　某净化厂火炬排放量统计表

序号	名称	火炬气流量 $m^3 \cdot h^{-1}$	工作时数 h	VOCs体积分数 %	VOCs平均相对分子质量 g	燃烧效率 %	排放量 t
1	1♯放空火炬	400 000	6	0.84	32.07	98	0.58
2	2♯放空火炬	400 000	8	0.84	32.07	98	0.77
3	合计						1.35

3.各 VOCs 源项排查与核算汇总

某净化厂 VOCs 排放量汇总见表 4-39。

表 4-39　某净化厂 VOCs 排放量汇总

序号	排放源	核算方法	排放量/t
1	LDAR	相关方程法＋筛选范围法＋系数法	3.36
2	储罐	公式法	3.69
3	装卸	公式法	0.01
4	污水	系数法	12.71
5	工艺废气	物料衡算法	2.58
6	燃烧烟气	系数法	2.32
7	火炬	物料衡算法	1.35
8	合计		26.02

(八)采出水处理站

1.概述

选取某采出水处理站作为典型转接站,污水处理能力 2×300 m^3,敞开页面为污泥池 300 m^3、卸车池 300 m^3,包括 3 座含醇、不含醇处理罐 2 座 500 m^3、1 座 200 m^3。

2.源项

(1)储罐 VOCs 排查与核算。

1)基本信息。相关参数见表 4-40。

表 4-40　立式固定顶罐相关参数一览表

罐区	500 m^3 罐区		200 m^3 罐区
储罐位号	1#	2#	2#
储存介质	甲醇	原油	甲醇
储罐直径/m	8.2	8.2	5.5
储罐高度/m	11	11	10.3

续表

罐区	500 m³ 罐区		200 m³ 罐区
公称容积/m³	500	500	500
最大液体高度/m	8	8	5
平均液体高度/m	6	6	4
通气口压力值/kPa	1.5	1.5	1.5
通气口真空值/kPa	−0.3	−0.3	−0.3
储存温度/℃	30	30	30
罐壳颜色	铝色	铝色	铝色
罐壳条件	好	好	好
罐顶颜色	铝色	铝色	铝色
罐顶条件	好	好	好
年周转量/m³	20 642	13 200	6 200
是否回收气体	否	否	否

2)核算方法。立式固定顶罐采用公式法核算。参考《石化行业挥发性有机物污染源排查工作指南》中推荐的公式法进行核算,储罐直径、高度、储存温度等相关参数来自企业调查。

3)核算结果。各储罐排放量见表 4-41。

表 4-41　立式固定顶罐排放量表

序号	罐区	罐号	排放量/(t·年⁻¹)
1	500 m³ 罐区	1♯甲醇罐	2.16
2		2♯采出水罐	7.55
3	200 m³ 罐区	3♯甲醇罐	0.75
4	合计		10.46

(2)废水集输、储存、处理处置过程逸散 VOCs 排查与核算。

1)基本信息。建有甲醇回收污水处理和污水处理间两套污水处理设施,甲醇回收污水处理方式为常压蒸馏,年污水处理量为 13 000 m³;污水处理间污水处理方式为生化处理,污水处理量为 8 000 m³。

2)核算方法。参考《石化行业 VOCs 污染源排查工作指南》采用系数法进行核算,污水收集及处理量来自企业调查,具体排放系数见表 4 - 42。

表 4 - 42　废水处理设施 VOCs 逸散量排放系数

适用范围	单位排放强度 $kg \cdot m^{-3}$	备注
废水收集系统及油水分离	0.6	排放量/kg＝排放系数×废水处理量/m³
废水处理系统	0.005	排放量/kg＝排放系数×废水处理量/m³

3)核算结果。按照系数法计算,某采出水处理站污水处理系统年 VOCs 排放量为

VOCs 排放量＝(13 000 m³＋8 000 m³)×0.6 kg/m³×10^{-3}＝12.6 t

二、典型站场 VOCs 排放特征

油田联合站的挥发性有机化合物排放特征可以根据以下几个方面进行分析:

(1)VOCs 组成:分析油田联合站排放的 VOCs 成分是了解其排放特征的关键。不同工艺和设备可能会产生不同种类和浓度的 VOCs。通过对燃烧废气、储罐排放、泄漏等样品进行取样和分析,可以确定主要的 VOCs 成分。

(2)排放源强度:油田联合站中的各个设备和工艺单元的排放源强度可能会有所不同。通过测量和监测不同排放源的 VOCs 浓度和流量,可以评估排放源的相对贡献和排放强度。

(3)季节和气象条件:季节和气象条件对油田联合站的 VOCs 排放也可能产生影响。例如,温度、湿度和风速等因素可能会影响 VOCs 的挥发和扩散,从而导致排放特征的变化。

(4)污染源分布:了解油田联合站内部污染源的分布情况对于确定 VOCs 排放特征至关重要。通过在关键设备和工艺单元周围设置采样点,并结合实地监测和数据分析,可以揭示污染源的空间分布特征。

(5)VOCs 控制措施:油田联合站通常会采取一系列 VOCs 控制措施来减少排放。分析这些控制措施的有效性和实施情况,以及与排放特征的关系,有助于评估和改进 VOCs 控制策略。

(6)组成和特点:油田 VOCs 主要以 $C_2 \sim C_6$ 烷烃物质,占比达 93% 以上。

(7)排放特点:具有排放集中、浓度高、组分复杂的特点。站场设施排放源

有污油回收装置污油通过排气孔泄放;沉降罐油品呼吸孔挥发;净化罐油品呼吸孔挥发;外输泵检修或泵排污污油;加热炉油气燃烧不充分;伴生气分液器油气超压泄放、凝析液排放,三相分离器,超压泄放;管件阀门,密封不严泄漏。工艺流程整体流程管输密闭,站外放空泄放有组织排放为主。主要为储罐排放。

油田转接站的挥发性有机化合物排放特征主要取决于以下几个因素:

(1)原油组成:原油中的成分决定了其中可能存在的VOCs种类和浓度。不同地区的原油组成差异较大,因此导致排放的VOCs种类和含量也会有所不同。

(2)储存和处理设施:油田转接站涉及储存、加工和运输原油和石油产品的设施。这些设施包括油罐、管道、阀门等,它们可能存在泄漏和蒸发,导致VOCs排放。

(3)加工和处理过程:油田转接站进行一系列的加工和处理操作,例如蒸馏、加热、脱硫等。这些过程中可能产生VOCs排放,特别是在高温下的裂解和氧化反应条件下。

(4)废气处理装置:一些油田转接站可能配备了废气处理装置,用于控制和减少VOCs排放。这些装置可以通过吸附、催化氧化、焚烧等方法来处理VOCs。

总体而言,油田转接站的VOCs排放特征可能包括以下方面:多种VOCs种类,由于原油的复杂性,油田转接站的VOCs排放通常涉及多种化合物,如烷烃、芳烃和醇类等。波动性,VOCs排放可能会有波动性,受到原油供应量、生产负荷和处理操作的变化影响。季节性变化,某些VOCs在不同季节中的挥发性可能存在差异,例如温度、湿度和风速的影响。

站场设施排放源为事故罐油品呼吸孔挥发;外输泵、检修或泵排污污油、伴生气分液器一进一泄放或凝析液排放、缓冲罐油气超压泄放或正常泄放。工艺流程内密闭流程,检修、事故泄放。

油田增压点的挥发性有机化合物(VOCs)排放特征主要受以下几个因素影响:

(1)原油组成:原油中的成分决定了其中可能存在的VOCs种类和浓度。不同地区的原油组成差异较大,因此导致排放的VOCs种类和含量也会有所不同。

(2)压缩机和增压设备:油田增压点通常使用压缩机和增压设备进行原油加压和输送,这些设备在操作过程中可能产生VOCs排放。

（3）泄漏点：增压点中的管道、阀门、连接点等设备可能存在泄漏，导致VOCs排放。例如，管道接头和密封件的老化或损坏可能导致VOCs泄漏。

（4）燃烧设备：增压点中使用的燃烧设备（如锅炉和燃气轮机）的泄漏，可能导致VOCs排放。

（5）废气处理装置：一些增压点配备废气处理装置用于控制和减少VOCs排放。这些装置可以通过吸附、催化氧化、焚烧等方法来处理VOCs。

随着无人值守和伴生气综合利用的开展，增压装置实现密闭输送工艺。排放源为井场的套气放空。增压装置中事故油箱、污油回收、装置设备呼吸排放，缓冲罐、伴生气分液器超压泄放，伴生气凝析液排放站场放空排放站内检修作业排放等。

油田储备库的VOCs排放特征主要受以下几个因素影响：

（1）储存原油：油田储备库用于储存原油和石油产品，其中的原油成分将决定可能存在的VOCs种类和浓度。不同类型的原油和石油产品具有不同的组成和挥发性。

（2）储罐和储存设施：储备库中的储罐和其他储存设施可能是VOCs排放的来源。这些设施可能存在泄漏、蒸发和挥发，导致VOCs排放。

（3）转运和处理操作：储备库进行转运和处理操作时也可能产生VOCs排放。例如，装卸原油和石油产品的过程中可能伴随着挥发性成分的释放。

（4）废气处理装置：一些储备库配备了废气处理装置，用于控制和减少VOCs排放。这些装置可以通过吸附、催化氧化、焚烧等方法来处理VOCs。

（5）修理和维护活动：储备库进行修理和维护时，涉及设备的清洗、喷涂或维修可能导致VOCs排放。

油田输油站的VOCs排放特征主要受以下几个因素影响：

（1）输送原油：油田输油站作为原油的中转和储存设施，其VOCs的排放特征与所输送的原油有关。原油的组成决定了其中可能存在的VOCs种类和浓度。

（2）储罐和输送管道：输油站的储罐和输送管道是VOCs排放的潜在来源。这些设施可能存在泄漏、蒸发和挥发，导致VOCs排放。

（3）装卸操作：输油站进行原油装卸操作时，涉及运输车辆和装卸设备，这些操作可能伴随着VOCs的挥发。

（4）废气处理装置：一些输油站配备了废气处理装置，用于控制和减少VOCs排放。这些装置可以通过吸附、催化氧化、焚烧等方法来处理VOCs。

（5）修理和维护活动：输油站进行修理和维护时，涉及设备的清洗、喷涂或维修可能导致 VOCs 排放。

站场设施泄放源为储油罐/事故罐油品呼吸孔挥发、外输泵检修或泵排污、收发球装置收发球作业,工艺流程中密闭流程,检修作业。

气田集气站的 VOCs 排放特征主要受以下几个因素影响:

(1)天然气组成:气田集气站处理的天然气中可能存在 VOCs。这些 VOCs 是天然气中的挥发性成分,包括烷烃、芳烃和醇类等。

(2)气体处理过程:集气站进行一系列的气体处理操作,如脱硫、干燥、压缩等。在这些处理过程中,可能会发生 VOCs 的释放和挥发。

(3)泄漏点:集气站中的管道、阀门、连接点等设备可能存在泄漏,导致 VOCs 排放。例如,管道接头和密封件的老化或损坏可能导致 VOCs 的泄漏。

(4)燃烧设备:集气站使用的燃烧设备(如燃烧炉和燃气轮机)的泄漏可能产生 VOCs 排放。

(5)废气处理装置:一些集气站配备了废气处理装置,用于控制和减少 VOCs 排放。这些装置可以通过吸附、催化氧化、焚烧等方法来处理 VOCs。

气田净化(处理)厂 VOCs 排放特征主要受以下几个因素影响:

(1)原气组成:气田净化厂处理的原气中可能存在 VOCs。这些 VOCs 是天然气中的挥发性成分,包括烷烃、芳烃和醇类等。

(2)气体处理过程:净化厂进行一系列的气体处理操作,如脱硫、脱水、脱碳等。在这些处理过程中,可能会发生 VOCs 的释放和挥发。

(3)泄漏点:净化厂中的管道、阀门、连接点等设备可能存在泄漏,导致 VOCs 排放。例如,管道接头和密封件的老化或损坏可能导致 VOCs 的泄漏。

(4)燃烧设备:净化厂使用的燃烧设备(如燃烧炉和燃气轮机)的泄漏可能产生 VOCs 排放。

(5)废气处理装置:一些净化厂配备了废气处理装置,用于控制和减少 VOCs 排放。这些装置可以通过吸附、催化氧化、焚烧等方法来处理 VOCs。

油气田采出水厂的 VOCs 排放特征主要受以下几个因素影响:

(1)采出水组成:油气田采出水中可能存在 VOCs。这些 VOCs 是水中的挥发性成分,包括烷烃、芳烃和醇类等。

(2)处理过程:采出水厂进行一系列的处理操作,如分离、过滤、蒸发等。在这些处理过程中,可能会发生 VOCs 的释放和挥发。

(3)漏水和泄漏:采出水厂的管道、储罐、阀门等设备可能存在漏水和泄漏,导致 VOCs 排放。例如,管道接头和密封件的老化或损坏可能导致 VOCs 的泄漏。

(4)蒸发和气体释放:采出水在处理过程中可能经过蒸发、加热等环节,使其中的VOCs挥发至大气中。

(5)废气处理装置:一些采出水厂配备了废气处理装置,用于控制和减少VOCs排放。这些装置可以通过吸附、催化氧化、焚烧等方法来处理VOCs。

三、排放源调查和排放清单

油田联合站的VOCs污染源项清单如下:

(1)锅炉和发电机组:燃烧过程产生的废气中可能含有VOCs。这些设备通常用于提供热能和电力,需要对燃烧效率和废气排放进行监测和管理。

(2)储罐和罐区:油田联合站中存储和处理原油、产品油和废水等的储罐和罐区可能会释放VOCs。这些排放源可以来自罐体透气、搅拌装置、泄漏和事故等。

(3)钻井作业:钻井过程中使用的钻井液和其他化学品可能含有VOCs。钻井期间可能会有VOCs的排放,例如溶剂蒸发和泥浆喷吹等。

(4)油气处理单元:包括分离器、脱硫装置、精馏塔和压缩机等设备,将原油分离成多个组分。这些单元可能会产生VOCs的排放,如脱附过程中的挥发性气体和泄漏等。

(5)泄漏和扩散:油田联合站中的管道、阀门和接头等可能存在泄漏情况,导致VOCs排放。此外,VOCs也可能通过扩散进入大气中。

油田转接站的VOCs污染源清单如下:

(1)储罐:储存原油和石油产品的储罐可能是一个重要的VOCs污染源。

(2)泄漏点:包括管道、阀门、连接点等可能存在泄漏的设备。

(3)蒸气排放:与油田生产相关的蒸气排放,如蒸馏、加热和蒸发过程中可能释放VOCs。

(4)废气处理装置:如果油田转接站配备了废气处理装置,那么其中的运行和维护可能产生VOCs排放。

(5)汽车尾气:来往于油田转接站的车辆尾气中也可能含有VOCs。

油田站场增压点的VOCs污染源清单如下:

(1)压缩机和增压设备:油田站场增压点中的压缩机和增压设备可能是主要的VOCs污染源。在操作过程中,这些设备可能会产生VOCs排放。

(2)泄漏点:包括管道、阀门、连接点等存在泄漏的设备(如管道接头和密封件)可能导致VOCs泄漏。

(3)储罐和储存设施:储罐和其他储存设施用于储存原油和石油产品,它们也可能是潜在的 VOCs 污染源。

(4)燃烧设备:油田站场增压点中使用的燃烧设备,如锅炉和燃气轮机,可能释放 VOCs 排放。

(4)废气处理装置:如果站场配备了废气处理装置,那么其中的运行和维护也可能产生 VOCs 排放。

油田站场储备库的 VOCs 污染源清单如下:

(1)储罐:油田站场储备库中的储罐是主要的 VOCs 污染源之一。这些储罐用于储存原油和石油产品,它们可能存在泄漏和蒸发导致 VOCs 排放。

(2)汽车尾气:进出储备库的车辆尾气中也可能含有 VOCs。这些车辆包括员工巡逻车辆、运输车辆等。

(3)泄漏点:包括管道、阀门、连接点等可能存在泄漏的设备(如管道接头和密封件)可能导致 VOCs 泄漏。

(4)蒸气排放:与储备库操作相关的蒸气排放,如加热、蒸馏和蒸发过程中可能释放的 VOCs。

(5)废气处理装置:如果储备库配备了废气处理装置,那么其中的运行和维护也可能产生 VOCs 排放。

气田站场集气站的 VOCs 污染源清单如下:

(1)气罐:气田集气站中的气罐是主要的 VOCs 污染源之一。这些气罐用于储存天然气和其他气体产品,它们可能存在泄漏和蒸发导致 VOCs 排放。

(2)泄漏点:包括管道、阀门、连接点等可能存在泄漏的设备(如管道接头和密封件)可能导致 VOCs 泄漏。

(3)燃烧设备:集气站中使用的燃烧设备(如燃气轮机和锅炉)可能产生 VOCs 排放。

(4)废气处理装置:如果集气站配备了废气处理装置,那么其中的运行和维护也可能产生 VOCs 排放。

(5)蒸气排放:与集气站操作相关的蒸气排放,如加热、蒸馏和蒸发过程中可能释放的 VOCs。

气田站场净化(处理)厂的 VOCs 污染源清单如下:

(1)气体进料:处理厂接收的气体进料中可能含有 VOCs,这些 VOCs 可能是石油和天然气中的挥发性成分。

(2)泄漏点:包括管道、阀门、连接点等可能存在泄漏的设备(如管道接头和密封件)可能导致 VOCs 泄漏。

(3)吸附剂和催化剂再生:净化厂中使用的吸附剂和催化剂在再生过程中可能产生 VOCs 排放。

(4)燃烧设备:用于净化废气的燃烧设备(如燃烧炉和燃烧燃气轮机)可能产生 VOCs 排放。

(5)废气处理装置:如果净化厂配备了废气处理装置,那么其中的运行和维护也可能产生 VOCs 排放。

油气田站场采出水站厂的 VOCs 污染源清单如下:

(1)沉淀池和油水分离装置:采出水站厂中的沉淀池和油水分离装置可能是 VOCs 污染的来源。这些设施处理含油废水,其中可能存在 VOCs。

(2)蒸气排放:与采出水站操作相关的蒸气排放(如加热、蒸馏和蒸发)过程中可能释放的 VOCs。

(3)废气处理装置:如果采出水站配备了废气处理装置,那么其中的运行和维护也可能产生 VOCs 排放。

(4)泄漏点:包括管道、阀门、连接点等可能存在泄漏的设备(如管道接头和密封件)可能导致 VOCs 泄漏。

(5)汽车尾气:进/出采出水站厂的车辆尾气中也可能含有 VOCs。

第五章 典型站场 VOCs 综合治理

第一节 总 体 思 路

一、治理原则

结合低渗透油气田集输工艺及特点,根据国家各层级对 VOCs 治理要求,对照油田生产实际,治理原则如下:

(1)源头控制,过程控制,末端治理,综合施策。

(2)安全环保并重,突出重点,整体推进。

(3)按照合理经济,先大后小、先易后难、分步实施。

(4)按照分类、分区、分策进行专项治理,确保达标排放。

(5)完善密闭集输工艺,降低对油气生产的影响。

(6)设备选型做到性能可靠、技术先进、高效节能、方便运行、便于维护,以提高站场运行的可靠性。

(7)充分依托现有设施,降本增效。

二、总体思路

结合工艺和规范要求,借鉴石化企业等 VOCs 治理经验,对照低渗透油田生产实际,按照分类、分区(重点地区与非重点地区)、分策治理的原则制定治理措施,有序组织 VOCs 治理。

(一)挥发性有机液体储存排放治理

1.真实蒸气压>66.7 kPa,储罐罐容>100 m³ 时

(1)采用压力罐或低压罐。

（2）采用固定顶罐,采取烃蒸气回收措施。

（3）采取其他等效措施。

以鄂尔多斯盆地低渗透油田为例,非稳定原油真实蒸气压＞100 kPa,一般来自原稳装置前的联合站原油。由于除联合站外其他站点仅考虑吹扫、事故罐容,不作为原油缓冲和储备用,正常工况不作储存功能。因此,油田联合站固定顶罐治理范围为 1 000～10 000 m³。

2. 27.6 kPa≤真实蒸气压≤66.7 kPa,储罐罐容＞500 m³ 时

（1）采用浮顶罐。

（2）采用固定顶罐并对排放的废气进行收集处理,非甲烷总烃去除效率不低于80%。

（3）采用气相平衡系统。

（4）采取其他等效措施。

低渗透油田稳定原油的蒸气压一般不大于当地大气压的 0.7 倍,真实蒸气压介于 25～62 kPa 之间,多为外输净化原油。结合规范要求和生产实际情况,此类中间热泵站储罐作为事故罐,首、末站作为储油罐。因此,固定顶罐治理范围为 1 000～10 000 m³。

3. 新建站场

（1）真实蒸气压≥27.6 kPa。

（2）27.6 kPa≤真实蒸气压≤66.7 kPa。

（3）单罐罐容≥75 m³,需要分别按照未稳定原油和稳定原油储罐要求执行。

（4）2♯稳定轻烃站内采用压力容器密闭输送,采出水、原油稳定装置产生的污水、原油储罐排水均采用密闭管道集输,满足规范要求。但油田标准化站场设置伴生气压缩机、伴生气分液器排污产生的凝析液需要治理。

（二）挥发性有机液体装载排放治理

挥发性有机液体装载应采用底部装载或顶部浸没式装载方式;采用顶部浸没式装载的,出料管口距离罐(槽)底部高度＜200 mm;天然气凝液、液化石油气和1♯稳定轻烃装载应采用气相平衡系统或采取其他等效措施。

低渗透油田联合站、天然气处理厂、储油库等装载真实蒸气压≥27.6 kPa

的原油和 2♯稳定轻烃,需要对装载排放的废气进行收集处理,非甲烷总烃去除效率≥80%,或者采用气相平衡系统进行排放治理。

(三)废水集输和处理系统排放治理

低渗透油气田采出水、原油稳定装置污水、天然气凝液及其产品储罐排水、原油储罐排水应采用密闭管道集输,接入口和排出口采取与环境空气隔离的措施。

针对重点地区的敞开式油气田采出水、原油稳定装置污水、天然气凝液及其产品储罐排水、原油储罐排水的储存和处理设施,若其敞开液面逸散排放的 VOCs 浓度(以碳计)≥100 μmol/mol,应采用浮动顶盖进行治理;或者对设施采用固定顶盖进行封闭;或者采用其他等效措施。

(四)设备与管线组件泄漏排放治理

根据重点地区划分标准,油田部分站点靠近城镇区域属于重点地区,其余站点远离城镇,按一般地区对待。开展联合站、输油站和轻烃厂泄漏检测与修复工作抽样调查,根据调查结果开展相应治理。

(五)有组织排放和其他控制

目前,油田联合站内的有组织放空均为设备设施的超压泄放,作为站场安全措施,排放量极小,很难集中回收处理。其余的地面集输系统检修、事故放空,因为属于短时间事故放空,放空量较小进入储罐,储罐后续已采取密闭回收措施,可以满足要求。

(六)企业边界污染排放治理

按照要求企业边界排放浓度≤4 mg/m³。开展边界抽样监测,目前油田联合站、储油库等尚未发现企业边界污染物控制超标,若有超标现象从源头开展治理。

目前,低渗透油田集输系统基本采用管输密闭工艺,且通过原油稳定及伴生气利用工程建设,原油稳定率及伴生气回收率均达到较高水平,甚至达到100%,可以回收绝大部分油气。剩余的地面集输系统检修、事故放空,因为属于短时间事故放空,放空量较小,难以回收利用。

三、相关工艺技术

(一)集输密闭工艺技术

鄂尔多斯盆地低渗透油田针对多井低产、滚动开发、规模建产和地形复杂的特点,推广应用一体化集成装置,优化布局,形成了"井组-增压橇/接转站-联合站"的一级半布站和二级布站相结合的布站模式,目前已形成从井场到联合站成熟的密闭集输工艺模式。

针对低渗透油田伴生气少而分散的问题,通过井口-联合站全过程密闭与处理,最大限度地降低了油气损耗,并因地制宜加以利用,形成以"定压集气、油气混输、三相脱水、原油稳定、轻烃回收、干气利用"为主体的伴生气回收处理技术。

(二)油气密闭综合利用技术

针对页岩油大井组平台,通过推行"平台增压-联合站"的一级布站建设思路,通过"采出物密闭集输、原油集中稳定、深冷轻烃回收、干气综合利用",实现了平台增压-联合站全流程密闭处理,最大限度利用资源,降低油气损耗。

(三)零散气回收及干气利用

为回收边远区块、页岩油开发初期及轻烃厂检修期间的零散伴生气,按照混烃＋LNG、混烃＋CNG 等两种模式组合,通过小型移动式伴生气回收装置和伴生气脱液装置,实现快速建成投产、有效回收油气的目的。

(四)敞开液面 VOCs 治理技术

针对污油池、干化池、废水处理系统中的集水井(池)、调节池、隔油池、气浮池、浓缩池、生化池以及曝气池等敞开液面,采用反吊膜、玻璃钢等密封材料进行加盖密闭,废气收集后再配套回收、生物净化、燃烧等末端治理设施,确保废气达标排放。

(五)泄漏检测与修复(LDAR) 技术

泄漏检测与修复(LDAR)技术采用固定或移动监测设备对潜在泄漏点进行检测,及时发现存在泄露现象的组件,并进行修复与替换。通过定期检测、修复、复检等程序,减少动静密封点的 VOCs 泄漏排放。

第二节　挥发性有机液体储存

一、基本情况

在炼油、石油化工企业和各类石油库中,广泛地使用着各种类型的储罐,储存不同性质的液态和气态石油化工产品。储罐作为存储油品等流体介质的主要设施,是石油化工装置和储运系统的重要组成部分,常见立式储罐的容积从 10 m³ 到几十万立方米不等。

按照建造特点,储罐可分为地上储罐和地下储罐两种类型。地上储罐大多采用钢板焊接而成,由于它的投资较少、建设周期短、日常的维护及管理比较方便,因此炼油、石油化工和各类石油库中的储罐绝大多数为地上式;地下储罐多采用钢板或钢板与钢筋混凝土两种材料建造,由于整个储罐建在地下,所以储存介质的温度比较稳定,气体蒸发的损耗较小。但由于地下储罐的投资较高、建设周期长、施工难度较大、操作及维护不如地上储罐方便,故只有当工艺条件有特殊要求时才使用。

世界上第一个建造大型立式储罐的国家是法国,随着石油工业的发展,其他国家的大型储罐建造水平也得到了快速发展,我国从 1985 年引进第一台 10×10^4 m³ 储罐,开始了我国自主发展大型储罐的历史,目前国内储罐最大设计能力已达 27×10^4 m³,自主研发的储罐建造材料、施工设备、施工工艺等已完全取代了进口产品。

二、储罐分类

(一)地上储罐

1.立式圆筒形储罐

立式圆筒形储罐由罐底、罐壁及罐顶组成,罐壁为立式圆筒形结构。根据其罐顶结构的特点又可以分为固定顶、浮顶、内浮顶 3 种形式。

(1)固定顶罐:罐顶结构有多种形式,目前使用最普遍的为拱顶罐,这种罐顶为球缺形,球缺的半径一般为罐直径的 0.8~1.2 倍,拱顶本身是承重的构件,有较强的刚性,能承受一定的内部压力,拱顶储罐的承受压力一般为

2 kPa。由于受到自身结构及经济性的限制,储体的罐容不宜过大,罐容大于 1×10^3 m³时,多采用网架式拱顶罐。目前拱顶罐的最大罐容已达 3×10^4 m³。

(2)浮顶罐:浮顶储罐的罐顶是一个浮在液面上并随液面升降的盘状结构,浮顶分为双盘式和单盘式两种。单盘式浮顶的周边为环行分隔的浮舱,中间为单层钢板;双盘式由上、下两层盖板组成,两层盖板之间被分隔成若干个互不相通的隔舱。浮顶随罐内介质储量的增减而升降,浮顶外缘与罐壁之间有环形密封装置,罐内介质始终被浮顶直接覆盖,能够有效减少介质挥发,常用于原油和成品油的储存。

浮顶外缘的环板与罐壁之间有 200~300 mm 的间隙,其间装有固定在浮顶上的密封装置。密封装置的结构形式较多,有机械式、管式以及弹性填料式等。管式和弹性填料式是目前应用较为广泛的密封装置,这种密封装置主要采用软质材料,因此便于浮顶的升降,严密性能较好。为了进一步降低物料静止储存时的蒸发损耗,可在上述单密封的基础上再增加一套密封装置,称之为二次密封。浮顶结构储罐的罐容较大,目前国内已使用最大浮顶储罐的罐容达 15×10^4 m³。

(3)内浮顶罐:内浮顶储罐结构的特点是在拱顶罐内加一个覆盖在液面上、可随储存介质的液面升降的浮动顶,同时设置了环向通气孔和罐顶中央通气孔,主要作用是平衡罐内外压力,实现浮盘上部与固定顶形成空间的自由通风,最大限度降低罐内空间油气浓度。在实际运行过程中,如有原油挂壁、浮盘密封等挥发油气进入浮盘上方空间,通过环向通气孔和中央通气孔能够将挥发气体及时交换至罐外,确保油气浓度不超标。

内浮顶罐外形与固定顶罐类似,兼具外浮顶罐和固定顶罐的优点,特别是能够有效减少油品损耗,在石油化工等领域应用广泛。这种储罐与拱顶罐一样,受自身结构及经济性的限制,储罐的罐容也不宜过大。

2.卧式圆筒形储罐

卧式圆筒形储罐由罐壁及端头组成,罐壁为卧式圆筒形结构,端头为椭圆形封头,多用于要求承受较高的正压和负压的场合。由于卧式圆筒形储罐结构的限制,罐容不大,因此便于在工厂整体制造,质量也易于保证,运输及现场施工都比较方便。卧式圆筒形储罐的主要不足在于单位容积耗用的钢材较多,占地面积也较大。

3.球形储罐

球形结构的储罐,广泛地应用于石油化工、城市燃气等行业,存储介质涵盖了天然气、丙烷、丁烷、乙烯、丙烯、液化石油气等。由于承压性能良好,单位容积的耗钢量较少,故多用于储存要求承受内压较高,罐容较大的介质。罐体可在工厂预制成半成品(组装件),然后运至施工现场进行组装、焊接,施工质量控制要求较高。受自身结构的限制,球形储罐的罐容不宜太大。目前国内已建成球形储罐的最大罐容为 1×10^4 m³。

(二)地下储罐

常用的地下储罐有立式圆筒形及卧式圆筒形两种。由于储罐设置在地面以下,所以土壤的地质条件、腐蚀性以及地下水的情况,是地下储罐结构设计时主要考虑的因素。

1.立式圆筒形储罐

地下立式圆筒形储罐的顶板、壁板以及底板,一般情况下多采用钢筋混凝土结构。为了防止储存介质的渗漏,储罐的壁板及底板的内侧衬一层钢板。这种结构的储罐,施工技术较为复杂、要求严格施工周期较长、投资较大。

2.卧式圆筒形储罐

炼油、石油化工企业及油库中,常用直接埋于地下的卧式筒形储罐,多为普通碳钢钢板制造。由于实际需要的容积不大(大多小于 50 m³)故便于厂家整体制造、运输及施工。

三、挥发性有机液体储存要求

根据《陆上石油天然气开采工业大气污染物排放标准》相关规范要求:新建企业自 2021 年 1 月 1 日起,现有企业自 2023 年 1 月 1 日起,VOCs 排放控制按照本标准的规定执行。其中,针对挥发性有机液体储存,排放治理的范围及要求见表 5-1。

结合低渗透油田现有地面集输工艺和规范要求,借鉴石化企业等 VOCs 治理经验,对照油田生产实际,初步计划按照分类、分区、分策治理的原则制定治理措施,有序组织 VOCs 治理,按真实蒸气压对已建储罐排放控制要求。

表 5-1 挥发性有机液体储存污染控制要求

物料	现有或新建储罐	物料真实蒸气压/kPa	单罐设计容积/m³	排放控制要求	备注
原油	现有	≥66.7	>100	①	① 符合下列要求之一： a) 采用压力罐或低压罐； b) 采用固定顶罐，采取烃蒸气回收措施； c) 采取其他等效措施。 ② 符合下列要求之一： a) 采用浮顶罐。外浮顶罐的浮盘与罐壁之间采用双重密封，且一次密封采用浸液式、机械式鞋形等高效密封方式；内浮顶罐的浮盘与罐壁之间采用浸液式、机械式鞋形等高效密封方式； b) 采用固定顶罐并对排放的废气进行收集处理，非甲烷总烃去除效率不低于80%； c) 采用气相平衡系统； d) 采取其他等效措施
		≥27.6 且 ≤66.7	>500	②	
	新建	≥66.7	≥75	①	
		≥27.6 且 ≤66.7	≥75	②	
2# 稳定轻烃	—	—	—	②	

四、储罐 VOCs 治理技术

(一)VOCs 治理技术现状

目前，石化行业的 VOCs 治理已较为成熟和规范，针对 VOCs 排查、核算以及 LDAR 复发布了相应的工作指南。油气田开采工业 VOCs 治理起步较晚，需要针对企业 VOCs 现状进行排查以及排放量核算，然后提出改造方案。

(二)储罐 VOCs 治理技术

1. 浮顶罐-密封技术

浮顶罐分为内浮顶罐和外浮顶罐两类，主要用于储存易挥发类介质。

外浮顶储罐通称外浮顶油罐，结构为敞口型立式储罐，内设上下垂直浮动的外浮顶，通常用于大型 $2×10^4$ m³ 以上存储如原油、汽油、煤油等挥发性石油产品的敞口钢制储罐内，外浮顶随着储液水平上升或下降，外浮顶油罐有一个浮盘覆盖在油品的表面,并随油品液位升降。由于浮盘和油面之间几乎没有气体空间,因此可以大大降低所储存油品的蒸发损耗。

内浮顶油罐罐体外形结构与拱顶罐油罐大体相同。与外浮顶油罐相比,它多了一个固定顶,这对改善油品的储存条件,特别是防止雨水杂质进入油罐和减缓密封圈的老化有利。同时,内浮顶也能有效地减少油品的损耗,所以内浮顶油罐同时兼有固定顶油罐和浮顶罐的特点。从耗钢量比较,虽然内浮顶油罐比浮顶油罐增加一个拱顶,但也省去了罐壁和罐顶周围的抗风圈、加强环、滑动扶梯和折水管等,因此总耗钢量仍略少于外浮顶油罐。

罐壁与浮顶之间的密封结构是减少浮顶罐油气挥发泄漏的重点部位之一,其结构形式见图 5-1,《陆上石油天然气开采工业大气污染物排放标准》对浮顶罐的密封技术要求见表 5-2。

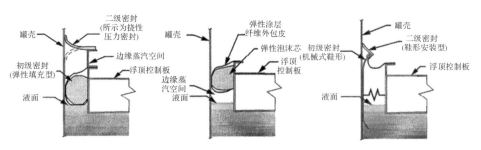

图 5-1　密封示意图

表 5-2　浮顶罐密封技术要求

类型	治理技术	具体措施及要求
外浮顶罐	密封	外浮顶罐的浮盘与罐壁之间采用双重密封,且一次密封采用浸液式、机械式鞋形等高效密封方式
内浮顶罐	密封	内浮顶罐的浮盘与罐壁之间采用浸液式、机械式鞋形等高效密封方式

2.固定顶罐治理技术

固定顶罐主要由罐顶、罐壁和罐底组成。罐顶由多块扇形薄钢板和加强筋组成,罐顶与罐壁一般采用搭接单面焊缝,支承罐顶质量载荷的结构可以是自支承式或支承式。拱顶载荷靠罐顶板周边支承于罐壁上的称自支承式拱顶;拱顶载荷主要靠柱式罐顶桁架支承于罐壁上的称支承式拱顶。固定顶罐具有结构简单,造价低等优点,但储存挥发性液体时蒸发损耗大。

固定顶罐的治理需对储罐排放的 VOCs 收集再进行处理,非甲烷总烃处理率不低于 80%。固定顶罐的 VOCs 收集主要分为以下几类:

(1)大罐抽气技术。

技术原理:将多个储罐挥发出的油气通过罐顶的管线引入变频螺杆压缩机,增压后经空冷器冷却至 50 ℃以下,进、入出口分离罐进行气液分离,气相经管网进入下一单元处理,液体直接排入缓冲罐收集统一处理。原理图如图5-2 所示。

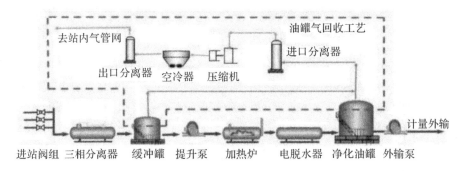

图 5-2　大罐抽气原理图

优点:大罐抽气技术是一种成熟的技术,可实现油气的全密闭储存和输送。

缺点:受挥发气量影响大。

(2)引射回收技术。

技术原理:该技术充分利用集输站场周围的少量输气管道剩余压力,实现对储油罐顶部油气的高效回收与资源利用,无须额外能源消耗,在实现环境保护的同时减少了能源消耗。

优点:VOCs 引射回收技术是一种全新、绿色、节能新技术;与传统的压缩机抽气装置相比,引射抽气技术更为安全和节能。

缺点:受挥发气量影响大。

(三)烃蒸气回收工艺

1.油罐烃蒸气引射回收工艺

低渗透油田接转站的常压油罐一般容积比较小,而缓冲罐分离出的伴生气有一定的压力,采用了密闭分离缓冲罐气体作为引射器的动力气源,抽吸常压油罐烃蒸气。

引射器是一种流体机械,它以高速流体的紊动来传导能量而不直接消耗机械能,没有相对的运动部件、无磨损、无泄漏,因而有设备简单,运行可靠,维护管理方便等特点。用计量接转站具有一定能量的伴生气作引射器的动力气,直接抽吸油罐烃蒸气并通过一个简单的油罐压力调节装置,控制油罐压力在 0.2~0.8 kPa 范围内,特别适用于气油比相对较大的低渗透油田站场。引射器的简要结构如图 5-3 所示。

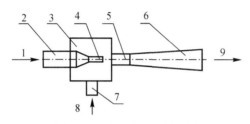

图 5-3 引射器结构原理图

1—动力气; 2—动力气入口管; 3—混合室; 4—喷嘴; 5—混合段;
6—扩压管; 7—吸气管; 8—抽吸气; 9—混合气

具有一定能量的伴生气经渐扩型喷嘴以声速或超声速喷出后形成高速射流,在混合室形成负压,由于射流与被吸气体之间的黏滞作用,把被吸气体带走,再经扩压管增压外输。采用引射器回收烃蒸气的原理如图 5-4 所示。

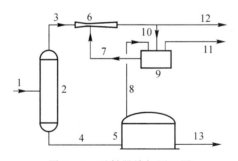

图 5-4 引射器抽气原理图

1—来油; 2—分离器;3—动力气; 4—原油; 5—储油罐;
6—引射器; 7—抽吸气; 8—油罐挥发气; 9—压力调节器;
10—补气气; 11—放空气; 12—外输气; 13—原油外输

由密闭分离缓冲罐的伴生气进入引射器作动力气,通过引射器将油罐挥发的烃蒸气抽出外输。当油罐烃蒸气小于抽气量时,油罐压力下降到一定值,压力调节器向油罐补气;当油罐挥发气大于抽气能力时,油罐压力上升到一定值,压力调节器放空一部分气体,分离器分出的原油去外输。

储油罐是微正压容器,其承受压力范围在−0.5～2.0 kPa 之间,在抽气过程中控制油罐压力远小于这个范围,在压力调节器正常工作的情况下,可以保证油罐的安全。压力调节器工作原理如图 5−5 所示。

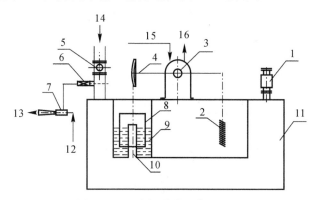

图 5−5　压力调节器工作原理图

1—可读数液封阀；　2—柔性配重；　3—压力调节阀；　4—杠杆；

5—气量记数表；　6—单流阀；　7—喷射器；　8—浮筒；

9—防冻液；　10—连通管；　11—方箱；　12—动力气；

13—混合气；　14—油罐烃蒸气；　15—补气；　16—放空气

压力控制系统用管线旁接于油罐,使油罐与方箱内压力一致。引射器经旋启式单流阀和计量仪表抽吸油罐烃蒸气,与动力气混合后外输。从外输气中引一部分作为补充气,以调节油罐压力。方箱由内室和外室构成,外室盛有防冻液,用连通管与内室连通;内室压力与油罐相同。在浮筒罩在连通管上后,通过液封作用,浮筒内压力为油罐内压力,浮筒外空间则为大气压力。

当油罐压力发生变化时,与大气压产生压差,在重锤和杠杆的共同作用下,浮筒上下移动,同时带动压力调节阀外筒转动,根据罐内压力大小自动进行补气或放气。

2.溢流沉降脱水罐烃蒸气增压回收工艺

溢流沉降脱水罐挥发的烃蒸气,经输气管道输至分离缓冲罐分离掉凝液,再由自控调压器进一步调压后进入负压螺杆压缩机的入口,缓冲罐的凝液自流到储液罐在累积到一定液位后定期由负压螺杆压缩机抽出,输往凝液回收装置,压缩机出口引出一部分气体作为补充气,保持油罐压力在安全范围内。溢流沉降脱水罐烃蒸气增压回收原理如图 5-6 所示。

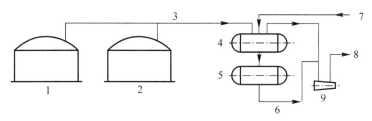

图 5-6 溢流沉降脱水罐烃蒸气增压回收原理图

1—沉降脱水罐; 2—净化油罐; 3—烃蒸气; 4—分离缓冲罐; 5—储液罐;

6—凝液; 7—补充气; 8—外输气; 9—负压螺杆压缩机

(四)固定顶罐改浮顶罐技术

《陆上石油天然气开采工业大气污染物排放标准》对真实蒸气压≥27.6 kPa 且容积>500 m³ 的拱顶储罐,明确要求通过浮顶罐、固定顶罐+废气收集处理、气相平衡系统或其他等效措施进行 VOCs 治理,确保达标排放。

针对低渗透油田部分输油站场的在役稳定原油固定顶储罐,由于介质在上游已经进行了稳定,因此需将固定顶罐改浮顶罐和大罐抽气+后端处理技术进行综合对比论证,优选出最佳的 VOCs 治理措施。

固定顶罐改浮顶罐和大罐抽气+后端处理技术的综合对比见表 5-3。

表 5-3 固定顶罐改浮顶罐和大罐抽气+后端处理技术对比

技术名称	固定顶罐改浮顶罐	固定顶罐+废气回收处理(大罐抽气)
特征	钢制焊接单盘式浮顶+高效密封	密闭收集+油气回收
改造工作量	1.清罐,检测+强度校核; 2.罐壁焊缝处理; 3.增加人孔、环向通气孔及定位柱(根据需要); 4.喷砂除锈+内涂; 5.浮盘、密封安装; 6.升降试验	1.检测+强度校核; 2.更换低排放呼吸阀和量油孔; 3.增加废气收集管线和螺杆压缩机组; 4.接入轻烃回收装置或系统

续表

技术名称	固定顶罐改浮顶罐	固定顶罐＋废气回收处理(大罐抽气)
改造优点	1.运行简单,安全可靠; 2.运行维护方便,费用较低; 3.石化行业应用广泛; 4.能够一劳永逸解决储罐VOCs排放问题	1.一次性投资相对低(不含废气处理设施); 2—改造周期短
改造缺点	1.一次性投资较高; 2.改造周期较长	1.需开展安全论证[依据《国家安全监管总局关于进一步加强化学品罐区安全管理的通知》(安监总管三〔2014〕68号),多个储罐联通,需经安全论证合格后方可投用]; 2.系统控制和运维等日常管理要求较高; 3.重点地区需在线连续监测,一旦回收处理设施运行不稳定,或储罐呼吸阀、紧急泄压阀泄漏检测值可能超过标准要求的 2 000 $\mu mol/mol$ 限值,需要进行二次治理; 4.运行费用相对较高

固定顶罐改内浮顶罐和外浮顶罐的技术经济综合对比见表 5-4。

表 5-4　固定顶罐改内浮顶罐和外浮顶罐技术对比

储罐形式	固定顶罐改内浮顶	固定顶罐改外浮顶
结构简图		
结构特点	拱顶罐内部增加浮盘,内浮盘随液面上下浮动,内浮盘与罐顶之间通过中央通气孔和环向通气孔自由换气	储罐内装入外浮顶,浮顶上表面直接与大气接触

续表

储罐形式	固定顶罐改内浮顶	固定顶罐改外浮顶
改造优点	1. 在罐内增加浮盘、密封及相关附件,同时更换加热器,工作量相对较小; 2. 浮盘上部有罐顶保护,密封等部件避免与大气直接接触,VOCs 挥发量较少,附件使用寿命也更长; 3. 浮盘上部有罐顶保护,浮盘等附件遭雷击等风险大大降低,储罐使用安全性更高; 4. 改造费用相对较低	1. 拱顶拆除后有利于材料大批量吊装,不需在罐壁开设物料门; 2. 敞开式环境,改造过程动火作业风险较低,施工过程通风和采光要求不高; 3. 后期浮盘及附件维护较方便
改造缺点	1. 需在罐壁开设物料门; 2. 封闭式环境,改造过程中动火作业风险较高,施工过程通风和照明要求高; 3. 后期浮盘及附件维护不方便	1. 改造内容包括罐顶拆除,增加浮盘、转动扶梯、中央排水管等附件,更换加热器,工作量较大; 2. 储罐结构发生改变,需重新核算罐壁强度,增设加强圈等设施; 3. 一、二次密封之间存在可燃气体,需配套主动安全防护系统; 4. 浮盘上部与大气直接接触,VOCs 挥发量较大,同时影响附件使用寿命; 5. 浮盘及附件存在雷击等风险,影响储罐使用安全性; 6. 改造费用相对较高

不同内浮盘类型的技术经济对比见表 5－5。

表 5－5 不同内浮盘类型技术经济对比

形式	低碳钢单盘浮仓式	不锈钢双盘浮仓式	不锈钢钎焊蜂窝式
简图示例			

续表

形式	低碳钢单盘浮仓式	不锈钢双盘浮仓式	不锈钢钎焊蜂窝式
结构形式	由环形浮舱、单层盘板和密封等组成,根据使用要求增设相关开孔及附件	由内置蜂窝巢芯的标准模块和密封等组成,浮力单元多,采用无梁形式,根据使用要求增设相关开孔及附件	由主梁、蜂窝箱、支柱和密封等组成,浮力单元多并采用钎焊,采用无梁形式,根据使用要求增设相关开孔及附件
优点	1.结构强度大,防爆等级高,耐冲击性强; 2.整体结构的浮盘运行稳定性好,安全性较高; 3.可配备重锤式刮蜡器,满足《石油储罐附件重锤式刮蜡装置》(SY/T 0511.7—2010)要求; 4.密封性能好,能够有效抑制油气挥发; 5.使用寿命长(25年)	1.物料可从储罐人孔进入,不需开设物料门; 2.装配式结构,不需配备导向柱,浮盘安装过程不需动火; 3.工厂化预制,现场安装周期短; 4.浮舱内蜂窝数量多,不需要防腐,后期维护工作量少; 5.密封性能较好,能够抑制储罐油气挥发; 6.使用寿命较长(20年)	1.物料可从储罐人孔进入,不需开设物料门; 2.装配式结构,不需配备导向柱,浮盘安装过程不需动火; 3.工厂化预制,现场安装周期较短; 4.浮舱内蜂窝数量多,不需要防腐,后期维护工作量少; 5.密封性能较好,能够抑制储罐油气挥发; 6.使用寿命较长(20年)
缺点	1.需在罐壁开设物料门,配备导向柱; 2.封闭式环境,浮盘改造过程中需动火作业,现场焊接质量控制难度较大,施工过程通风和照明要求高; 3.现场安装周期较长; 4.造价较高	1.无法配备重锤式刮蜡器,不满足 SY/T 0511.7—2010 要求; 2.制造难度较大,对加工设备要求较高; 3.造价高	1.无法配备重锤式刮蜡器,不满足 SY/T 0511.7—2010 要求; 2.制造难度大,对加工设备要求高; 3.造价较高

结合综合对比情况及低渗透油气田特点,稳定原油储罐推荐采用固定顶罐内浮顶改造方式进行 VOCs 治理,未稳定原油储罐治理推荐采用固定顶罐＋废气回收处理(大罐抽气)工艺。

第三节　挥发性有机液体装载

一、装载概况

随着低渗透油田开发深入,边缘、零散小区块油田的开发成为必然。由于边缘区块油田距离集输中心站场较远,采用管道输送原油投资较大,且新建管道路由比较困难,因此,汽车拉运成为小区块油田主要运输方式。为了接收和装运拉运原油,同时也为降低拉运成本,一般在小区块油田建设集中拉油点,在就近的接转站或联合站附近建设卸油台,以满足油田开发原油装载的需要。

在低渗透气田的净化(处理)厂,同样存在含醇污水和甲醇的装卸车和拉运。近年来,通过技术改造基本实现了密闭定量装车,主要包括批量控制器、流量计、防爆控制机柜、防溢流防静电控制器、气动两段控制阀、下装鹤管以及装车控制系统等。

低渗透油气田常见的装卸工艺包括常规装卸、半密闭装卸和全密闭装卸,但大部分为开式工艺,装卸油过程中大量油气散发到周围环境中,非甲烷烃类排放浓度超相关标准规范允许值。装卸过程中挥发的轻烃有机物积聚在罐车周围和上空,不但造成较大的经济损失,也存在很大的安全风险。

二、装卸方式

(一)常规装卸工艺

1.常规装油工艺

低渗透油田原油汽车装车多为上装式,通过罐车的顶部装油口将装油管浸润到油罐中进行装油。由于罐车顶部装油口为敞开式,装油过程中有大量的油气散发到大气中,造成大量的油气损耗,而且散发到大气中的油气很难及时扩散,在车体周围弥漫,低洼死角处积聚,如遇火源可能发生着火爆炸事故。常用的汽车装车工艺主要有自压装车工艺和带压装车工艺两种。

(1)自压装车工艺。自压装车工艺是由储油罐、管线、鹤管及罐车组成,采用传统的"罐高车低"的方式通过压力位差进行装车。自压装车工艺投资小、能耗低,但对油罐和罐车的位差压力有一定要求。

(2)带压装车工艺。带压装车工艺主要由储油罐、装车泵、鹤管及罐车组成,通过装车泵进行装车。带压装车工艺速度快,只需储油罐原油液位的高度满足泵的吸入条件即可。

2.常规卸油工艺

常规卸油点一般由卸油台、卸油箱、转油泵及配套设施组成。目前低渗透油田常用的卸油箱均为敞口容器,原油通过卸油口直接卸放进入敞口卸油箱内,卸油口处油气挥发较为严重,油气在其周围聚集,存在一定的安全和环保隐患。

(二)半密闭装卸油工艺

半密闭装卸油工艺是针对常规装卸油工艺的缺点,对敞开式装卸油工艺进行改进而形成的,半密闭式装卸油工艺相对于常规的敞开式装卸油工艺密闭程度有了很大的提高,但仍然未做到全部密闭。

1.半密闭装油工艺

半密闭式装车工艺主要使用底部装车,罐车底部进油管自带快速接头,装车时,装车鹤管上的快速接头与罐车底部进油管上的配对快速接头相连接,组成密闭系统。这种装车工艺与完全敞开式装车工艺相比,实现了装车口的密闭,减少了装车口的油气损耗。但是在装车过程中,罐车顶部的呼吸阀会随着罐车的进油而动作,将一部分油气散发到大气中。因此,底部装车工艺未能完全实现密闭装车。

2.半密闭卸油工艺

半密闭卸油工艺有两种方式,一种是利用密闭卸油箱进行缓冲卸油,另外一种是利用卸油汇管缓冲卸油。

(1)半密闭卸油箱式卸油工艺。半密闭卸油箱式卸油工艺主要由卸油箱、快速接头、卸油泵及管线组成。卸车时,将罐车卸油口上的快速接头和卸油箱上的快速接头相连接,组成密闭系统进行卸油,然后通过卸油泵输送到储罐。半密闭卸油箱式卸油工艺较以前直接敞口的卸油方式有了很大的改进,但卸油时油气在箱体内挥发,会从呼吸阀和泵杆周围逸出,而且卸油后空气可以进入卸油箱内,形成混合气体,也存在一定安全隐患。因此,从真正意义讲,这不能算全密闭卸油工艺。

(2)半密闭卸油汇管式卸油工艺。半密闭卸油汇管式卸油工艺与半密闭卸油箱式卸油工艺相似,只是用卸油汇管替代卸油箱。这种卸油工艺虽然也实现了卸油口的密闭,不存在卸油泵周围的油气泄漏,而且流程较短,但此工艺对泵的安装高度要求较为严格,且汇管中容易积存油气。除此之外,也没有解决油气从储罐的呼吸阀散发到大气中的问题,没有从根本上解决卸油过程油气散发的问题。

(三)全密闭装卸油工艺

1. 全密闭装油工艺

全密闭装油工艺的原理是油罐车装油时,将油罐车和储油罐组成密闭连接系统,这样油罐车装油作业时,罐车储罐上方空间气体正压与储油罐向罐车装油时产生的真空会产生压差,利用压差,将装油产生的油气通过密闭软管连接系统回收到储油罐内。

2. 全密闭卸油工艺

全密闭卸油工艺的原理是油罐车卸油时,将油罐车、卸油箱和储油罐组成密闭连接系统,油罐车通过密闭卸油口进行卸油。储油罐上方空间气体正压与油罐车向卸油箱卸油时产生的真空会产生压差,利用压差,将卸油产生的油气通过密闭软管连接系统回收到油罐车内,油罐车可以高效地回收卸油产生的油气,并能安全地运输到指定站点回收。如果场地有限,可以将其做成紧凑的密闭卸油橇装装置。

密闭装卸油工艺真正实现了原油装卸过程的全部密闭,防止装卸油过程中的油气散发,不仅可以避免因油气损耗带来的经济损失,还排除了装卸过程中的安全隐患。

三、装载损耗分析

原油在装卸储运过程中由于外界气温和储运罐内压力的变化会造成石油产品的挥发。任何形式的油品蒸气挥发损耗都是在储运容器内部传质过程的基础上发生。这种传质包括气液接触面的油品蒸发和储运容器中石油中的轻质组分分子的扩散效应。通过这两种形式储运容器中原油的空气逐步变成油气混合气体。当外界温度、压力发生变化时,混合气体便从容器排入外界环境。汽油储存运输过程中与油罐车操作相关的油气蒸发过程包括油罐车在储油库的装油过程、油罐车运输汽油的过程、油罐车在加油站的卸油过程等。

（一）装油过程中的油气损失

目前，油田和油库油品仍采用罐车运输，不论是火车罐车还是汽车罐车装油，尤其是顶部装油时，油品从伸入罐内的鹤管中高速流出，对罐车内壁和油品液面造成一定的冲击，使液体发生喷射和飞溅，引起油品液面强烈波动和搅动，加速了油品表面的蒸发速度；同时高速向下喷射的油品会使油罐内气相空间的气体发生强制对流，使油罐车内的气体浓度迅速上升并且很快达到饱和状态，高浓度油气迅速充满槽车内的气相空间，油品液面的上升驱使高浓度油气向罐外排放，由此形成装油损耗造成资源浪费与环境污染。其示意如图 5-7 所示。

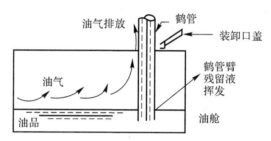

图 5-7 顶部浸没式装载油气损耗示意图

（二）运输过程中的油气损失

运输排放在许多方面与储罐的呼吸排放相似。呼吸排放是指因气压或温度改变引起油品膨胀产生蒸气并排出油罐，即在油品液面没有变化时，油品因气化而造成蒸气量增大。与呼吸排放不同的是，油罐车运输过程中罐内汽油发生剧烈扰动，成为 VOCs 的排放源。

（三）卸油过程中的油气损失

当油罐车卸油时，原油、油气按一定的比例占据油罐空间。与油罐车装载油品时相同，卸油时会因液面震荡起伏而增加油气的溢散与挥发。当油罐压力超过安全压力时，油气会通过呼吸阀排入大气中，造成环境污染和能源浪费。

四、装卸 VOCs 治理技术

《陆上石油天然气开采工业大气污染物排放标准》规定，采用罐车装载时应采用底部装载或顶部浸没式装载方式,排放的废气应收集处理并满足行业排放标准或处理效率不低于80%。

(一)底部装油工艺

油罐车底部装油方式类似于一般的浸没装油方式。采用浸没装油方式装油时装油管从油罐车底部进入油罐底部,鹤管出油口低于汽油液面,降低了鹤管出口油品的湍流程度,减少了鹤管出口油品与油罐内气相空间油气的接触,油气蒸发比传统的顶部装油方式少得多。与浸没装油方式相比,采用油罐车底部装油方式装油的油气蒸发更少。底部装载现场情况如图5-8所示。

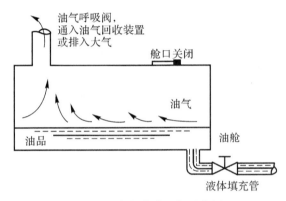

图 5-8　底部装载现场示意图

与传统的顶部装油方式相比,底部装油方式的优点:一是操作安全和健康。底部进油操作人员只要站在地面上,无须上到罐顶,充装时采用无泄漏快接接头连接油罐车,油气在完全密闭的系统内流动,避免了顶部进油时操作人员因距离油罐口较近吸入挥发油气而损害健康。二是防火和防溅泼。底部进油油面由底部缓慢上升,油液不会溅到油罐上,可消除顶部充装时的喷溅,没有因静电作用而产生火灾的危险。三是底部进油为完全密封操作,不污染油品。而顶部进油需要打开进油盖并插入油管,此时常有不希望或有污染性的物品跌进油品中,使油品受到污染。同时,经常开启进油盖也会加快油品的氧化。四是操作简便,节省时间。底部进油操作人员无须攀登,进油速度可为顶部进油的两倍,在油库或中转站的停留时间仅为顶部进油时的一半。油罐车底部装油方式的上述优点使之成为目前普遍采用的标准油罐充装方式。

(二)油气回收装置

油罐车装油时会产生大量的油气蒸发,采用底部装油方式可以在很大程度上减少这类油气的排放量,但仍会有油气进入大气环境。在油罐车上设置装油油气回收装置。当油罐车底部装油时,随着油罐内液面的上升,油气通过安装在油罐车人孔顶部的油气回收阀排出,流经密闭的油气回收管道进入地面储油罐油气回收装置接受处理,从而避免了装油过程中油气的直接排放。

油气回收工艺技术主要有吸收＋膜＋吸附等,分为三大类:吸收组合工艺、冷凝组合工艺、吸附为主工艺。随着排放标准的不断提高,多采用组合工艺进行处理。

(三)卸油过程 VOCs 控制

油罐车向油罐卸油时也宜采用浸没式卸油。密闭卸油就是当油罐车卸油时,将油罐车与地下储油罐采用输油管和油气回收管连接成密闭系统,储油罐中同体积的油气被回收到油罐车中。油罐车卸油过程有相应的油气回收装置。其工作原理是:卸油时,埋地油罐气体空间产生正压,同时汽油从油罐车油舱卸入埋地油罐时产生真空,这个压差足以迫使卸油产生的油气通过油罐车和埋地油罐之间连接的密闭软管置换、收集到油罐车内,通过油罐车将各加油站排放的油气送到储油库进行集中、高效处理并回收。由于油罐车油舱内饱和油气的体积分数远大于油气爆炸极限上限,因此这类油罐车在路上行驶相对更安全。

除上述油气回收装置外,目前常用的专用设备按工作原理可分为冷凝法、吸收法、吸附法、膜和燃烧法等 5 种类型,均可用于装卸过程中的油气回收。

(四)降低油气蒸发

为了达到国家环保政策的要求,必须从燃油的整个存储、装卸过程进行全面控制。目前,国内大部分油罐车油气回收系统尚未达到环保政策的要求。虽然油罐车密闭装油、卸油所采用的设备将装(卸)车时由油罐车中排出的油气经管道回送至油库油罐的气相空间,且所有油罐的气相空间均用管道连通形成"油出去、气回来"的一种大气平衡的油气系统,但仍有少量油气只能高空排放。

以低渗透气田处理厂甲醇及凝析油装卸车为例,VOCs 治理主要是在原工艺流程上新增密闭定量装车系统及油气回收装置。密闭定量装车系统主要包括批量控制器、流量计、防爆控制机柜、防溢流防静电控制器、气动两段控制阀、下装鹤管以及装车控制系统等,油气回收装置用于回收处理装车过程中油罐车排放的油气。

油气混合物经冷凝,冷凝液储存在集油罐内,增压返回凝析油稳定装置,残余尾气进入吸附分离系统,尾气排入大气,再生气返回增压单元入口。其简要流程如图 5-9 所示。

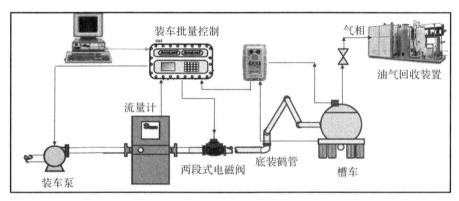

图 5-9　低渗透气田处理厂装卸车 VOCs 治理流程示意图

针对低渗透气田凝析油特点,为满足处理厂凝析油外运要求,进一步减少油气挥发损失,凝析油外运之前都会通过稳定装置进行稳定处理。

稳定装置采用带压蒸馏工艺,凝液与凝析油稳定塔塔顶不凝气进行换热,为塔顶提供回流液的同时预热进塔未稳定凝析油,降低了塔底加热负荷。凝析油稳定简要流程如图 5-10 所示。

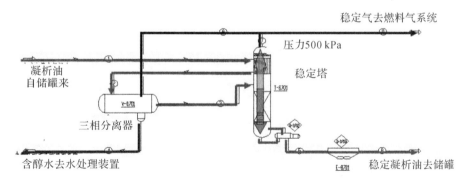

图 5-10　低渗透气田处理厂凝析油稳定流程示意图

第四节　废水集输和处理系统

一、治理范围

根据采出水系统及典型站场排放源特征分析,低渗透油气田废水集输和处理系统 VOCs 治理的重点是采出水罐和敞开液面治理,治理过程需要结合站场特点、排放特征、排放量等综合施策。

二、治理思路

(一)源头和过程控制

(1)对储罐如沉降除油罐、缓冲水罐、净化水罐等进行密闭减排,其中已建卧式储罐改为立式储罐后方可密闭减排;

(2)对 VOCs 排放超标的采出水处理装置进行优化改造;

(3)对干化池(无盖板)等敞开式设施加设盖板,对设备及管线泄漏点进行加强维护等。

(二)末端处理

部分站场预留 VOCs 收集及处理系统作为保安措施,确保整体治理达标。

三、治理原则

(1)源头和过程控制为主,末端处理同步考虑;

(2)安全第一、环保优先、节能降耗,实现达标排放;

(3)按照轻重缓急原则,分批分步实施。

四、排放治理要求

根据《陆上石油天然气开采工业大气污染物排放标准》,废水集输和处理系统 VOCs 治理要求如下:

第 5.4.1 条:油气田采出水、原油稳定装置产生的污水、天然气凝液及其产品储罐排水、原油储罐排水应采用密闭管道集输,接入口和排出口采取与环境空气隔离的措施。

第 5.4.2 条：重点地区敞开液面若其逸散排放的 VOCs 浓度（以碳计）≥100 μmol/mol，应采用浮动顶盖进行治理；或者对设施采用固定顶盖进行封闭，确保收集排放废气中非甲烷总烃浓度≤120 mg/m³，收集废气中非甲烷总烃初始排放速率≥2 kg/h 的废气处理设施非甲烷总烃去除效率≥80%；或者采用其他等效措施。

第 5.6 条：有组织排放，非甲烷总烃排放浓度不超过 120 mg/m³，生产装置和设施排气中非甲烷总烃初始排放速率≥3 kg/h 的，废气处理设施非甲烷总烃去除效率不低于 80%。

五、在役采出水储罐治理

结合 VOCs 治理要求及采出水处理系统工艺流程，针对在役采出水储罐治理提出以下两种方案：一是采出水储罐由常压罐改为压力罐；二是储罐维持常压罐形式，采用密闭减量工艺。

（一）采出水储罐由常压罐改为压力罐

将沉降除油罐、调节水罐及净化水罐等储罐由常压罐改为压力罐，运行压力 0.15～0.3 MPa，采用氮封及定压阀控制，保持储罐压力，通过泵加压、转输实现采出水系统全流程运行。

主要建设内容与存在的问题包括：

（1）处理系统前端需配套常压缓冲罐及加压泵，流程增加；

（2）沉降储油罐改为压力罐后无法保证除油及沉降功能，影响采出水处理正常运行，水处理装置需改造；

（3）部分站场需扩容或新建氮气系统，建设及运行费用高；

（4）采出水储罐罐容较大，卧式罐选型困难，改造费用高；

综上所述，采出水储罐由常压罐改为压力罐投资高、运行费用高、影响采出水处理系统正常运行，因此不推荐。

（二）储罐维持常压罐形式，采用密闭减量工艺

维持采出水处理工艺流程及不变的基础下，采取源头、过程控制或者末端处理形式，实现采出水处理系统 VOCs 排放达标治理。根据 VOCs 治理总体技术路线，结合低渗透油气田采出水处理系统典型站场的检测报告及运行特点，提出密闭减量、吸附＋吸收处理、冷凝＋吸附处理 3 种治理工艺路线。

1. 密闭减量工艺

该工艺属于源头和过程控制,适用于立式采出水储罐 VOCs 治理,主要通过在沉降除油罐中加设油水罐防爆收油隔氧装置,在立式缓冲水罐、净化水罐等采出水储罐加设密闭隔氧与 VOCs 挥发抑制装置,采用优化收油效率、减少或隔绝气相挥发空间方法,实现 VOCs 减排及达标治理。油水罐防爆收油隔氧装置如图 5-11 所示,密闭隔氧与 VOCs 挥发抑制装置如图 5-12 所示。

图 5-11 油水罐防爆收油隔氧装置

图 5-12 密闭隔氧与 VOCs 挥发抑制装置

密闭隔氧与 VOCs 挥发抑制装置、油水罐防爆收油隔氧装置主要是在单层密封隔氧膜及浮动收油装置基础上优化、组合而来的。通过在立式储罐中加设圆形断面的隔氧膜,利用液面的浮力与自身重力作用,隔绝液面与罐内上部的气相空间,从而抑制 VOCs 挥发,实现 VOCs 密闭减排效果。

根据某低渗透油田站场沉降除油罐现场试验情况,安装油水罐防爆收油隔氧装置的沉降除油罐 VOCs 排放浓度由治理前 4 570 mg/m³ 降为 74.7 mg/m³(标准限值 120 mg/m³),减量效率 98.4%。安装前、后沉降除油罐 VOCs 检测报告数据分别如图 5-13 和图 5-14 所示。

200 m³ 除油罐(样品编号:20220708-535001)

非甲烷总烃	个值	mg·m⁻³	4.54×10³
			4.56×10³
			4.57×10³
	平均值	mg·m⁻³	4.56×10³

图 5-13 沉降除油罐 VOCs 检测报告(安装前)

200 m³ 除油罐(样品编号:20220928-510001)

| 非甲烷总烃 | mg·m⁻³ | 71.0、69.3、74.7 | HJ 28—2017 |

装置出水(样品编号:20220928-510002)

| 溶解氧 | mg·L⁻¹ | 0.08 | HJ 506—2009 |

图 5-14 沉降除油罐 VOCs 检测报告(安装后)

2. 吸附+吸收处理工艺

油气通过吸附原理,利用活性炭床层的吸附从而达到净化的目的,同时通过吸收剂和真空变压解吸进行活性炭脱附,实现活性炭循环利用。去除效率≥90%,实现 VOCs 末端治理。

3. 冷凝+吸附处理工艺

VOCs 挥发气从集气管线进入制冷机组系统的冷凝器进行冷凝,通过多级变温变相将 VOCs 液化回收处理,液相进入油罐回收,气相通过吸附装置处理。该工艺去除效率≥90%,实现 VOCs 末端治理。

4. 采出水处理系统 VOCs 治理工艺技术对比

以某低渗透油田 500 m³/d 采出水系统处理站改造为例,对储罐维持常压罐形式的密闭减量、吸附+吸收处理、冷凝+吸附处理 3 种治理工艺进行综合对比见表 5-6。

表 5-6 采出水处理系统 VOCs 治理工艺方案对比表

工艺名称	密闭减量工艺	吸附+吸收处理工艺	冷凝+吸附处理工艺
适用范围	采出水处理系统(储罐 VOCs 治理)	采出水处理系统(储罐及其他设施 VOCs 治理)	采出水处理系统(储罐及其他设施 VOCs 治理)

续表

工艺名称	密闭减量工艺	吸附＋吸收处理工艺	冷凝＋吸附处理工艺
工艺描述	沉降除油罐增加油水罐防爆收油隔氧装置,净化水罐、缓冲水罐等增加密闭隔氧与 VOCs 挥发抑制装置,实现密闭减量	管道收集后进入活性炭吸附处理,然后通过重油脱附,实现末端治理	管道收集后经过冷凝系统回收液相,活性炭吸附气相,实现末端治理
优缺点对比	优点: 1.运行及改造费用低,整体投资低; 2.运行管理简单; 3.安全环保,排放量低,运行可靠性高 缺点: 针对单体密闭减量效果好,无法实现采出水处理系统其他设施排放抑制减量	优点: 可实现采出水处理系统整体密闭减排,可实现 VOCs 达标排放 缺点: 1.运行费用较高,整体投资高; 2.附有危废产生,现场运行管理难度较大; 3.无相似类型站场应用工程实例,可靠性和稳定性需要验证	优点: 可实现采出水处理系统整体密闭减排,可实现 VOCs 达标排放 缺点: 1.运行费用高,整体投资高; 2.附有危废产生,现场运行管理难度很大; 3.无相似类型站场应用工程实例,可靠性和稳定性需要验证

根据 3 种工艺的技术经济综合对比,密闭减量工艺具有排放量低、安全可靠性高、投资低等优点,可作为低渗透油气田采出水处理系统 VOCs 治理的推荐方案。吸附＋吸收处理工艺可作为 VOCs 治理的保安措施,可在 VOCs 排放浓度相对较高、密闭减量工艺适用性较低的站场应用。

六、在役敞开液面治理

据调研了解,低渗透油气田各类站场根据生产需要,设置了大量敞口污水污油池,存在 VOCs 无组织排放到周围环境中,危害员工身体健康和站场大气环境。此外,逸散到大气中的 VOCs 很难及时消散,容易在敞开液面周围弥漫聚集,遇到火源易发生火灾爆炸事故,存在一定的安全隐患。

(一)存在问题及治理要求

近年来,国家法律、法规和标准对大气环境污染特别是 VOCs 的控制标准越来越严格。2021 年 8 月 4 日,生态环境部发出《关于加快解决当前挥发性有机物治理突出问题的通知》(环大气〔2020〕65 号),其中敞开液面逸散存在的突出问题包括:含 VOCs 废水集输、储存和处理过程未按照标准要求密闭或密闭不严,敞开液面逸散 VOCs 排放未得到有效收集;治理设施简易、低效,无法实现稳定达标排放;等等。

《关于加快解决当前挥发性有机物治理突出问题的通知》明确要求:用于集输、储存、处理含 VOCs 废水的设施应密闭,通过采取密闭管道等措施逐步替代地漏、沟、渠、井等敞开式集输方式;含油污水应密闭输送,集水井、提升池或无移动部件的含油污水池可通过安装浮动顶盖或整体密闭等方式减少废气排放;高浓度 VOCs 废气宜单独收集治理,采用预处理＋催化氧化、焚烧等高效处理工艺;低浓度 VOCs 废气收集处理,确保达标排放。

《陆上石油天然气开采工业大气污染物排放标准》明确了油气生产环节废水集输和处理系统的排放控制要求——重点地区敞开式油气田采出水、原油稳定装置污水、天然气凝液及其产品储罐排水、原油储罐排水的储存和处理设施,若其敞开液面逸散排放的浓度(以碳计)≥100 μmol/mol,应符合下列规定之一:

(1)采用浮动顶盖。

(2)对设施采用固定顶盖进行封闭,收集排放废气中非甲烷总烃浓度不超过 120 mg/m³。收集废气中非甲烷总烃初始排放速率≥2 kg/h 的,废气处理设施非甲烷总烃去除效率不低于 80%。

(3)采取其他等效措施。

(二)敞开液面治理技术

1.浮动顶盖技术

国内外现有的敞开液面浮动顶盖,一般为可抛式六角浮动顶盖和蜂窝式浮动顶盖。

可抛式六角浮动顶盖的每个盖体设计为两侧对称六角形盖,中心增加了圆球设计,确保浮动顶盖能"坐"得更稳;从中心辐射的辐条式"肋",确保浮动顶盖不垒叠,在液面上自然且均匀地排布,浮动顶盖侧面的曲线,能让盖与盖之间形成"互锁结构",从而形成结合紧密的覆盖层,通过物理覆盖减少挥发面积,从源头减少 VOCs 逸散,如图 5-15 所示。

六角浮动顶盖在应用时无须烦琐的安装程序,将其自由抛洒即可覆盖液面,使用简单方便;采用静电耗散型材料,避免静电聚集。但其密封性较差,只能抑制敞开液面的 VOCs 逸散,远不能满足敞开液面 VOCs 排放治理要求。

图 5-15 可抛式六角浮动顶盖

蜂窝式浮动顶盖结构与浮顶罐的蜂窝式浮盘相似:采用全金属全焊接蜂窝板制备,设置上、下限位板或支腿,使其能够在一定区间内随液面自由活动;浮盘与密封均为浸液式,避免在顶盖与液面之间形成气相空间,能够有效抑制 VOCs 逸散和泄漏,如图 5-16 所示。

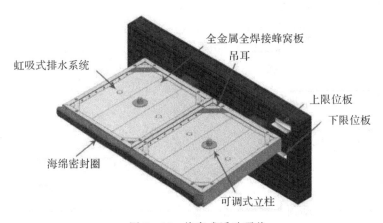

图 5-16 蜂窝式浮动顶盖

蜂窝式浮动顶盖结构强度高,人员可在上方行走进行日常检修、取样工作;采用虹吸式排水设计,雨雪水堆积直接排入池内,无须增设其他排水系统;模块化吊装设计,可独立更换模块及密封,无须全面更换;边缘密封采用囊式密封结构,具有偏移补偿功能。蜂窝式浮动顶盖已在部分国内油气田应用验证,VOCs 治理效果良好。

2.固定顶盖+VOCs 回收处理技术

固定顶盖治理敞开液面易导致油气积累在盖板及挥发性液体之间,静电雷击引发燃烧或爆炸的安全风险较大,按照标准要求必须设置后端回收处理设施。

固定顶盖+VOCs 回收处理技术主要是利用反吊膜、彩钢瓦或玻璃钢等固定顶对敞开液面进行封闭,设置气体收集设施将无组织排放改变为有组织排放,最后再通过吸附、吸收、冷凝、焚烧等 VOCs 回收处理装置,对收集的 VOCs 进行后端集中处理,实现 VOCs 排放治理,如图 5-17 所示。

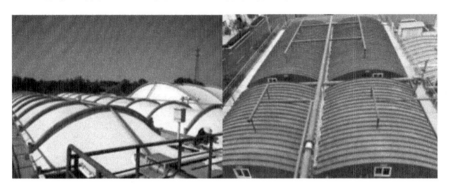

图 5-17　固定顶盖+VOCs 回收处理技术现场应用

固定顶盖+VOCs 回收处理技术适用于挥发量较大的敞开液面治理,在石油石化等炼化企业应用广泛。

后端 VOCs 回收处理方式,一般根据场站 VOCs 的特点、浓度、排放量等综合选择,一般采用活性炭吸附、催化燃烧、冷凝回收等方式或者多种方式组合的形式进行 VOCs 治理。低渗透油气田非重点地区的敞开液面治理工作起步较晚,2022 年开始大庆、鄂尔多斯等油田陆续开始探索敞开液面高效治理的新方式。

以鄂尔多斯盆地低渗透油田某联合站为例,拟采用通过固定顶盖+后端废气收集处理措施,对污水池和油泥沉降池进行 VOCs 排放治理,后端收集处理采用多孔介质超焓燃烧装置,通过高温氧化分解 VOCs。其主要工艺如图 5-18 所示。

该系统由固定顶盖、负压收集系统、多孔介质超焓高温氧化燃烧等组成,基本原理是超焓燃烧温度超过绝热燃烧温度,让低浓度 VOCs 气体在多孔碳化硅空间维持自燃烧,从而减少燃料气补充,有效降低处理成本。装置效果如图 5-19,实物如图 5-20 所示,目前正在进行投产试运行前的准备工作,治理效果待验证。

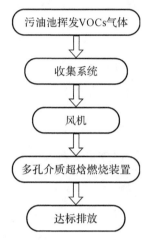

图 5-18　固定顶盖＋超焓燃烧工艺简图

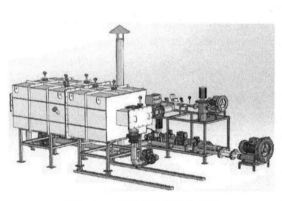

图 5-19　超焓燃烧装置效果图

图 5-20　超焓燃烧装置效果图

(三)敞开液面治理技术对比

蜂窝式浮动顶盖技术和固定顶盖＋VOCs 回收处理技术对比见表 5-7。

表 5－7　蜂窝式浮动顶盖技术和固定顶盖＋VOCs 回收处理技术对比表

	蜂窝式浮动顶盖	固定顶盖＋VOCs 回收处理
名称及结构简图		油气回收
结构特点	顶盖与液面全接触,无气相空间;顶盖周边与罐壁之间通过囊式密封,减少敞开液面 VOCs 逸散	敞开液面采用玻璃钢顶(小面积)或反吊膜顶(大面积)密闭,废气收集后集中处理(活性炭吸附或催化燃烧)
适用范围	VOCs 逸散量不大、没有内部构件的污油污水池	VOCs 逸散量较大的污油污水池
主要优点	1.无气相空间,安全性高; 2.模块化安装,管理简单,维护方便; 3.使用寿命长; 4.运行费用低	成本相对较低(不含后端废气收集、处理设施)
主要缺点	成本相对较高	1.气相空间可燃气体聚集,安全风险较高; 2.固定顶盖使用寿命相对较短,废气收集和处理系统复杂,废气压力、浓度等控制要求高; 3.存在 VOCs 治理不达标的情况,运行费用较高; 4.废气处理设施需在线连续运行,生态环境部门关注度高

经综合对比,相比固定顶盖＋VOCs 回收处理技术,采用浮动顶盖技术进行敞开液面 VOCs 治理,顶盖与液面之间没有气相空间,也无须配套后端的废气收集和处理设施,具有安装便捷高效、操作维护方便、全生命周期运行低等特点,可作为低渗透油气田重点地区敞开液面高效治理的主要方式。

（四）其他

当前,部分非重点地区低渗透油气田按照密闭减量的思路,通过在敞开的污水污泥池上加设密闭盖板,抑制敞开液面 VOCs 挥发,同时检测密闭空间的可燃气体浓度,目前治理效果有待进一步验证。污水污泥池加设密闭盖板如图 5-21 所示。

图 5-21　污水污泥池加盖板密闭

第五节　设备与管线组件泄漏

一、基本情况

泄漏检测与修复(LDAR)技术,是指对工业生产全过程物料泄漏进行控制的系统工程,通过固定或移动式检测仪器对潜在泄漏点进行检测,及时发现并定量检测或检查生产装置中阀门等易产生 VOCs 泄漏的密封点,并在一定期限内采取修复或替换等有效措施修复泄漏点,从而控制物料泄漏损失,减少对环境造成的污染。

泄漏检测与修复技术源于美国 20 世纪 70 年代开始探索的有关减少来自工艺设备与管线泄漏的 VOCs 无组织排放控制技术研究,经过多年的发展,已经形成了较为完整的泄漏检测管理和维修体系。美国的泄漏检测与修复技术已经从最初单纯的"发现泄漏点并进行修复堵漏"的概念,到现在已经系统建立了泄漏检测与修复法规和标准体系、检测标准方法、操作程序规范、现场检测及数据管理模式、质量控制、保证及改进体系,并已形成检测仪器研发与生产、数据库软件开发、第三方检测服务、专业咨询与审核等成套商业运作体系。

泄漏检测与修复技术是目前控制工艺设备与管线挥发性有机物无组织泄

漏的最佳可行技术。

二、遵循标准

低渗透油气田站场开展泄漏检测与修复工作,需要执行的标准主要有《陆上石油天然气开采工业大气污染物排放标准》(GB 39728—2020)、《挥发性有机物无组织排放控制标准》(GB 37822—2019)、《工业企业挥发性有机物泄漏检测与修复技术指南》(HJ 1230—2021)和《泄漏和敞开液面排放的挥发性有机物检测技术导则》(HJ 733—2014)。

《陆上石油天然气开采工业大气污染物排放标准》明确了陆上石油天然气开采工业设备与管线组件泄漏排放控制的基本要求,包括需要开展泄漏检测与维修的场景、泄漏判定原则、泄漏认定浓度及违法处理规定;《挥发性有机物无组织排放控制标准》规定了泄漏排放管控的设备与管线组件种类,以及检测、修复和记录的具体要求;《工业企业挥发性有机物泄漏检测与修复技术指南》规定了设备与管线组件密封点挥发性有机物泄漏检测与修复的项目建立、现场检测、泄漏修复、质量保证与控制以及报告等技术要求;《泄漏和敞开液面排放的挥发性有机物检测技术导则》规定了测定 VOCs 泄漏的技术要求,明确了设备与管线组件泄漏 VOCs 的检测方法、仪器设备要求;等等。

三、管控范围及作业步骤

(一)管控范围及判定原则

低渗透油气田站场,典型的密封点类型包括泵、压缩机、搅拌器、阀门、开口阀或开口管线、法兰及其他连接件、泄压设备、取样连接系统、其他密封设备等。一般存在渗液、滴液等可见的泄漏现象,即认为该密封点发生了泄漏。

(二)泄漏检测与维修作业步骤

典型泄漏检测与维修作业步骤分为实施范围识别、密封点定位和描述、密封点台账建立、密封点现场检测、泄漏点维修、出具报告等。

1.实施范围识别

实施范围识别的主要目的是确定装置中哪些工艺设备和管线中流经物料的 VOCs 质量分数≥10%,且存在潜在泄漏的可能。具体的工作方法一般为,通过核对和分析装置物料平衡表、装置操作规程等资料,对照工艺流程图

(PFD)和设备和管道仪表图(P&ID)进行泄漏检测与维修(LDAR)实施范围划定,并在图纸上对物料状态进行辨识。

2. 密封点定位和描述

密封点定位和描述的主要目的是进一步识别泄漏检测与维修实施范围内工艺设备与管线上的密封点,并通过一定的规则,对泄漏检测与维修实施范围内的密封点进行标识和描述,从而实现密封点的准确定位,可以"按图索骥"对每个密封点进行泄漏检测与维修。

密封点定位方法一般包括挂牌法、图像记录法以及挂牌与图像记录法相结合的方法。目前我国石化企业主要采用挂牌与图像记录相结合的定位方法,该方法具有挂牌数量少、便于现场组件变更管理,以及可视化程度高、便于快速找到检测点位等优点。标识牌上的编码应具有唯一性、有序性和定位性。

3. 密封点台账建立

密封点台账是后续现场检测和泄漏维修的基础。密封点台账应详细记录每个密封点的基本信息、工艺属性和设备属性,主要包括装置、区域或单元、位置、P&ID 图号、位置描述、密度点类型、公称直径、物料状态、是否属于不可达点等信息。

4. 密封点现场检测

密封点现场检测是实施 LDAR 技术的核心工作。目前国内一般使用便携式氢火焰离子化(FID)检测仪进行现场检测。现场检测前,仪器应进行开机预热和流量检查;预热完成后,应通入零气和标准气体对仪器进行零点与示值检查,当示值偏差不超过"±10%"时,方可开展现场检测。现场检测过程中,应先获取该套装置或单元的环境本底值,再对密封点位进行检测。当日检测介绍后,应检查仪器示值漂移,当仪器漂移值超过"-10%"时,应重新校准仪器并重新检测当日已检测的受控密封点。

5. 泄漏点维修

泄漏维修是泄漏检测与维修实施工作中实现 VOCs 减排的关键。当密封点的净检测值超过泄漏控制浓度时,表明该密封点发生泄漏。泄漏点应及时维修,首次维修不应迟于发现泄漏之日起 5 天内。若该泄漏点经首次维修后未修复,则应在自发现泄漏之日起 15 天内进行实质性维修。若泄漏点 15 天内维修不可行或立即维修存在安全风险或立即维修引发的 VOCs 排放量大于延迟修复造成的排放量时,可将该泄漏点纳入延迟维修。

6.出具报告

泄漏检测与维修报告一般包括季度报告、年度报告、排放量计算报告等,便于企业进行泄漏检测与维修项目运行的统计、管理以及排污申报。

第六节 其他排放

一、排放源分析

低渗透气田从井场到净化厂或处理厂,基本采用全密闭输送工艺,VOCs排放主要表现为部分逸散点的有组织排放,包括天然气井场试气和井口阀门管件的密封不严泄漏,以及集气站、净化(处理)厂等站场放空气排放见表5-8。

表 5-8 气田其他排放源分析表

工艺设备	应用场景	排放源	排放频次	VOCs排放形式	排放量限值 mg·m⁻³	超限改进措施
气井	井场	初期试气以及后期井口放空气	偶尔	有组织	≤120	收集处理
井口阀门管件	井口阀门管件	密封不严泄漏	偶尔	无组织	≤120	按期检测,不合格更换
放空火炬	集气站净化(处理)厂	放空气	连续	有组织	≤120	回收

(一)天然气井场试气排放

气田产能建设气井压裂试气过程中,由于放喷初期含有大量的压裂砂及返排液,致使试气期间产出的天然气不能进入采气管网,只能进行放喷燃烧,根据压裂试气数据统计,直/定向气井试气排液时间为8~10天,试气期间天然气放空量15万~20万 m³/口,水平气井为10~15天,试气期间天然气放空量30万~50万 m³/口,放喷燃烧造成资源浪费,增加二氧化碳排放,对环境造成污染,如图5-22所示。

图 5-22 气井试气放喷燃烧

(二)天然气厂站放空排放

天然气集气站天然气采用全密闭输送,分离器分离出的采出水通过闪蒸罐闪蒸后排入污水罐储存,放空分液罐排液至污水罐,污水罐设置为常压罐,罐内溶解气及挥发气通过放空排至大气;天然气净化厂采用脱硫脱碳脱水工艺,净化厂放空气主要为闪蒸分液罐、胺液闪蒸罐、三甘醇闪蒸罐等设备闪蒸气;天然气处理厂采用先增压后净化工艺,处理厂的放空气主要为采出水罐、未稳定凝析油罐、闪蒸分液罐、凝析油罐等储罐的挥发闪蒸气,如图 5-23 所示。

图 5-23 厂站放空火炬

二、排放治理方案

(一)天然气井场试气回收

天然气井场试气回收方案需要结合现场管网配套情况确定,提升返排液重复利用率,采用回收装置处理后收集,实现井口试气回收,试气回收装置主要由节流油嘴、除砂器、除砂脱液装置、分离脱液装置、加热分离装置、计量和配电等组成。

1.试气天然气回收方案

根据井场是否配备集输管网,制定满足现场试气回收的两种技术路线,每种技术路线的工艺流程、主要配套设备及适用工况见表 5-9。

表 5-9　两种试气回收技术路线对比表

方案	技术路线	工艺流程	设备
方案一	有集输管网	进口来气—除砂—分离过滤—加热—分离—计量—进集输管网	除砂器、分离器、加热炉
方案二	无集输管网	进口来气—除砂—分离过滤—增压—脱水—重装计量—CNG 槽车	除砂器、分离器、压缩机、充装机、槽车

有集输管网井口试气装置由试气回收橇、水套式加热炉、燃气发电机、污水罐及智能控制单元组成,试气放喷排液 2～3 天后,出液量、出砂量稳定,火焰连续燃烧,则可切换线路进行天然气回收工作,如图 5-24 所示。

整套装置流程可分为进气节流管汇、除砂、高压分离器、水套炉加热减压、低压分离器脱液、自用气、仪表控制及计量入管网。

(1)进气节流管汇。钻井作业完成后,井口气(3～25 MPa)中会裹挟大量污水、液和砂,通过油嘴节流阀节流降压,控制井口气流量,油嘴装置一备一用,二者切换运行。

(2)除砂。经过油嘴节流阀的井口气进入立式除砂器,滤除超过 95% 的砂,砂积存于除砂器的储砂筒,定期手动排砂,进入高压分离器可进一步除砂。

(3)高压分离器除砂、脱液。井口气进入高压卧式分离器分离(沉降分离和过滤分离),进行除砂和脱液,分离后的天然气进水套炉,分离器带有液位计,可以手动和自动排液。

(4)水套炉加热减压。井口气进入水套炉,加热、节流减压,出口压力 1.5～8 MPa 内可调。

(5)低压分离器脱液。减压后的天然气进入低压气液分离器,进一步脱液。

(6)自用气。经过分离后的天然气,一部分为水套炉提供燃料,一部分为燃气发电机供气。

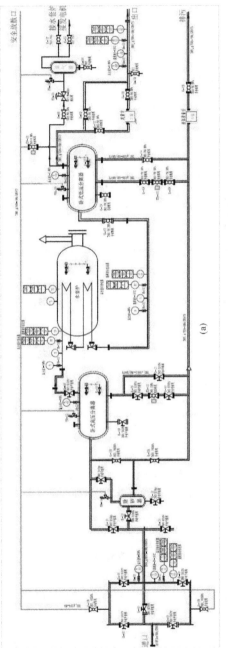

(a)

(b)

图 5-24 有集输管网井口试气装置工艺流程图

(a)有集输管网井口试气装置工艺流程图;(b)有集输管网井口试气装置示意图

(7)仪表控制。装置所有监控数据(可燃气浓度检测、压力、温度、液位)均可实现全自动控制,具有数据采集及远传、故障报警、动态监测、智能化控制等功能。

(8)计量入管网。剩余天然气通过流量计后,进入输气管网。

无集输管网井口试气装置由试气回收橇、水套式加热炉、燃气发电机、污水罐、CNG 压缩机、脱水装置、CNG 槽车及智能控制单元组成,试气放喷排液 2～3 天后,出液量、出砂量稳定,火焰连续燃烧,则可切换线路进行天然气回收工作,如图 5-25 所示。

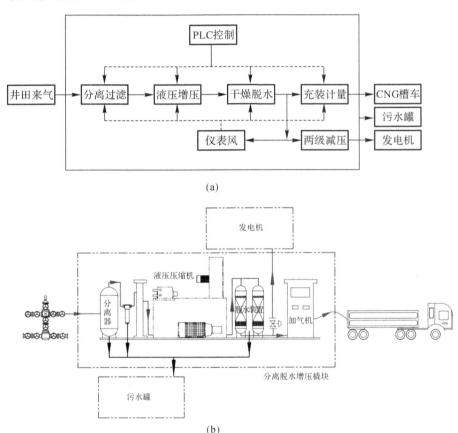

(a)

(b)

图 5-25　无集输管网井口试气装置

(a)无集输管网井口试气装置 CNG 工艺流程框图;

(b)无集输管网井口试气装置 CNG 回收现场示意图

注:PLC 为可编程控制逻辑控制器。

2.试气天然气回收试验装置

针对配备集输管网的井场,采用不同配套组合、工艺流程及装置布局的3种的试气回收装置开展回收试验,3种试气回收装置基本采用井口→除砂器→高压分离器→加热炉→低压分离器工艺流程,都包含除砂、高压分离器、低压分离器、加热炉、发电机、污水罐等部件,装置分别应用于不同的直/定向气井及水平气井。

除砂器:清除井口放喷产出流体内所含的砂或其他固相物,解决冲蚀造成的损坏,有除砂、脱液的功能。

高压分离器:脱除天然气中返排液及污水,具有除砂、沉砂及脱液的功能。

水套式加热炉:加热天然气,保证节流降压后的含水天然气在管线内不冻堵。

低压分离器:脱除因天然气加热而造成的水蒸气。

发电机:给装置电气仪表、监控平台、驻井人员生活用电提供电力保障。

仪控及监控系统:集温度、压力、液位、流量测量、显示、控制的电器控制系统。

污水罐:集中密闭回收地层产出液体。

试气天然气回收一般依托社会队伍进行,各类试验装置功能相似但结构不同,下面以某低渗透油气田的3套典型试验装置为例,分别介绍其处理规模、工艺流程及主要功能特点。

装置一:处理能力为 20 万 m^3/d,主要设备包括试气回收橇、水套式加热炉、燃气发电机、监控平台及污水罐等,加热炉单独成橇并配有针型调压阀,可实现二次降压,应用在有 2 口直/定向井的井场,高低压分离器的油液全部进污水罐,进行统一回收处理。装置一流程如图 5-26 所示,现场实物如图 5-27所示。

装置二:处理能力为 50 万 m^3/d,主要设备由试气回收橇、除砂器、高压分离器、柴油发电机、污水罐、监控平台等 6 部分组成,加热炉采用方形水箱设计,盘管分为一组,仅在加热炉盘管之间设有节流管汇,应用在有两口水平井的井场。装置二流程如图 5-28 所示,现场实物如图 5-29 所示。

装置三:处理能力为 30 万 m^3/d,主要设备由试气回收橇、柴油发电机、污水罐、监控平台等四部分组成,加热炉采用方形水箱设计,盘管分为一组,仅在加热炉盘管之间设有节流管汇,应用在有两口水平井的井场。装置三流程如图 5-30 所示,现场实物如图 5-31 所示。

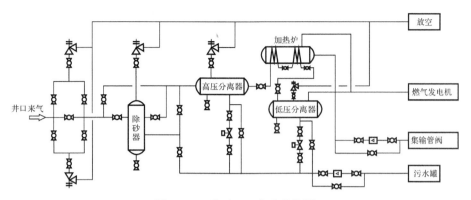

图 5 - 26　装置一工艺流程简图

图 5 - 27　装置一现场实物图

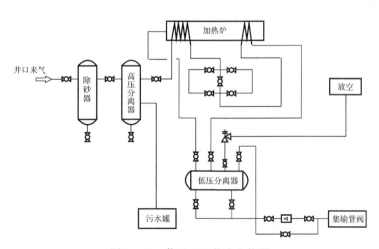

图 5 - 28　装置二工艺流程简图

图 5-29　装置二现场实物图

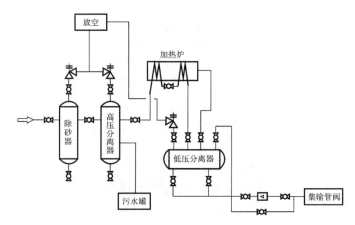

图 5-30　装置三工艺流程简图

图 5-31　装置三现场实物图

(二)放空火炬排放减排

一般情况下,放空火炬均需设置长明火引燃装置,长明火和火炬燃烧气量较大。通过采用等离子随即引燃火炬技术,能够彻底熄灭长明火,实现零排放。等离子随即引燃火炬点火控制工艺如图5-32所示,实物图如图5-33所示。

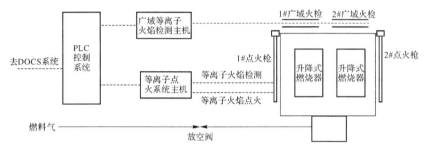

图 5-32　等离子点火控制工艺流程图

图 5-33　等离子随即引燃火炬实物图

随即引燃火炬包括等离子点火系统、升降式燃烧器、微正压保持系统、智能控制系统等,采用高能等离子点火、微正压升降式燃烧器等技术,每次点火电能不大于 0.1 kW·h,火炬在放空瞬间随即可引燃火炬,而不放空时处于关闭状态。

随即引燃火炬控制系统包括燃烧器自适应开关和开度调节系统、手动点火控制系统、自动点火控制系统。自动点火控制系统由控制系统、微正压保持系统、火炬开关状态检测、火焰检测、等离子点火控制等部分组成。

当火炬放空时,燃烧器被放空气体打开,控制系统随即启动点火,点燃火炬并监控燃烧火焰,放空状态下,如果火焰发生熄灭,可自动点火;放空完毕,燃烧器关闭,微正压系统保持火炬微正压安全状态。

第六章　典型站场甲烷协同减排

第一节　甲烷排放情况

一、基本概念

(一)温室气体

温室气体是大气中能吸收地面反射中的长波辐射、并重新发射辐射的一些气体,因本身分子结构含有极性共价键,内部极性发生变化的振动产生了红外线吸收,所以拥有吸收红外光谱、保存红外热能的能力,它们的存在使地球表面变得更暖,避免了昼夜温差、四季温差过大。

适量的温室气体是对地球生态和人类有利的,但过量的温室气体会给地球生态带来负面影响。温室气体有 30 多种,《联合国气候变化框架公约》里面规定了 6 种温室气体,主要包括二氧化碳(CO_2)、甲烷(CH_4)、氧化亚氮(N_2O)、氢氟化碳(HFCs)、全氟化碳(PFCs)和六氟化硫(SF_6)。

(二)甲烷

甲烷是导致全球气候变暖的第二大温室气体,排放量占温室气体排放总量的 16%,仅次于二氧化碳,当前大气中的甲烷浓度已达到工业化前水平的 2.5 倍。甲烷是具有快速增温效应的短寿命强势温室气体,其在大气中寿命为 12~17 年,但在 20 年尺度下的全球增温潜势(GWP_{20}) 约为二氧化碳的 84 倍,在 100 年尺度下则为二氧化碳的 28 倍。

二、排放情况

(一)温室气体排放

1.全球情况

根据联合国环境规划署发布的《2022 年排放差距报告》,全球温室气体排放总量呈现上升的趋势,按照每 10 年的排放情况来看,1990 年全球共有 380 亿 t 二氧化碳当量的温室气体排放,到 2000 年的 420 亿 t,2010 年的 510 亿 t,再到 2020 年的 540 亿 t。尽管温室气体排放的增长速度有所放缓,但过去 10 年的温室气体的排放量是有史以来最高的。

分领域来看,温室气体排放的来源主要分为 5 个经济领域,包括能源供应,工业,农业、林业和其他土地利用变化,运输,建筑中的直接能源使用。2020 年,能源部门,工业部门,农业、林业和其他土地利用变化,交通,建筑分别贡献了 37%、26%、18%、14% 和 5.7% 的温室气体总排放量,其中能源和工业部门的排放量占比超过 50%。

分国家来看,中国、美国、欧盟、印度、印度尼西亚、巴西、俄罗斯和国际运输等 8 个主要排放单位占据了 2020 年全球总排放的 55% 以上,二十国集团成员国占据总排放量的 75%。

从累计排放来看,1850—2019 年各国的二氧化碳排放总量占比从大到小依次是:美国占据 25%,欧盟占据 17%,中国占据 13%,俄罗斯占据 7%,印度和印度尼西亚分别占 3% 和 1%。

2.我国情况

我国温室气体主要源自包括能源活动、工业生产过程、农业活动、土地利用(变化)和林业、废弃物处理等五个领域,能源活动是我国温室气体的主要排放源。

根据 2018 年 12 月发布的《中华人民共和国气候变化第二次两年更新报告》,2014 年我国温室气体排放总量为 123.01 亿 t 二氧化碳当量,其中二氧化碳、甲烷、氧化亚氮、氢氟碳化物、全氟化碳和六氟化硫所占比例分别为 81.6%、10.4%、5.4%、1.9%、0.1% 和 0.6%。在 123.01 亿 t 二氧化碳当量的温室气体中,能源活动排放占比达到 95.59 亿 t,占总排放量的 77.7%,工业生产过程、农业活动和废弃物处理的温室气体排放量所占比例分别为 14.0%、6.7% 和 1.6%。

2022 年,我国温室气体排放总量是 139 亿 t 二氧化碳当量,占全球的 27%。二氧化碳排放总量约 116 亿 t,其中能源活动排放的二氧化碳在 101 亿 t,占全球能源活动排放量的 30% 左右。

(二)甲烷排放

1. 全球情况

根据国际能源署(IEA)数据显示:2022 年全球甲烷排放量为 3.56 亿 t,其中农业活动排放量为 1.42 亿 t,占比 39.9%;能源活动排放量为 1.34 亿 t,高于 2020 年和 2021 年的数据,略低于 2019 年的数据,占比 37.48%,仅次于农业。由于化石燃料行业仍未能解决甲烷排放问题,而这种强效温室气体已经造成了工业革命以来约 1/3 的全球气温上升。

全球甲烷排放量较大的国家和地区主要有美国、俄罗斯、澳大利亚、加拿大、乌克兰、土耳其、法国、德国、英国和波兰,其中美国甲烷的排放量远远超过其他国家(35.6%)。这 10 个国家的排放量占 2020 年国家甲烷排放总量的 80% 以上。

2. 我国情况

我国在全球甲烷排放格局中占有重要位置,2000 年以来占全球人为甲烷排放量的 14% ～ 22%。结合各方数据,近年来我国甲烷年排放量为 5 000 万～6 000 万 t,能源活动以及农业活动为最主要排放来源,二者占排放总量的 80% 左右,年际变化相对保持稳定,但排放结构上呈现能源活动占比增高而农业源占比下降趋势。近年来,我国甲烷主要排放结构趋势如图 6-1 所示。

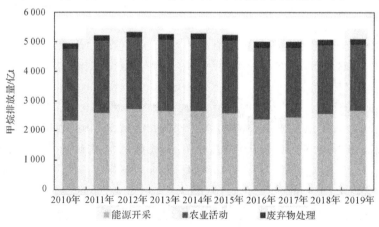

图 6-1 我国甲烷主要排放结构趋势

　　根据《中华人民共和国气候变化第二次两年更新报告》,2014 年我国甲烷排放的排放量为 5 529.2 万 t。其中:能源活动排放 2 475.7 万 t,占 44.8%;农业活动排放 2 224.5 万 t,占 40.2%;废弃物处理排放 656.4 万 t,占 11.9%;土地利用、土地利用变化和林业排放 172.0 万 t,约占 3.1%;工业生产过程排放 0.6 万 t。我国甲烷排放主要组成如图 6-2 所示,各领域甲烷排放涵盖范围见表 6-1。

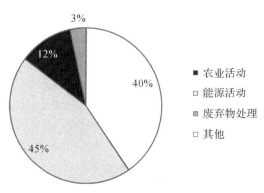

图 6-2　我国甲烷排放主要组成

表 6-1　我国各领域甲烷排放量涵盖范围

序号	领域	涵盖范围
1	能源活动	各领域各类燃料燃烧
		煤炭开采和矿后活动甲烷逸逸
		油气系统甲烷逸逸
2	农业活动	动物肠道发酵
		动物粪便管理
		水稻种植
		农业废弃物田间焚烧
3	废弃物处理	固体废弃物处理
		废水处理
4	土地利用、土地利用变化和林业	农地、草地、湿地甲烷排放
5	工业生产过程	金属冶炼

根据国际能源署（IEA）数据显示，2022 年我国甲烷排放量为 5 567.61 万 t，占全球的比例为 15.65%。其中：能源活动排放 2 537.22 万 t，占比 45.57%；农业活动排放 1 850.19 万 t，占比 33.23%；废弃物处理排放 1 042.41 万 t，占比 18.27%。与 2014 年相比，我国甲烷排放总量和行业排放结构变化不大。

我国能源活动甲烷排放中：煤炭开采是最大的排放源，2022 年排放量达到 2 102.94 万 t，占比高达 82.88%；油气行业甲烷排放量 335.86 万 t，占比 13.24%；生物能源排放 98.42 万 t，占比 3.88%。各细分领域排放量如图 6-3 所示。

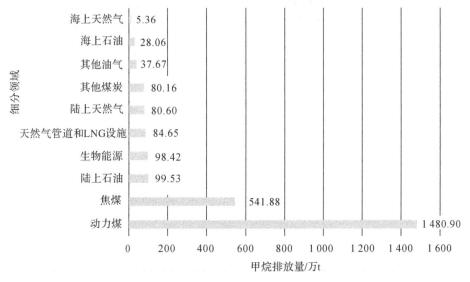

图 6-3　我国能源活动各细分领域甲烷排放量（2022 年）

油气行业甲烷排放中，石油系统占比约 23.8%，天然气系统占比约 76.2%。

(三)甲烷排放特征

1.全球情况

从地理位置来看，全球的甲烷排放量有 64% 来自热带（北纬 30°以南），32% 来自北半球中纬度（北纬 30°~60°）地区，北半球高纬度（北纬 60°以北）地区仅占 4%。

按地区来比较 2000—2017 年的排放量,非洲和中东、中国、南亚和大洋洲、北美呈特征性增加。与这些地区相反,欧洲是唯一一个排放量减少的地区,主要原因是非洲在农业和废弃物领域的作业流程采取了削减甲烷排放量的对策。

各地区的排放源也不尽相同。例如,非洲和亚洲(中国除外)的主要排放源为农业和废弃物,其次是化石燃料。而在中国和北美,化石燃料消耗是最大的甲烷排放源和大气浓度增加因素。

2.我国情况

我国甲烷排放主要产生于能源活动、农业活动和废弃物处理行业,占比达到甲烷总排放量的 97% 以上。此外,土地利用、土地利用变化和林业,以及金属冶炼等工业生产过程也会产生少量甲烷排放。

能源活动的甲烷排放与煤炭产量密切相关,据统计,2010—2019 年能源活动甲烷排放量在 2 000 万～3 000 万 t 之间波动,2012 年达到峰值后持续下降,2016 年后随着天然气产量逐年增长而开始上升。

农业活动的甲烷排放包含畜牧业动物肠道发酵以及稻田等,分别占全部农业源甲烷排放量的 44%,动物肠道发酵排放随着牛存栏量大幅度下降呈现稳步下降趋势。从空间分布来看:内蒙古、四川、云南、新疆等西部地区畜牧业甲烷排放量较多,且单位畜牧业产值排放量高于全国平均水平;湖南、江西、湖北、安徽、江苏等地区作为水稻主产区甲烷排放量较大。

废弃物处理过程的甲烷排放包含垃圾处理及污水等,以垃圾处理排放为主。2010—2019 年全国废弃物处理甲烷排放量总体呈现先增加后降低的趋势,并在 2017 年达到峰值。从空间分布来看,广东、河南、辽宁分别位居前三位,这些区域的特点是人口基数大且以废弃物主要以填埋处理为主。

第二节　协同减排要求

一、全球甲烷减排行动

(一)气候变化的甲烷因素

联合国环境规划署(UNEP)指出,大气中甲烷的浓度自前工业化时代以来已经翻了一番还多,并且目前的增长速度也是 20 世纪 80 年代以来最快的。

甲烷之所以对气候变化如此重要,是因为在 20 年的时间尺度内,其全球增温潜势是二氧化碳的 86 倍,甲烷排放至今为止对全球净变暖的贡献约为 1/3。与能在大气中留存 300~1 000 年的二氧化碳对比,甲烷在大气中仅留存大约 10 年,因此削减甲烷排放可以快速减少其对全球变暖的贡献。

联合国政府间气候变化专门委员会(IPCC)在 2018 年 10 月发布的《IPCC 全球升温 1.5 ℃特别报告》中指出,若要将全球变暖目标控制在 1.5 ℃,需要大幅削减甲烷排放。

IPCC 第六次评估报告第一工作组报告《气候变化 2021:自然科学基础》中也提出,快速、全面控制甲烷排放是短期内延缓气候变暖速率的有效手段。根据气候和清洁空气联盟和联合国环境规划署(UNEP)发布的《全球甲烷评估》研究报告,在现有技术条件下,人类通过努力可以在 2030 年前将全球甲烷年排放量在 2020 年水平基础上减少 45%,相当于每年减少 1.8 亿 t 的排放量,此举将是实现《巴黎协定》1.5 ℃大气温控目标最具经济性和合理性的措施之一。

减少甲烷排放不仅具有气候效益,还可能产生重要的经济效益和环境效益。这是由于:甲烷是优质气体燃料,被回收后可以作为清洁能源利用;甲烷也是制造合成气和许多化工产品的重要原料;甲烷还是对流层臭氧的前体物,会引发严重的健康问题。因此,推动甲烷减排有助于迅速取得减缓气候变化的现期成效,并可以取得包括经济效益在内的综合社会效益。甲烷减排措施作为实现气候变化目标的重要手段的观点已经逐渐成为共识。

(二)全球气候变化议题

2004 年,美国环保局发起全球甲烷行动倡议(Global Methane Initiative, GMI)的自愿性的多边合作计划,旨在减少全球甲烷排放,并将甲烷作为一种宝贵清洁能源推动相关减排、回收和利用工作。目前有 45 个成员国和 700 多个项目网络伙伴,主要针对石油天然气、沼气和煤矿瓦斯三大领域的甲烷减排,中国是首批 14 个签约成员国之一。

2017 年,甲烷指导原则(Methane Guiding Principles,MGP)成立,由来自油气行业、政府间组织(包括 IEA)、学术界和民间社会的 20 多个机构组成,是一个多方利益相关者合作平台。这一平台旨在增进对减少甲烷排放的理解和最佳实践,并推动制定甲烷政策和法规的制定和实施。

2019 年 9 月,联合国环境署和气候与清洁空气联盟联合发起全球甲烷联盟(Global Methane Alliance,GMA),成员包括国际组织、非政府组织、金融机构、油气企业等。该组织致力于支持各国设定有雄心的油气行业甲烷减排承诺,共同实现 2030 年甲烷减排达到 60 亿 t 二氧化碳当量的目标,加入 GMA 的国家需要设立甲烷减排绝对量目标或甲烷强度减排目标。

2021 年 11 月,联合国气候变化框架公约第 26 次缔约方大会(COP26)签署了《格拉斯哥气候公约》(Glasgow Climate Pact),要求所有国家都立即采取更多措施,努力将全球升温控制在 1.5 ℃(目前已升温近 1.2 ℃),以防止全球灾难性气候事件发生频率大幅上升。同时,大会正式推出"全球甲烷承诺"(Global Methane Pledge),并设定减排目标:到 2030 年前将全球甲烷排放量在 2020 年的排放水平上至少削减 30%。

会议期间,中美两国发布《中美关于在 21 世纪 20 年代强化气候行动的格拉斯哥联合宣言》(简称《宣言》),双方承诺继续共同努力,并与各方一道加强《巴黎协定》的实施,在共同但有区别的责任和各自能力原则、考虑各国国情的基础上,采取强化的气候行动,有效应对气候危机。

在《宣言》中,两国特别强调已经认识到甲烷排放对于升温的显著影响,认为加大行动控制和减少甲烷排放是 21 世纪 20 年代的必要事项,两国将开展合作加强甲烷排放的测量,交流各自加强甲烷管控政策和计划的信息,促进有关甲烷减排挑战和解决方案的联合研究。考虑到上述合作,双方将视情在《联合国气候变化框架公约》第 27 次缔约方会议前采取以下行动:双方在国家和次国家层面制定强化甲烷排放控制的额外措施;中方在其通报的国家自主贡献之外,制定一份全面、有力度的甲烷国家行动计划,争取在 21 世纪 20 年代取得控制和减少甲烷排放的显著效果。

(三)我国的甲烷减排政策体系

1.国家层面顶层设计

2008 年,中国原国家质量监督检验检疫总局同原环境保护部共同颁布并实施《煤层气(煤矿瓦斯)排放标准(暂行)》(GB 21522—2008);2012 年,中国颁布了《石油天然气开采业污染防治技术政策》,分别针对油气行业和煤层气行业提出部分关于甲烷排放的参考性指导和浓度标准。

2012 年 3 月,国务院颁布的《"十二五"控制温室气体排放工作方案》明确提出要加强畜牧业和城市废弃物处理和综合利用,控制甲烷等温室气体排放增长。《"十三五"控制温室气体排放工作方案》进一步明确要控制农田甲烷排放,开展垃圾填埋场、污水处理厂甲烷收集利用及与常规污染物协同处理工作。"双碳"目标提出后,我国在重要政策上甲烷减排出现的频率提高。

2019 年被视为中国甲烷管控元年,生态环境部在多个场合表示将出台控制非二氧化碳温室气体特别是甲烷的政策动向。2019 年 4 月,清华大学气候变化与可持续发展研究院和美国环保协会联合发起成立了甲烷减排合作平台。随后,又在同年 6 月的全国低碳日活动中专门设立了甲烷控排专题研讨会。

2019 年 12 月,生态环境部颁布《关于进一步加强石油天然气行业环境影响评价管理的通知》(环办环评函〔2019〕910 号),提出加强油气行业甲烷及挥发性有机物的泄漏检测。

2021 年 1 月,生态环境部颁布的《关于统筹和加强应对气候变化与生态环境保护相关工作的指导意见》(环综合〔2021〕4 号)提出,在重点排放点源层面试点开展石油天然气、煤炭开采等重点行业甲烷排放监测;在区域层面,探索大尺度区域甲烷等非二氧化碳温室气体排放监测。

2021 年 3 月,我国《中华人民共和国国民经济和社会发展第十四个五年规划和 2035 年远景目标纲要》提出要加大甲烷等其他温室气体控制力度,首次将控制甲烷排放写入五年规划。

2021 年 10 月,《中共中央 国务院关于完整准确全面贯彻新发展理念做好碳达峰碳中和工作的意见》提出要加强甲烷等非二氧化碳温室气体管控。当月,我国提交的《中国落实国家自主贡献成效和新目标新举措》表明要有效控制煤炭、油气开采甲烷排放。

2021 年 10 月,生态环境部在例行新闻发布会上表示,要从开展甲烷排放控制研究、推动出台中国甲烷排放控制行动方案等方面制定我国甲烷行动计划。

2022 年 1 月,国家发展改革委和能源局颁布的《"十四五"现代能源体系规划》(发改能源〔2022〕210 号)指出要加大油气田甲烷采收利用力度,推进化石能源减排,甲烷减排工作受到我国政府的充分重视。

目前,我国已经编制完成《甲烷排放控制行动计划》(简称《方案》),全面推动能源、农业和垃圾处理等三大领域的甲烷减排,力争在 21 世纪 20 年代取得控制和减少甲烷排放的显著效果。《方案》重点就 5 个方面开展行动:一是在充分调研我国甲烷排放源的基础上,加强对煤炭、农业、城市废弃物、污水处理等领域的甲烷减排技术研究;二是推动出台中国甲烷排放控制行动方案,构建来源甲烷排放标准,强化标准实施,同时积极利用市场机制,引导企业开展甲烷减排;三是加强对甲烷排放重点领域进行监测、核算、报告和核查体系建设,不断提升全国甲烷排放数据质量;四是鼓励先行先试,鼓励重点领域企业自愿参与甲烷减排,推动甲烷减排技术和产业发展;五是加强甲烷减排国际合作,在甲烷减排控制政策、技术、标准体系、监测核查体系以及减排技术创新方面加强与各方的合作和交流。

2.能源活动甲烷协同减排政策

（1）煤炭开采。煤炭开采是我国最大的甲烷逃逸排放源，但我国对煤炭行业甲烷的管控主要是出于安全生产考虑而开展的瓦斯防治工作。2008年发布的《煤层气（煤矿瓦斯）排放标准（暂行）》（GB 21522—2008）明确禁止地面煤层气以及高浓度瓦斯（甲烷体积分数≥30％）直接排放。2011年和2016年分别发布的《煤层气（煤矿瓦斯）开发利用"十二五"规划》和《煤层气（煤矿瓦斯）开发利用"十三五"规划》明确提出要加快煤层气（煤矿瓦斯）开发利用，降低温室气体排放。2020年11月，生态环境部、国家发展和改革委员会、国家能源局联合印发的《关于进一步加强煤炭资源开发环境影响评价管理的通知》（环环评〔2020〕63号）提出，甲烷体积浓度≥8％的抽采瓦斯，在确保安全的前提下，应进行综合利用；鼓励对甲烷体积浓度在2％～8％之间的抽采瓦斯以及乏风瓦斯，探索开展综合利用。而因为没有对于浓度低于8％的低浓度瓦斯的回收利用要求，这样的低浓度瓦斯成为重要的排放源。

（2）油气开采。2014年国家发展和改革委员会发布的《中国石油天然气生产企业温室气体排放核算方法与报告指南》规定了我国境内石油天然气生产企业在油气勘探、开采、处理和储运等各个业务环节中火炬燃烧、工艺放空和逃逸排放，以及回收利用等活动甲烷的核算方法。

2018年4月，中国石化启动"绿色企业行动计划"，在甲烷回收与减排方面要求油气企业加强油田伴生气、试油试气、原油集输系统的甲烷回收利用。2018—2022年，北京燃气集团、新奥能源和香港中华煤气先后加入甲烷减排指导原则（MGP）。2020年6月，中国石油发布《甲烷排放管控行动方案》，制定甲烷排放管控目标。2021年5月，中国石油、中国石化、中国海油、国家管网、北京燃气、华润燃气、新奥能源6家单位发起成立中国油气企业甲烷控排联盟。2021年6月，中国燃气成为联合国环境规划署领导的油气甲烷伙伴关系（Oil and Gas Methane Partnership，OGMP）首家中国成员。

2020年12月8日，生态环境部和国家市场监督管理总局联合发布《陆上石油天然气开采工业大气污染物排放标准》，要求新建企业自2021年1月1日起实施，现有企业2023年1月1日全面执行。该标准是我国首项协同控制温室气体甲烷排放的国家污染物排放强制性标准，对油气开采行业减少甲烷排放意义重大，能够进一步促进行业绿色、低碳、高质量发展，有效推动我国温室气体减排目标的实现。

（3）农业活动。农业活动的甲烷排放源主要为水稻种植、动物肠道发酵和畜禽粪便,我国加大重视农业活动的甲烷减排工作。2022 年 1 月,农业农村部颁布的《推进生态农场建设的指导意见》提出,要以生态农场为重点对象,探索稻田甲烷、农用地氧化亚氮、动物肠道甲烷、畜禽粪便管理甲烷和氧化亚氮减少排放为重点的低碳补偿政策。2022 年 6 月,农业农村部和国家发展和改革委员会颁布《农业农村减排固碳实施方案》,部署在种植业、畜牧业和渔业三个领域降低稻田甲烷排放、降低反刍动物肠道甲烷排放强度、减少畜禽粪污管理的甲烷和氧化亚氮排放等重点任务,将稻田甲烷减排行动列为十大重大行动之一。

（4）金融支持。绿色金融支持甲烷减排。2007 年,《财政部　国家税务总局关于加快煤层气抽采有关税收政策问题的通知》(财税〔2007〕16 号),规定国家对地面抽采煤层气暂不征收资源税。2020 年 6 月,银保监会颁布的《绿色融资统计制度》将工业生产过程中对各类无组织排放的甲烷等温室气体的收集以及减排设施建设和运营项目纳入绿色融资支持范围。2021 年 8 月,人民银行颁布的《绿色贷款专项统计制度》将煤层气(煤矿瓦斯)抽采利用设施建设和运营纳入绿色贷款范畴。2021 年 4 月,人民银行、国家发展和改革委员会和证监会联合印发的《绿色债券支持项目目录(2021 年版)》将甲烷泄漏检测与修复装置配备、低浓度瓦斯的开发或回收综合利用、餐厨和农林废弃物产生沼气等产品的废弃物资源化无害化利用装备制造及贸易活动、畜禽粪污生产沼气设施等设施的建设和运营等减少甲烷排放的活动纳入绿色债券支持范围。2022 年 11 月,生态环境部颁布的《气候投融资试点地方气候投融资项目入库参考标准》将减少甲烷逃逸排放项目纳入气候投融资支持范围。

第三节　甲烷排放核算

一、总体情况

目前,国际上尚未建立起标准统一的甲烷气体监测体系。现有的甲烷排放量化方法主要分为两种,一种是因子计算法,另一种是检测法。

（一）因子计算法

因子计算法主要指各国(或地区)在参考《2006 年 IPCC 国家温室气体清

单指南》所提供的计算方法和基本参数的基础上,结合本国(或本地区)的现实情况对计算方法和排放因子进行修正或确认,编制本国或本地区的温室气体排放清单,基于清单查询排放因子数据,从而对不同部门、不同来源的甲烷排放量进行计算的方法。

《2006 年 IPCC 国家温室气体清单指南》列出了估算生产过程中甲烷排放量 3 个层级的方法,其中,第一、二层为因子计算法,第三层为实际测量法。第一层为全球平均法,要求各国(或地区)选择全球平均范围的排放因子,利用特定国家(或地区)煤炭及油气系统的活动数据来计算排放总量;第二层为国家(或地区)平均法,利用特定国家(或地区)的平均甲烷排放因子和相应产量来估算该区域内的甲烷排放量,且平均甲烷排放系数必须考虑煤炭中的甲烷含量及其排放特征。

一般国家(或地区)通常都会制定自己的特征值,选择哪个层级的方法取决于该国家(地区)可获甲烷排放数据的质量。通常层次越高,需要的数据越详细,结果越科学、精确,清单质量越高。另外,国家(或地区)排放量的大小也是决定层次选取的因素之一。

(二)检测法

检测法主要分为"自下而上"法和"自上而下"法。

1."自下而上"法

"自下而上"的测量方法指能够提供微观尺度采样数据的元件级直接测量方法,即《2006 年 IPCC 国家温室气体清单指南》中第三层级的测量核算方法。其中:煤炭行业主要按各特定煤矿设备对甲烷排放量采用直接的现场测量,以求和计算甲烷总排放量;油气行业主要对各个设备根据可能的排放源(如泄放、放散燃烧、溢散设施泄漏、蒸发损失和意外释放等)进行甲烷排放监测和计算。

煤矿生产的甲烷排放具有很大的可变性,油气系统中的各组件运行数据也具有不确定性,并且油气生产系统的基础设施包括数量庞大的排放源,几乎不可能"自下而上"地完整测量每个排放源和各个组件的排放数据,因此,这种直接"自下而上"测量的方法往往会低估甲烷排放量,通常需与"自上而下"法结合应用。

2."自上而下"法

"自上而下"法主要通过地面、飞机、塔台或卫星观测收集到的甲烷浓度数据与大气传输模型相结合,来估计场地或区域的排放。通过这种方法可以有效地量化整体排放,并能够区分甲烷排放是热成因形成的还是生物成因形成。利用车载监测器、飞机、卫星、无人机和高塔网络等手段,可以更方便地获得大空间尺度、全排放源的总量数据,并为微观数据的校准提供便利。

目前,绕地球轨道运行的卫星将能够准确定位温室气体的排放源,高端传感器可以精确检测到油气田中任意单井或管道的泄漏,卫星监测数据可以向全世界揭示哪一个国家、企业或是工厂是全球气候变暖的最大贡献者。"自上而下"的监测方法同样存在局限性,由于卫星采用的是光谱成像原理,如果天气不好、云层过厚,就难以准确监测到甲烷排放。

二、核算方法

(一)能源活动

1.基本情况

根据《中华人民共和国气候变化第二次两年更新报告》,2014 年我国能源活动甲烷排放中,能源工业的燃料燃烧甲烷排放约 5 万 t,逸散排放达到 2 214.2 万 t,其中固体燃料(煤炭)甲烷逸散为 2 101.5 万 t,油气行业甲烷逃逸排放达到 112.7 万 t,是 2005 年相应排放量的 5.1 倍,年均增长率达到 20%。伴随我国油气消费的快速增长,在油气系统各环节,例如生产、处理、储运和分销过程,均会产生大量的甲烷逃逸排放。

我国油气行业温室气体特别是甲烷排放核算相关研究已取得一定进展,先后出台了《中国石油天然气生产企业温室气体排放核算方法与报告指南(试行)》和《非常规油气开采企业温室气体排放核算方法与报告指南》(SY/T 7641—2021),但是仍然存在诸多不足:首先,大部分研究采用《2006 年 IPCC 国家温室气体清单指南》推荐的缺省排放因子,不能很好反映我国油气甲烷逃逸排放的实际情况,排放因子存在很大的不确定性;其次,在时间尺度上各研究核算的年份较早,缺少涵盖近期年份的时间序列研究;最后,缺少针对不同尺度油气行业甲烷逃逸排放的专门研究。

在我国积极履行 2030 年前碳达峰和 2060 年前碳中和国际承诺,实现温室气体全面减排的大背景下,开展我国油气行业甲烷逃逸排放相关研究的重要性日益凸显。

2.排放核算思路

根据最新发布的《2006 年 IPCC 国家温室气体清单指南》,油气系统中的甲烷逃逸排放包括整个系统中的设备泄漏、工艺排空和火炬燃烧 3 个部分。《2006 年 IPCC 国家温室气体清单指南》提供了 3 个层级的方法核算石油和天然气系统产生的甲烷逃逸排放,考虑到数据的可获得性,使用最为广泛的是第一层级方法,甲烷排放计算公式为

$$E_i = \sum_{ik} P_{ik} \times \mathrm{EF}_{ik}$$

式中:E——甲烷逃逸总排放量,

　　P——原油和天然气系统各环节的活动水平数据;

　　EF——甲烷排放因子;

　　i——石油或天然气系统;

　　k——石油和天然气系统的活动类别。

油气系统各环节的建议甲烷排放因子见表 6-2。

图 6-2　油气系统各环节的建议甲烷排放因子

排放源	排放因子	单位
石油系统		
原油勘探	0.02	$t/(1\,000\ m^3)$
原油生产(陆上:以排放更高的技术和实践为主)	3.43	$t/(1\,000\ m^3)$
原油生产(陆上:以排放更低的技术和实践为主)	2.91	$t/(1\,000\ m^3)$
原油生产(海上)	2.46	$t/(1\,000\ m^3)$
原油生产(管道)	0.0054	$t/(1\,000\ m^3)$
原油生产(油罐车或铁路)	0.025	$t/(1\,000\ m^3)$
原油生产(油轮)	0.065	$t/(1\,000\ m^3)$
原油炼制	0.03	$t/(1\,000\ m^3)$
天然气系统		
天然气勘探	0.06	$t/(10^6\ m^3)$
天然气生产(陆上:以排放更高的技术和实践为主)	4.09	$t/(10^6\ m^3)$
天然气生产(陆上:以排放更低的技术和实践为主)	2.54	$t/(10^6\ m^3)$
天然气生产(海)	2.74	$t/(10^6\ m^3)$
天然气处理(陆上:以排放更低的技术和实践为主)	1.65	$t/(10^6\ m^3)$
天然气处理(陆上:以排放更低的技术和实践为主)	0.57	$t/(10^6\ m^3)$

续表

排放源	排放因子	单位
天然气运输(陆上：以排放更低的技术和实践为主)	3.36	t/(10^6 m³)
天然气运输(陆上：以排放更低的技术和实践为主)	1.29	t/(10^6 m³)
天然气储存(陆上：以排放更低的技术和实践为主)	0.67	t/(10^6 m³)
天然气储存(陆上：以排放更低的技术和实践为主)	0.29	t/(10^6 m³)
天然气分销(陆上：以排放更低的技术和实践为主)	2.92	t/(10^6 m³)
天然气分销(陆上：以排放更低的技术和实践为主)	0.62	t/(10^6 m³)

石油系统的排放源包括原油勘探、生产、运输、炼制、分销过程中的工艺排空、设备泄漏和火炬燃烧,其中生产过程的甲烷排放贡献最大,占比达到94.3%(2017年数据),勘探运输、炼制环节和其他来源甲烷排放占比分别为2.4%、1.7%和1.5%。石油系统甲烷排放的主要环节如图6-4所示。

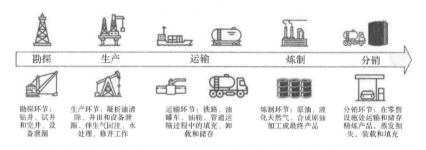

图6-4 石油系统甲烷逃逸排放的主要环节

天然气系统的排放源涉及天然气勘探、生产、加工处理、运输和储存、分销过程中的工艺排空、设备泄漏和火炬燃烧,其中生产和分销环节的甲烷排放贡献较大,生产、处理、储存、运输、分销环节和其他来源总体占天然气系统排放总量的25.1%、11.4%、5.9%、29.4%、25.5%和2.6%(2017年数据)。我国天然气系统甲烷排放的主要环节如图6-5所示。

(二)农业活动

1.基本情况

根据《中华人民共和国气候变化第二次两年更新报告》,2014年我国农业活动的甲烷排放为 2 224.5 万 t。其中：动物肠道排放占 985.6 万 t，占比 44.3％；动物粪便管理 315.5 万 t，占比 14.2％；水稻种植排放 891.1 万 t，占比 40.1％；农业废弃物田间焚烧排放 32.3 万 t，占比 1.4％。

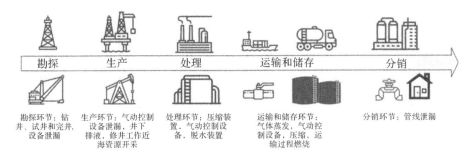

图 6-5　天然气系统甲烷逃逸排放的主要环节

一般认为，农业活动中的温室气体排放源主要有 10 个方面，包括稻田甲烷排放、农田施肥氧化亚氮排放、动物肠道甲烷排放、动物粪便管理甲烷和氧化亚氮排放、秸秆田间燃烧甲烷和氧化亚氮排放、热带稀疏草原燃烧甲烷和氧化亚氮排放、有机土壤开垦氧化亚氮排放、土壤有机质分解氧化亚氮排放、石灰施用二氧化碳排放、尿素施用二氧化碳排放等。我国农业活动涉及甲烷排放的主要有稻田甲烷排放、动物肠道甲烷排放和动物粪便管理甲烷排放。

2. 排放核算思路

农业活动排放甲烷的核算比较复杂，国际上总体分成了三大方法学，包括采用 IPCC 推荐的排放因子、采用 IPCC 推荐公式和本国特有参数核算排放因子、采用模型计算排放因子。既有一些现成的公式和排放因子可以直接应用，也有一些是需要通过长年累月的监测，总结出其共性和规律，通过数学模型的方式来实现。此外，根据不同的地域，不同的气候，不同的作物生长季，其甲烷排放情况也不一样。

（1）采用 IPCC 推荐的排放因子。主要用于排放量占比较小的非关键排放源（同一类型排放量按照降序排列，其总和不足总排放量 5％的排放源）。比如秸秆田间焚烧会产生少量的甲烷，采用该方法核算。

秸秆田间焚烧时，由于燃烧不充分会产生少量的甲烷和氧化亚氮。考虑到我国禁止秸秆露天焚烧，其温室气体排放量很小，由秸秆焚烧量乘以 IPCC 推荐的排放因子进行核算。据核算，2014 年我国秸秆田间焚烧甲烷排放量合计为 32.3 万 t。

(2)采用 IPCC 推荐公式和本国特有参数核算排放因子。对本国排放量占比较大的关键排放源(同一类别排放量按照降序排列,其总和达到总排放量95%的排放源),进行排放因子测算,以便更符合本国实际情况,也能有效检验本国的减排贡献。该方法比采用 IPCC 推荐的排放因子复杂,但较为科学、精准。我国动物肠道甲烷排放、粪便管理甲烷排放等,基本采用该方法核算。

动物肠道甲烷排放主要是动物肠道排放,也就是中大型反刍动物甲烷的排放。动物肠道甲烷排放量由不同类型动物年末存栏量乘以相应肠道甲烷排放因子获得。动物肠道甲烷排放计算中,牛、羊、猪等关键排放源采用 IPCC 推荐公式和本国特有参数核算排放因子核算,马、驴、骡等非关键排放源采用 IPCC 推荐的排放因子核算。2014 年我国动物肠道甲烷排放清单核算了肉牛、奶牛、山羊和绵羊等 12 种动物甲烷排放,排放甲烷量达到了 2.07 亿 t 二氧化碳当量,占农业温室气体排放量的 24.9%,大于稻田排放甲烷占比。

在动物粪便管理过程中,甲烷排放核算方法实际上跟反刍动物的相类似,由不同气候区域、不同类型动物年末存栏量乘以相应粪便管理方式的排放因子获得。据核算,2014 年我国动物粪便管理甲烷排放量为 6 625 万 t 二氧化碳当量。

(3)采用模型计算排放因子。主要用于时空差异较大或精准度要求较高的关键排放源,需要输入高分辨率的数据,可以核算较小尺度的温室气体排放。

我国稻田甲烷排放受气候条件、土壤类型、农艺措施等影响较大,采用该方法并结合中国稻田甲烷模型($CH_4 MOD$)进行核算,对于不同地区的气候、土壤和栽培的早稻、晚稻等进行不同的模型数据分析,可以计算出不同类型、不同地区稻田甲烷的排放因子。根据该模型核算,2014 年我国稻田甲烷排放量为 1.87 亿 t 二氧化碳当量,占整个农业温室气体排放量的 22.6%。

(三)废弃物处理

1.基本情况

根据《中华人民共和国气候变化第二次两年更新报告》,2014 年我国能源活动甲烷排放中,废弃物处理排放达到 656.4 万 t,其中:固体废弃物处理为384.2 万 t,占比 58.5%;废水处理为 272.1 万 t,占比 41.5%。

温室气体排放分为五大领域——能源、工业生产过程、农业、林业与土地利用变化、废弃物,其中废弃物领域分为固体废弃物处理和废水处理,固体废弃物处理的核算范围一般包括固体废弃物处置(主要是填埋)、固体废弃物的生物处理、固体废弃物的焚化和露天焚烧。2014年,我国废弃物处理温室气体清单报告内容包括固体废弃物填埋处理、废水处理、废弃物焚烧处理,其中固体废弃物处理只考虑了城市生活垃圾产量。

2.排放核算思路

温室气体包括甲烷的核算,目前涵盖区域、组织、交易、产品和项目等层面。

(1)区域核算。区域核算以国家、省、市等区域为核算主体,核算方法仍然是参考《2006年IPCC国家温室气体清单指南》和《省级温室气体清单编制指南(试行)》,这些核算方法将区域温室气体排放划分到不同的行业部门,充分考虑了各部门之间的交叉和重复。为避免重复核算,在废弃物领域清单编制中只考虑了由废弃物本身引起的温室气体排放。

《省级温室气体清单编制指南(试行)》是国家发展改革委于2011年颁布的针对省级层面温室气体核算清单编制的指南,总体上遵循《2006年IPCC国家温室气体清单指南》的基本方法,结合我国国家清单编制的实际经验进行调整。

(2)组织核算。组织核算一般以企业、协会、行业机构等组织为核算主体,与区域核算方法不同,组织核算理论上会纳入与企业活动相关的所有温室气体排放,但考虑到数据的可获取性以及核算方法的可操作性,一般对排放量较小的排放源进行忽略。核算方法一般参考GHG Protocol《温室气体核算体系》和《温室气体　第一部分　组织层上对温室气体排放和清除的量化和报告的规范及指南》(ISO 14064-1—2018)等。

GHG Protocol《温室气体核算体系》由世界资源研究所(WRI)和世界可持续发展工商理事会(WBCSD)开发,将企业层面温室气体排放分为3类:一是直接温室气体排放,产生自核算主体拥有或控制的排放源;二是核算主体所消耗外购电力产生的间接温室气体排放;三是除核算主体所消耗外购电力产生的间接排放外的其他间接温室气体排放,是核算主体活动产生的结果。《温室气体　第一部分　组织层上对温室气体排放和清除的量化和报告的规范及指南》是国际标准化组织(ISO)于2006年发布的关于温室气体排放的系列标准之一,主要用于企业量化和报告温室气体的排放和移除,2018年12月进行了更新。

第四节 协同减排做法

一、甲烷减排策略

我国甲烷排放主要产生于能源活动、农业活动和废弃物处理行业,这些行业也是甲烷协同减排的重点领域,减排潜力巨大。与其他温室气体不同,甲烷被回收以后可以作为清洁能源使用,能够直接或间接产生经济效益,这将有助于开展甲烷减排。

(一)能源活动

能源活动对中国甲烷排放的贡献最大,也是目前甲烷减排最具可行性的领域,合理开发和有效利用能源领域甲烷资源对于减缓日益增加的甲烷排放极为重要。从经济效益、环境效益和社会效益最大化角度考虑,减少放空和火炬燃烧,减少油气生产、输送和燃烧过程中的泄漏,减少煤矿甲烷排放等,都是可以优先选择的减排领域。

煤炭开采是最大的甲烷逃逸排放源,特殊的地质条件和不断增长的煤炭需求决定了我国煤层气甲烷排放将日益突出,合理开发中国的煤炭资源以及加大煤层气甲烷的回收和利用对于煤矿开采过程的甲烷减排极其重要,也是一项资源节约、经济有效的甲烷减排措施。

油气领域同样存在着诸多经济有效或低成本的减排机会,如天然气系统泄漏的检测和维修,这方面的实施效果研究还较为薄弱。此外,生物质燃料燃烧的甲烷排放也较为突出,开发小型高效生物质能源利用项目、推广秸秆综合利用等措施将有利于减少或控制甲烷排放。

(二)农业活动

对于农业活动来说,最主要的排放来源于动物反刍、畜禽粪便管理以及水稻种植。

动物反刍和畜禽粪便管理减排的主要做法:一是提高饲料质量和在饲料中增加营养添加剂;二是通过物理和化学方法处理秸秆,改善饲料营养;三是使用生长促进剂使生产单位产品的甲烷排放量降低;四是改变动物的基因特性,提高动物生产力,减少繁殖动物的数量和利用生物技术方法改变动物的肠道发酵以减少甲烷排放;五是应用粪便管理和处置技术,如集中收集粪便,建立发酵池和沼气池处理,同时收集沼气资源。

水稻种植减排方面可以从土壤中甲烷产生、氧化和传输 3 个过程着手,通过不同阶段(如不同的生长季节)、不同系统(如不同类型的稻田生态系统)实施更优良的水稻种植实践来实现减排,水分管理、肥料管理、农学措施以及研制和应用抑制剂是水稻种植甲烷减排的主要措施类型。例如,采用干湿交替的种植技术,在整个生长季节进行 2~3 次灌溉和排水,而不是一味地采用"大水漫灌",可以将甲烷排放量减半,还能减少 1/3 的水消耗。此外,禁止田间秸秆的露天焚烧,推动秸秆还田、秸秆收集和秸秆处理,同样有助于降低农业活动的甲烷排放。

(三)废弃物处理

虽然废弃物处理过程的甲烷排放在中国甲烷排放总量中所占的比例不及农业活动和能源活动,但是其增长速度很快。随着中国城市化进程的不断推进,废弃物产生量还将不断增加,处理量和处理难度也将不断加大,废弃物处置过程中甲烷减排的重要性也将日益突出,甲烷排放应强化分类收集、源头管控,以及垃圾填埋等末端治理措施。

填埋处理法是我国城市固体废弃物的主流处理方式,但是不少城市的垃圾填埋仍然是简易填埋。相对于卫生填埋场而言,简易填埋空间浪费大、不易于填埋气的收集和利用,加大已有垃圾填埋场向卫生填埋场的转变是现实可行的一种减排方式。随着垃圾中可燃物,尤其是纸和塑料制品的大量增加,垃圾发热量明显提高,焚烧可以有效避免甲烷排放,对垃圾进行焚烧处理并回收能量成为垃圾处理的一种出路。

我国工业废水污水集中处理发展很快,但如果管理不当会因发生厌氧降解而产生较多的甲烷。废水管理领域的减排措施主要包括控制性污水处理(如城镇生活污水与工业废水的集中式统一处理)、生物覆盖和生物过滤、甲烷氧化流程优化(如合理选用污水处理技术,改善污水处理系统以及加强甲烷排放的收集和利用)等。虽然中国废物管理领域甲烷减排的潜力很大,但当务之急应是进一步摸清该领域甲烷排放基数状况与地理分布特点,在清单研究的基础上提出相应的国家战略对策。

我国各领域甲烷减排建议路径及监测措施见表 6-3。

表 6－3 我国各领域甲烷减排重点策略

序号	领域	涵盖范围	主要减排策略
1	能源活动	各领域各类燃料燃烧	提高燃烧效率,减少燃烧泄漏排放
		煤炭开采和矿后活动甲烷逃逸	强化总量控制,加强煤层气开采、瓦斯利用
		油气系统甲烷逃逸	优化能源结构,强化生产过程密闭,加强泄漏检测,减少泄漏排放
2	农业活动	动物肠道发酵	调节反刍类动物饲料结构,积极控制畜禽排放
		动物粪便管理	加强沼气回收利用
		水稻种植	调整稻田灌溉方式和土壤水分状况
		农业废弃物田间焚烧	量增效技术,推动农村沼气转型升级,提高秸秆综合利用水平,减少废弃物田间焚烧
3	废弃物处理	固体废弃物处理	推进资源利用减量化、再利用和资源化,推动垃圾分类和垃圾减量化
		废水处理	推广清洁生产,加强沼气回收利用
4	土地利用、土地利用变化和林业	农地、草地、湿地甲烷排放	推进天然林资源保护、退耕还林、防护林体系建设、湿地保护与恢复、重大林业生态保护与修复工程
5	工业生产过程	金属冶炼	推广绿色制造,推动产业转型升级

二、能源活动油气系统甲烷协同减排的具体做法

(一)熄灭常规火炬

加强火炬管理,严格控制火炬排放。重点开展油气田常规火炬熄灭工程,精确计量火炬气量,提高火炬气燃烧效率,制定常规火炬气排放和经济有效回收管理制度,通过装置稳定运行、操作优化、漏点消除、增加回收设施等措施,减少物料排放的同时提高火炬气回收能力。

（二）流程整体密闭

推动油气田地面工程集输系统密闭改造,实现全流程的密闭生产和操作。重点实施整体密闭流程改造工程,采用干燥剂脱水系统或对脱水装置实施烃蒸气回收,储罐采取烃蒸气回收工艺或高效密封措施,挥发性有机液体装载采取鹤管装车或顶部浸没式装载等密闭装卸方式,废水采取密闭集输处理或敞开液面甲烷逸散治理措施。

（三）开展泄漏检测与修复

全面开展泄漏检测与修复工作,制定油气田企业泄漏检测与修复工作指南,建设甲烷与VOCs协同控制信息平台。对标《工业企业挥发性有机物泄漏检测与修复工作指南》(HJ 1230—2021)实施泄漏检测与修复,优化气井排液时间,采取定向检修或干封代替湿封等压缩机维护技术,气动控制器采用低排放或零排放设备,管线维护维修采用抽空技术和不停输管线连接开孔技术。

（四）开展井筒排放气体回收

严格控制勘探开发过程气体放空,开展伴生气回收,提高油气综合利用水平。针对勘探无阻放空、套管气放空和单井储油装置放空等重点排放源,推广绿色完井和活塞气举系统,根据天然气的气质、气井产量、压力、温度、气井周边技术条件、用气环境、产品方案和自然条件等因素,采取压缩、分离、发电、收集、回注等伴生气回收技术,单井储油装置采取原油稳定工艺或烃蒸气回收工艺等控排措施。

（五）开展施工作业气体排放管控

新建项目实行勘探开发一体化,预探井和评价井按开发井网设计,探井试油试气与开发井试采相结合,采油采气工程早期介入油气田的开发前期评价,采取"边测试边进站""提前进站"等生产工艺对试油试气过程中的天然气进行回收。新建项目在设计、施工、生产各环节要采用密闭工艺,新建油田开发项目从井口至联合站的集输和处理流程必须严格密闭,新建气田勘探开发项目采气、集输、处理、外输等采用全密闭生产工艺,油气田废水采用密闭收集、集输和处理工艺。油气勘探开发、天然气管道输送、天然气销售等业务的检维修施工、放散等作业,应采取有效的甲烷收集和处理措施,严控非正常工况排放。

(六)建立甲烷排放监测和核算体系

建立甲烷排放在线定量检测和区域监控系统,以及甲烷排放数字化监控平台,加强甲烷排放监测能力。建立并完善甲烷排放检测和监测技术标准和规范,全面开展油气生产过程甲烷排放现场检测和监测。根据实测情况修正甲烷排放活动水平数据和核算因子,持续完善甲烷排放报告与核查体系。

(七)参与甲烷排放管控社会责任行动

实施积极应对气候变化战略,主动承担与自身发展阶段和实际能力相符的社会责任。积极支持国家甲烷减排计划和行动,在国家生态环境主管部委指导下,联合国内相关企业发布甲烷减排倡议宣言,做好油气生产全过程的甲烷排放管控,继续落实已承诺的甲烷排放强度削减目标。

第七章　VOCs 治理技术展望

第一节　主要技术现状

一、基本情况

VOCs 监测监管系统和治理技术是 VOCs 综合管控的两个重要方面。监测监管系统是实现 VOCs 源头控制、过程控制和终端控制的有效手段,能够实时、准确、连续地监测 VOCs 排放量和组成,为 VOCs 治理提供科学依据和技术支撑;治理技术则是实现 VOCs 排放削减、减排效益提升的关键环节。

VOCs 监测监管系统是根据不同行业、不同排放源、不同污染物的特点,选择合适的检测方法、分析仪器、数据处理方式和通讯方式,保证系统的可靠性、稳定性和准确性,并建立完善的运行管理、维护管理和质量管理制度,确保系统的长期有效运行。

VOCs 治理技术是根据不同行业、不同工艺、不同污染物的特点,选择合适的治理技术方案,综合考虑技术成熟度、经济可行性、环境友好性等因素,优化工艺设计、设备选型、操作参数等,提高治理效率和效果,并结合清洁生产、节能降耗等措施,实现 VOCs 治理与资源利用相结合。

VOCs 监测监管系统和治理技术应相互配合、相互促进,形成有效的闭环管理机制,为实现我国"双碳"VOCs 目标和生态文明建设做出积极贡献。

二、监测监管技术

(一)技术短板与局限性

尽管 VOCs 在线监测监管已经取得了一定的进展和成果,但是还存在一些问题和挑战,需要进一步地研究和改进。例如:VOCs 在线监测仪的检测范围还不够广泛,不能覆盖所有可能存在的 VOCs 成分,需要开发更多种类的检测方法和技术;VOCs 在线监测仪的检测精度还不够高,受到样气中其他成分的干扰,需要提高检测器的选择性和灵敏度;VOCs 在线监测仪的检测成本还不够低,受到样气中水分、粉尘、氧气等的影响,需要频繁更换耗材和维护仪器,增加运行费用;检测数据还不够标准化,受到不同检测方法、仪器、参数、环境等的影响,导致数据之间的可比性和可靠性降低;检测数据还不够智能化,缺乏有效的数据分析和处理方法,不能及时发现和预警异常情况,不能为 VOCs 治理提供有效的决策支持。

(二)监测监管技术发展方向

(1)开发更多种类的 VOCs 检测方法和技术,扩大检测范围,提高检测精度和灵敏度;优化 VOCs 检测仪器的设计和结构,提高检测器的选择性和稳定性,降低检测成本和维护难度。

(2)开展监测监管技术基础研究,包括但不限于 O₃ 及前体物多源卫星高分遥感与集成解析技术、大气反应活性精细化监测与定量表征技术、挥发性有机物激光雷达与便携式质谱探测技术、固定污染源超低排放高精度监测与质控技术、大气污染源全组分谱库建立及排放清单研究、臭氧和细颗粒物智能精准预测技术与污染过程调控系统研究等。

(3)建立 VOCs 检测数据的标准化和规范化体系,提高数据之间的可比性和可靠性;同时引入人工智能、大数据、云计算等技术,实现 VOCs 检测数据的智能化分析和处理,为 VOCs 治理提供智能化决策支持。

三、治理修复技术

(一)VOCs 治理修复短板

目前,我国 VOCs 治理还处于初级阶段,还存在诸多治理短板。

一是多数企业在选择治理技术时优先考虑的是一次性投入成本,没有根据自身排放的废气组分、浓度、价值等特点选择最优的治理措施,未考虑治理效果、二次污染及后续的追加投入等问题。泄漏检测与维修等新技术还处于概念推广阶段,未能获得企业的认同和应用。

二是我国 VOCs 管理起步较晚,相关法律法规和政策体系尚不健全,各类法规、标准缺乏准确性、针对性及系统性,全国尚未建立人为原因排放的 VOCs 动态数据库,化工等重点行业没有制定统一的排放清单和产排污系数,环保部门的日常执法监管缺少技术支撑,履职较困难。

三是 VOCs 治理新技术的推广力度不大,虽然各地每年也安排了一定的专项引导资金用于鼓励企业开展 VOCs 治理,但是资金量总体偏小,需要企业配套资金及后续运行成本偏大,企业治理的积极性不高,多数企业处于被动治理阶段。

四是我国新修订的《中华人民共和国环境保护法》虽加大了处罚力度,但是 VOCs 治理与管控没有细化的可对照的惩处措施,现行执法过程也因标准、技术等方面的缺失,很难甄别判断是否违法,企业满足于有没有设施,不注重治理效果,企业的守法成本依然高于违法成本。

(二)治理修复技术攻关重点

目前,我国对 VOCs 污染源的治理工作已从粗放型治理向精细化、专业化深度治理的方向发展。要实现污染源的深度净化,末端治理技术是关键。VOCs 末端治理技术体系复杂,关键核心技术包括吸附技术、焚烧技术、催化技术、冷凝技术、吸收技术、生物治理技术等。

吸附技术着重在活性炭类、沸石类、树脂类等吸附材料的性能提升,以及吸附回收工艺和吸附浓缩工艺的优化;高温焚烧技术(RTO)重点在于高效节能结构设计,以及高性能陶瓷蓄热体的研发;催化燃烧技术(RCO)重点在于高效节能结构设计以及广谱/高选择性催化剂的研发;冷凝技术重点发展深度冷凝、多级冷凝技术,研究热点主要集中在对冷凝系统的稳定运行和节能优化设计;吸收技术重点在强化吸收剂的研发和吸收/高级氧化协同治理技术;生物净化技术重点在于高性能生物菌剂驯化、三维骨架填料和两相分配生物反应器设计等方面。

第二节　技术发展展望

一、总体情况

"十四五"时期,我国生态文明建设进入了以减污降碳协同增效、促进经济社会发展全面绿色转型、实现生态环境质量改善由量变到质变的关键时期,大气污染治理的目标是推进 $PM_{2.5}$ 和 O_3 协同控制,需要大幅度削减 VOCs 和氮氧化物的排放总量,集中打赢蓝天保卫战和 O_3 污染防治攻坚战。

VOCs 污染减排工作方向与国家"双碳"目标和装备高质量发展计划紧密

结合,需要从含溶剂产品的使用等源头着手减少污染物排放量,采用资源回收利用等技术实现资源循环利用。源头减排方面,减少有害物质的源头使用,强化强制性标准的约束作用,大力推广低(无)VOCs 含量的涂料、油墨、胶黏剂、清洗剂等产品。提升行业清洁生产水平,提高废气收集效率,减少生产过程 VOCs 无组织逸散与排放。针对重点行业、重点污染物排放量大的工艺环节,研发推广专业化深度治理工艺和设备,开展应用示范。升级改造末端治理设施,在重点行业推广先进适用的治理装备,优化完善溶剂回收、吸附浓缩、蓄热焚烧、催化燃烧、冷凝、吸收、生物技术等主流治理工艺和低耗、高效组合净化工艺。

二、治理体系建立

(一)完善政策强化监管

VOCs 污染治理涉及行业众多,如石油、钢铁、汽车、化工、印刷等,一方面需要完善的监测系统,另一方面则需要强化监管,因此政策的制定对于推进污染治理工作至关重要。

除了国家层面外,很多省市地方也都陆续出台了针对性防治方案。在标准、规范方面,还需进一步推进相关重点行业排放标准制修订,推动地方政府在国家政策基础上进一步出台 VOCs 管理与防治的细则,建立包括企业在内的 VOCs 排放源清单和排放量基础数据库,制定 VOCs 的排放标准与监测标准,增强 VOCs 防治与管理工作的针对性,同时做好无组织排放 VOCs 控制标准的实施;在监管方面,推进排污许可管理,做到排污的按证与持证,推进排放企业建立监测、记录和报告体系,推进精细化管理。

(二)推进治理体系建立

污染治理工作的关键是参与的广泛性,VOCs 的治理亦是如此,在治理方面企业的作用尤为重要。

要进一步整合国家及省级环保专项引导资金,加大补助力度,降低补助标准,强化专项资金的引领示范作用,利用专项资金、税收政策、行政手段等杠杆,引导企业研发和使用新技术、革新生产工艺和生产装备,提高企业 VOCs 自行检测能力,从政府层面大力推广泄漏检测与维修等新技术,从源头上削减 VOCs 的排放。

政策上要给予不断的支持,促进各类企业和资本在治理市场中发挥作用并推进减排。组织上要积极发挥牵头作用,包括行业协会、综合性治理企业、大型环保企业的引导、带头和推进作用,同时促进小型企业健康发展,形成企业网络与根系,以优化治理结构、深化治理工作。

(三)加强技术创新应用

技术水平的提升是污染防治的重要一环,核心在于源头、过程、末端等 3 个方面。

源头上需做好替代,研发和使用低 VOCs 含量的原辅材料,快速发展相关行业的重要技术;过程上做好管理,提升清洁生产技术水平,重点放在泄漏检测与修复、废气收集,把好关键环节;末端上建立好技术体系,做好传统技术的运用(吸附、焚烧、催化燃烧等),加快发展应用生物净化等新技术,开展组合技术综合治理试点,并对重点行业推进针对性治理。

(四)构建长效管控机制

借鉴美国等发达国家 VOCs 防治政策,基于现有的 VOCs 数据,制定重点行业 VOCs 优先控制名录和主要污染源名单,开展 VOCs 污染排放现状与环境影响评价,对重点企业废气排口增加固定源检测,进一步出台有针对性的污染防治政策,从整体上建立 VOCS 防治体系,推动构建 VOCs 长效管控机制。

三、重点检测监管技术研究

(一)O₃ 及前体物多源卫星高分遥感与集成解析技术

突破高气溶胶和中等云覆盖率下高空间分辨的 O_3 垂直廓线及其前体物(NO_2 及甲醛、乙二醛、CH_4 等含碳化合物)对流层柱浓度的多源卫星遥感反演技术,获取全国范围内公里级的空间分布,识别平流层入侵引发的臭氧污染;重构卫星遥感历史数据集,定量我国对流层 O_3 及其前体物的时空演变规律,发展近实时人群健康风险预警技术;以卫星遥感观测为基础,利用人工智能、大数据分析技术,融合地基、无人机等多平台立体遥感及地面原位监测、大气化学模式等多源数据,发展 O_3 污染成因和来源集成解析新技术,开展重点区域百米级分辨率的 O_3 及其前体物三维空间分布的实时监测和集成综合解析,在典型区域针对重点污染源开展快速识别和溯源及健康风险预警应用示范。

(二)大气反应活性精细化监测与定量表征技术

突破大气卤素自由基(OClO、OIO、IO)的高精准在线检测技术,研发小型化、抗干扰、高精准度的大气 OH、HO_2 和 NO_3 自由基在线检测技术与设备,研制自由基总反应性的分类在线检测测量设备,建立高准确度标定方法,构建移动式大气反应活性精细化综合监测平台,实现对实际环境大气中自由基浓度和反应速率的精细化同步检测,并在典型地区开展技术应用示范,实时解析大气污染过程中大气反应活性的构成和主要来源。

(三)VOCs 激光雷达与便携式质谱探测技术

突破 VOCs 面源和无组织排放源的激光雷达和质谱便携高精度快速走航测量技术,攻克自主可控的专用激光光源和色质联用核心方法,研发自主可控的高时空分辨率三维立体监管设备和便携式气象色谱-四极杆质谱联用仪,形成 VOCs 排放源的精确定位能力及污染物实时定性定量测量能力;研究排放通量与总量精确测算方法,研发系列化 VOCs 激光雷达排放通量监测技术装备和小型化 VOCs 排放通量实时高频测量设备,建立相关标定、质控技术体系,形成不依赖园区条件快速、灵活部署的监测系统和精细化监管平台,实现对典型面源和无组织源立体精确定位和监测监管,并开展应用示范。

(四)固定污染源超低排放高精度监测与质控技术

研究固定源可凝结 $PM_{2.5}$、前体物及温室气体等高精度监测与质控技术,构建烟羽环境演化系统,开发电力、钢铁、建材等固定源超低排放改造后可凝结 $PM_{2.5}$ 及其前体物(SO_3、NH_3、HCl、VOCs 等)的高精度监测与质控技术设备,研制适用于固定源烟气的 CO_2、CH_4、$\delta^{13}CO_2$ 等温室气体和烟气流量的高灵敏在线监测技术设备,研发固定源 CO_2 捕集系统有机胺逃逸在线监测质谱仪,开发颗粒物发生、检测等准确标定与质控技术设备,构建固定源超低排放高精度监测平台,在重点污染源开展应用示范。

(五)大气污染源全组分谱库建立及排放清单研究

建立适用于主要排放源类的细颗粒物组分、活性氮、全挥发性区间有机物及全相态 Hg、Cl 的采样和源谱测量和质控方法;构建覆盖全挥发性区间的有机物和全相态 Hg、Cl 的综合排放源成分谱库,研究重点源的 N、Hg 同位素指纹;建立全国尺度包含上述化学成分的全物种动态排放清单及在线技术平台,评估排放时空变化趋势、成分演变特征及驱动因素。

(六)O_3 和 $PM_{2.5}$ 智能精准预测技术与污染过程调控系统

集成环境大气-地表跨层关键过程机制表征和溯源新技术、智能化的全尺度空气质量预报模式和多元资料同化技术,支撑全球—区域—城市—园区空气质量的精准预报预测;研制并集成 $PM_{2.5}$ 和 O_3 双降和基本消除重污染天的等多目标大气承载量高分辨率动态估算技术和跨界传输高精度动态预测技术;研究区域污染过程 O_3 和 $PM_{2.5}$ 协同影响机制和智能耦合模拟新方法;形成预测集成平台和污染过程调控系统,在典型地区开展示范应用。

四、重点治理修复技术研究

(一)积极开发新型 VOCs 治理技术

近年来,我国在废气治理技术上取得了新的进展,多种新技术、新工艺正在不断完善和试验验证中,需要持之以恒进行攻关研究并跟踪验证效果,推出更加高效、成熟的 VOCs 治理方式。

生物分子转化法,可以直接将废气中的有害物质运用生物分子进行转换,变废为宝,转变成可利用的无害物质,该做法不仅成本低廉,操作简单,而且适用范围较广;将新型纳米材料与光催化分解法相结合,使苯系物迅速降解,基本不产生二次污染,效率相比单一技术有明显提高,且纳米材料的取材和用料更加的环保和安全。

吸附-解吸技术,通过微波能的使用,不仅使再生后的吸附剂仍保持原有的吸附能力和表面积,且解吸时间短,耗能少;利用超声波产生足够的热能,增强对吸附剂解吸的能力,从而达到处理污染物的一种解析法,特别适用于解吸聚合树脂以及活性炭等污染物质。

低温等离子体-光催化技术集光催化和低温等离子体技术优点于一体,能够有效地治理空气中的污染物,已经成功应用于烟气脱硫、脱氮、温室气处理和 VOCs 的降解,基本无二次污染,处理效率比单一的等离子体技术和光催化技术都有明显的提高。该技术具有净化率稳定、操作维护、简单方便、运行稳定等优点。其缺点是使用成本高、投资较高、等离子表面模块容易被污染从而降低其处理效率和缩短其使用寿命。

(二)VOCs 高效组合技术工艺研究

因 VOCs 种类繁多、一般多污染物并存,且废气排放浓度、温度、湿度、颗粒物含量等条件多变,为提高治理效果,降低治理成本,在实际应用中大多数情况下需要采用多种技术的组合工艺进行治理。针对高浓度的废气,通常需要进行溶剂回收利用,可采用冷凝、膜分离、吸附、吸收等两种或多种技术的组合治理工艺,如吸附＋热解吸＋冷凝回收工艺;无回收价值的污染物可采用高温氧化/催化氧化技术进行治理并对热量进行回收利用。针对低浓度的废气,通常需要吸附浓缩、高温氧化、催化氧化、冷凝等多种技术组合治理,如吸附浓缩＋氧化/冷凝回收工艺。针对以恶臭污染为主要特征的低浓度含 VOCs 的污染源,除了吸附浓缩＋焚烧/催化组合技术外,强化吸收/高级氧化技术、生物净化技术是主要的发展方向。

(三)工业锅炉烟气多污染物低能耗高效协同治理技术及装备

针对作为我国重要热能动力设备的工业锅炉烟气排放特征和能源清洁高效利用的重大需求,优化提升现有氮氧化物、SO_2、颗粒物常规污染物的超低排放工艺,突破 SO_3、重金属(汞、砷、硒、铅)、VOCs 以及 CO 等非常规污染物高效协同脱除关键材料和技术瓶颈,开发氨逃逸等次生污染物精准控制关键技术和核心设备,研发全流程智能化控制系统,降低运行能耗并协同降碳,形成工业锅炉烟气多污染物、全流程、高效协同治理技术与装备,在不同类型主流锅炉开展工程应用示范。

(四)非点源异味及低浓度 VOCs 污染溯源与治理关键技术

针对区域非点源存在的异味(恶臭)及低浓度 VOCs 污染溯源、收集与治理难题,研发工业园区等非点源异味快速、准确的大气污染物监测诊断技术,建立精细化污染源谱及高分辨率排放清单,结合数值模拟开展异味及低浓度 VOCs 智能诊断、溯源与预警体系的工程验证;研发工业园区异味及低浓度 VOCs 废气高效低耗的收集和输配技术,研发生物法等高效、绿色、安全治理技术装备;研究大风量低浓度废气去除效率高和无二次污染的绿色经济型深度处理技术。

(五)积极推广应用泄漏检测与修复技术

VOCs 排放源中有很大一部分为无组织排放源。将各类无组织排放的

VOCs 废气采取收集措施进行有效收集,并经过末端治理后有组织地排放,是 VOCs 减排的一大方式。应以石油石化等行业全面应用泄漏检测与修复技术为契机,建立国家层面的泄漏检测与修复技术管控平台,定期调度重点地区主要企业的泄漏检测与修复技术实施情况,减少过程逸散。同时,积极完善相关法律、法规和标准体系,让执法者在执法过程中有法可依。

VOCs 的种类繁多,性质各异,排放条件复杂,治理难度巨大,目前已经形成了一系列的 VOCs 废气实用治理技术,也有多项新研发技术正在试验验证。VOCs 治理过程中,需要充分了解不同治理技术的特点和有效使用范围,从技术、经济等多方面进行综合评估,以实现最佳的治理效果。

参 考 文 献

[1]　生态环境部大气环境司,生态环境部环境规划院.挥发性有机物治理实用手册[M].2版.北京:中国环境出版社,2021.

[2]　杨梓诚,高俊莲,唐旭,等.中国油气行业甲烷逃逸排放核算与时空特征研究[J].石油科学通报,2021,6(2):302-314.

[3]　杨啸,刘丽,解淑艳,等.我国甲烷减排路径及监测体系建设研究[J].环境保护科学,2021,47(2):51-55.

[4]　张博,陈国谦,陈彬.甲烷排放与应对气候变化国家战略探析[J].中国人口,2012,22(7):8-14.